AF303436

Wärmebehandlung metallischer Werkstoffe

Grundlagen und Verfahren

Dieter Kohtz

Die Deutsche Bibliothek – Cip-Einheitsaufnahme

Kohtz, Dieter:
Wärmebehandlung metallischer Werkstoffe : Grundlagen und
Verfahren / Dieter Kohtz. – Düsseldorf : VDI-Verl., 1994

ISBN-13: 978-3-540-62165-2   e-ISBN-13: 978-3-642-46835-3
DOI: 10.1007/978-3-642-46835-3
© VDI-Verlag GmbH, Düsseldorf 1994

Herstellung: PROserv, Berlin
Satz: Fotosatz-Service Köhler OHG, Würzburg
Druck: Saladruck, Berlin
Binderei: Lüderitz & Bauer, Berlin

Vorwort

Während meiner Lehrtätigkeit im Fach Werkstoffkunde und Technologie an der FH Kiel im Fachgebiet Maschinenbau habe ich immer der Wärmebehandlung der Metalle besonderen Wert beigemessen, weil gerade sie geeignet ist, das etwas abstrakte, vielfach als trocken empfundene metallkundliche Grundlagenwissen verständlich und interessant zu machen. Dabei fiel mir auf, daß in den zahlreichen guten Fachbüchern über Werkstoffkunde dem Gebiet der Wärmebehandlung ein nach meiner Vorstellung zu geringer Raum gewidmet war. Lange Zeit war das Buch „Wärmebehandlung von Stahl, Gußeisen und Nichteisenmetallen" von Stüdemann die einzige dem Bedarf der FH etwa angepaßte vertiefende Literatur. Als dieses Buch vergriffen war, reifte der Plan, dafür einen Ersatz zu schaffen. Das Ergebnis ist das vorliegende Buch. Es ist in erster Linie als Lehrbuch für Studierende des Maschinenbaues und der Werkstofftechnik vor allem an Fachhochschulen konzipiert. Doch auch berufsorientierten Studierenden der TU mag es von Nutzen sein. Darüber hinaus soll es aber dem praktisch tätigen Ingenieur, sowohl im Bereich der Konstruktion und Entwicklung als auch in der Fertigung eine Nachschlagehilfe sein, die ohne zuviel wissenschaftlichen Ballast sagt, welche Wärmebehandlungen an welchen Werkstoffen anwendbar sind, und welche Ergebnisse sie bringen.

Beim Erarbeiten des Manuskriptes wurde mir klar, daß zwei angestrebte Ziele nicht erreichbar sind: Weder läßt sich dieses umfangreiche Thema mit seinen Einzelheiten vollständig auf der vorgesehenen Seitenzahl darstellen, noch erreicht man eine lückenlose Systematik der Anordnung des Inhaltes. So sind z.B. bestimmte Themen, die mehrere Verfahren betreffen, wie etwa die Probleme richtiger Härteprüfung, nur bei einem Verfahren behandelt worden und könnten deshalb an anderer Stelle vermißt werden. Bei der Stoffauswahl habe ich versucht, etwa den gegenwärtigen Stand der Technik zu erfassen. Deshalb habe ich auf das Wiedergeben des Inhaltes von DIN-Normen großen Wert gelegt. Die benutzten Normen sind im Text mit ihren Nummern angegeben, um das Suchen im Literaturverzeichnis zu ersparen.

Da das Buch mit Formeln eher bescheiden umgeht, sind verwendete Zeichen im Text erklärt, soweit sie nicht als allgemein bekannt vorausgesetzt werden können. Auf Abkürzungen wurde nach Möglichkeit verzichtet. Die Abkürzung SEW steht für *Stahl-Eisen-Werkstoffblatt*, häufig Vorstufe einer DIN-Norm. Ein Formelzeichen soll hier erklärt werden, das eigentlich fester Bestand sein sollte, aber in kaum einem Fachbuch benutzt wird. Für den in der Werkstoffkunde ständig benutzten Masseanteil ist nach DIN 1310 der Buchstabe w festgelegt:

$$w_i = m_i/m$$

wobei i für die betreffende Komponente steht.

Ohne Hilfe hätte das Buch nicht entstehen können. Für wertvolle Unterstützung, sei es durch Hinweise nach kritischer Durchsicht des Manuskriptes, sei es durch die Überlassung von Unterlagen und Bildern, möchte ich herzlich danken den Herren Dipl.-Ing. W. Wegner, Dr. J. Maier, Dipl.-Phys. E. Illgen, Dipl.-Phys. T. Meurer, Prof. Dr. M. Es-Souni, Dipl.-Ing. H. Werning, Dipl.-Ing. R. Streib und Dipl.-Ing. M. Koch. Dem VDI-Verlag danke ich für sein Entgegenkommen bei der Terminplanung und für eine gute Zusammenarbeit.

Dieter Kohtz
1993

Inhaltsverzeichnis

1 Grundlagen

1.1 Bedeutung der Wärmebehandlungsverfahren

Aus der Praxis der technischen Verwendung metallischer Werkstoffe sind Wärmebehandlungsverfahren nicht wegzudenken, denn sie ermöglichen:

- erhebliche *durchgreifende* Eigenschaftsverbesserungen von Halbzeug und Werkstücken im Vergleich zum Guß- bzw. Warmumformausgangszustand, z.B. Erhöhen von Festigkeit und Härte, Verbessern der Zerspanbarkeit und der Umformbarkeit, Vermindern von Eigenspannungen, Verringern der Sprödbruchneigung u.a.
- *örtliche* Eigenschaftsanpassung an die Bauteilbeanspruchung durch Verändern von Werkstoffzusammensetzung und oder Gefügezustand,
- *Werkstoffeinsparungen* durch verringerte erforderliche Bauteilquerschnitte.

Das Verstehen der Anwendbarkeit und der Grenzen von Wärmebehandlungsverfahren sowie ihrer Fehlermöglichkeiten setzt gründliches werkstofftechnisches Wissen voraus, das wegen seiner etwas abstrakten Unzugänglichkeit nicht allzu verbreitet ist. Nur bei ausreichender Kenntnis der Möglichkeiten, die Wärmebehandlungen bieten, können Konstrukteure Werkstoffe optimal auswählen und Bauteile funktions-, werkstoff- und behandlungsgerecht gestalten.

Mit diesem Buch soll der Versuch unternommen werden, mehr Verständnis für Wärmebehandlungen und damit auch für die Werkstofftechnik zu vermitteln und so schließlich zu wirtschaftlicherem Einsatz von metallischen Werkstoffen zu gelangen.

1.2 Grundbegriffe der Wärmebehandlung

In DIN 17014, Teil 1 „Wärmebehandlung von Eisenwerkstoffen, Begriffe" sind ungefähr 200 Wärmebehandlungsbegriffe sowie etwa

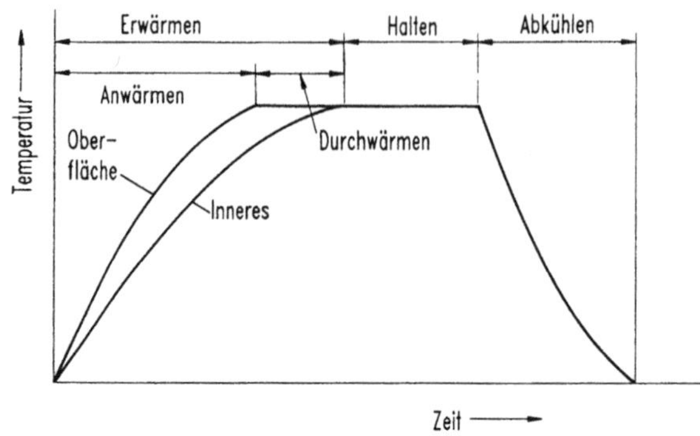

Bild 1.2-1. Schematische Darstellung elementarer Wärmebehandlungsschritte.

60 metallkundliche Begriffe aufgeführt und erklärt. Trotz ihrer Beschränkung auf Eisenwerkstoffe enthält diese Norm eine ganze Menge von allgemeinen Begriffen, die unabhängig vom Werkstoff für Wärmebehandlungen gültig sind, und von denen die wichtigsten vorab beschrieben werden sollen.

Danach ist eine Wärmebehandlung definiert als eine Folge von *Wärmebehandlungsschritten*, in deren Verlauf ein Werkstück ganz oder teilweise *Zeit-Temperatur-Folgen* unterworfen wird, um eine Änderung der Eigenschaften mit oder ohne Änderung des Gefüges herbeizuführen.

Elementare Wärmebehandlungsschritte sind anhand von Bild 1.2-1 erläutert. Es bedeuten:

Wärmen
Temperaturerhöhung in einem Werkstück (Oberbegriff).

Anwärmen
Wärmen bis zum Erreichen einer bestimmten Temperatur an der Oberfläche.

Durchwärmen
Wärmen nach Erreichen einer bestimmten Temperatur an der Oberfläche bis zum Erreichen dieser Temperatur im gesamten Querschnitt.

Erwärmen = Anwärmen + Durchwärmen
Wärmen eines Werkstückes bis zum Erreichen der gewünschten Temperatur im gesamten Querschnitt.

Die Unterscheidung zwischen An- und Durchwärmen ist deshalb bedeutsam, weil infolge der mehr oder weniger hohen Wärmeleit-

2

fähigkeit des zu wärmenden Werkstoffes niemals an der Oberfläche und im Inneren eines Werkstückes endlicher Dicke gleichzeitig die gewünschte Temperatur erreicht werden kann, und ein Messen der Temperatur allenfalls an der Werkstückoberfläche möglich ist.

Wärmgeschwindigkeit
Zeitabhängige Temperaturänderung während eines Wärmens.

Wärmverlauf
Temperatur-Zeit-Abhängigkeit während eines Wärmens an einer bestimmten Stelle des Werkstückes.

Wärmkurve
Graphische Darstellung eines Wärmverlaufes.

An das Erwärmen schließt sich im allgemeinen ein **Halten** auf einer bestimmten, zweckabhängigen Temperatur an, dem dann das **Abkühlen** folgt. Es bedeuten:

Abkühlgeschwindigkeit
Zeitabhängige Temperaturänderung während eine Abkühlens.

Zu unterscheiden ist zwischen:
– momentaner Abkühlgeschwindigkeit bei einer bestimmten Temperatur und
– mittlerer Abkühlgeschwindigkeit in einem bestimmten Temperaturbereich

Abschrecken
Abkühlen eines Werkstückes mit größerer Abkühlgeschwindigkeit, als sie sich an ruhender Luft ergibt.

Für den Erfolg von Wärmebehandlungen ist die Abkühlgeschwindigkeit oft von entscheidender Bedeutung. So einfach sie zu definieren ist, so schwierig ist ihre zuverlässige Ermittelung in der Praxis. Dies gilt besonders für das Innere von Werkstücken größerer Querschnitte. Da das Messen eines Temperatur-Zeitverlaufes im *Inneren* eines Werkstückes in der Praxis nicht durchführbar ist, bleibt oft nur die Möglichkeit, aus dem Ergebnis einer Wärmebehandlung auf die Abkühlgeschwindigkeit zu schließen.

Auch die Wärmgeschwindigkeit beeinflußt häufig stark das Ergebnis einer Wärmebehandlung. Ihre Messung ist ebenfalls in der Praxis problematisch und für das Innere von Werkstücken unmöglich. Beeinflußt wird sie von der Art der Wärmeübertragung, die je nach Ofenart und Wärmmittel durch die Mechanismen Wärmestrahlung, -konvektion und -leitung erfolgen kann, sowie in hohem Maß von der Temperaturdifferenz zwischen Wärmequelle und Werkstück. Besonders hohe Wärmgeschwindigkeiten werden beim Eintauchen in flüssige Medien hoher Temperatur sowie durch Induzieren von Wirbelströmen im Werkstück erzielt.

Die mathematische Beschreibung von Wärm- und Abkühlvorgängen ist aus folgenden Gründen aufwendig und ungenau:

- Das Berechnen räumlicher Wärmetransportvorgänge ist mathematisch anspruchsvoll,

- durch das meist vorliegende Zusammenwirken von Wärmestrahlung, – konvektion und -leitung werden Berechnungen zusätzlich erschwert,

- die zum Berechnen erforderlichenm Stoffkennwerte sind kaum verfügbar und zudem meist stark temperaturabhängig,

- die Geometrie und die Anordnung der Werkstücke sind zu vielfältig.

Ansätze für das mathematische Erfassen von Wärm- und Abkühlvorgängen sind in [1] zu finden. In der Praxis der Wärmebehandlung wird mit Erfahrungsdaten sowie empirischen Gleichungen gearbeitet, wie sie in den folgenden Kapiteln über die Verfahren zu finden sind.

Wird während der Behandlung die chemische Zusammensetzung des Werkstoffes geändert, spricht man von *thermochemischer* Behandlung.

Als *thermomechanische* Behandlung dagegen bezeichnet man Verfahren, bei denen sowohl Temperatur als auch Umformung in ihrer zeitlichen Zuordnung gesteuert werden, um einen bestimmten Werkstoffzustand und damit bestimmte Eigenschaften zu erzielen.

Eine wichtige Gruppe von Wärmebehandlungsverfahren wird als **Glühen** bezeichnet. Darunter werden nur solche Verfahren verstanden, nach deren Durchführung der Werkstoff seinem Gleichgewichtszustand näher ist. Das setzt grundsätzlich eine langsame Abkühlung nach einem Wärmen und Halten voraus. Im einzelnen haben die Glühverfahren Namen, die ihren Zweck näher beschreiben, wie z.B. Rekristallisationsglühen, Normalglühen u.a. (s. Kapitel 2.1 und 2.2). Wie dort geschehen, ist es zweckmäßig, die Glühverfahren in zwei Gruppen zu unterteilen:

- werkstoffunabhängige Glühverfahren (Glühen I. Art) erreichen das Ziel der Behandlung, ohne daß sich ein ganz bestimmter, werkstoffspezifischer Gefügezustand einstellt. Wesentlicher innerer Vorgang zum Erreichen des Behandlungszieles ist die *Diffusion*.

– Werkstoffabhängige Glühverfahren (Glühen II. Art) erreichen das
 Ziel der Behandlung nur dadurch, daß sich ein ganz bestimmtes
 werkstoffspezifisches Gefüge einstellt. Anwendung solcher Verfahren auf Werkstoffe, die die entsprechende Gefügeausbildung nicht
 erlauben, können nutzlos sein, aber auch gegenteilige und oft
 äußerst schädliche Folgen haben.

Für Wärmebehandlungsverfahren haben sich Namen eingeführt, die
sich in der Regel am Zweck des Verfahrens bzw. an bestimmten im
Werkstück ablaufenden Vorgängen orientieren. Da Namen eine Frage
des Sprachgebrauchs sind, gibt es dabei unterschiedliche Entwicklungen. Der Vereinheitlichung des Sprachgebrauchs dient ebenfalls DIN
17014. Leider muß dazu angemerkt werden, daß in der Praxis das Verwenden eindeutiger Begriffe keineswegs die Regel ist. Gegebenenfalls werden im folgenden neben den Begriffen nach DIN 17014 auch
praxisübliche Begriffe genannt mit dem Hinweis, daß sie nicht mehr
verwendet werden sollen.

1.3 Metallkundliche Grundlagen

1.3.1 Legierungen, Phasen, Zustandsschaubilder

In diesem Kapitel sollen die für Wärmebehandlungen bedeutsamen
wichtigsten Merkmale von Legierungen sowie die Zustandsschaubilder kurz besprochen werden, um ein allzu häufiges Nachschlagen
in anderer Literatur zu vermeiden. Allgemeine Grundkenntnisse der
Metallkunde werden vorausgesetzt, sind aber bei Bedarf in der reich-
lich vorhandenen Fachliteratur zu finden, z.B. [2], [3], [4] und [5].

Technisch verwendete Metalle sind fast ausschließlich Legierungen.
Gründe dafür sind:

– Die Zahl technisch brauchbarer Reinmetalle ist sehr gering, die Zahl
 möglicher Legierungen dagegen ist theoretisch nahezu unbegrenzt;
– durch Legieren lassen sich gegenüber den Reinmetallen günstigere
 Eigenschaften bzw. Eigenschaftskombinationen erzielen;
– die beachtlichen Eigenschaftsveränderungen durch Wärmebehandlung sind fast ausschließlich bei Legierungen möglich.

Legierungen bestehen aus dem *Basis-Metall* und den *Legierungselementen*, die ihrerseits Metalle, Übergangselemente oder Nichtmetalle
sein können. Die Bestandteile einer Legierung werden auch ihre *Kom-*

ponenten genannt. Außer vorsätzlich zulegierten Elementen enthalten Legierungen sogenannte *Begleitelemente*, die erzeugungsbedingt unvermeidbar sind, und deren Gehalte auf zulässige Höchstwerte begrenzt werden.

Legierungen entstehen – von wenigen Ausnahmen abgesehen – beim Erstarren aus der Schmelze, in der alle Legierungskomponenten atomar gleichmäßig verteilt waren. Bereiche von Legierungen, die bezüglich Zusammensetzung und Aggregatzustand gleich sind, werden *Phasen* genannt. Die Schmelze ist eine Phase und gleichartige Kristalle sind Phasen einer Legierung. Reine Metalle, sowie Legierungen aus nur einer Kristallart werden als *einphasig* bezeichnet. Das mögliche Verhalten der Legierungskomponenten zueinander beim Kristallisieren läßt sich durch folgende Merkmale charakterisieren:

1. Die Komponenten bilden *gemeinsame* Kristalle, das sind entweder *Mischkristalle* oder *intermediäre Kristalle*.
2. Die Komponenten können keine gemeinsamen Kristalle bilden und kristallisieren deshalb getrennt.

Mischkristalle behalten das Kristallsystem des Basismetalls, in dem Legierungsatome entweder Atome des Basismetalls auf Gitterplätzen ersetzen oder auf Zwischengitterplätzen eingelagert werden. Dementsprechend heißen sie entweder *Austausch-Mischkristalle* oder *Einlagerungs-Mischkristalle*. Bedingung für die Bildung von Einlagerungs-Mischkristallen ist eine relativ geringe Atomgröße des Legierungselementes. Erfüllt wird sie nur von Elementen niedriger Ordnungszahl wie z.B. von Kohlenstoff und Stickstoff, die auf Zwischengitterplätzen des γ-Eisens Platz finden. Mischkristalle aus metallischen Komponenten sind im allgemeinen Austausch-Mischkristalle.

Intermediäre Kristalle haben ein eigenes, meist kompliziertes Kristallsystem, Bild 1.3-1, in dem die Atome der Legierungselemente feste Plätze haben, woraus sich ein festes Atomzahlenverhältnis ergibt. In diesem Merkmal gleichen intermediäre Kristalle chemischen Verbindungen und leider benutzt man auch die gleichen Schreibweisen wie z.B. Fe_3C, Al_2Cu, WC, Ni_3Al, weshalb es häufig Verwechselungen gibt. Die intermediären Kristallarten unterscheiden sich von normalen chemischen Verbindungen dadurch, daß das Atomzahlenverhältnis sich nicht aus der Wertigkeit der beteiligten Elemente, sondern aus den festen Plätzen im Kristallsystem ergibt. Außerdem haben sie im Gegensatz zu den chemischen Verbindungen Metall-

6

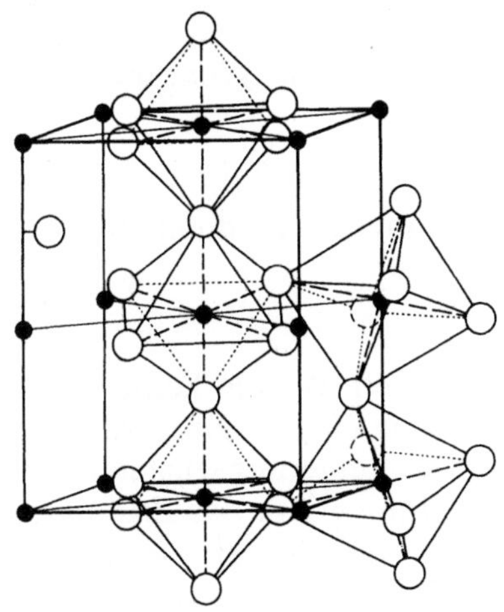

Bild 1.3-1. Kristallaufbau der intermediären Kristallart Fe_3C, vereinfacht dargestellt (o Eisenatome, ● Kohlenstoffatome).

charakter, denn sie sind elektrisch leitend. Da die in intermediären Kristallen vorliegenden Bindungsarten nicht ausschließlich der Metallbindung entsprechen, sondern auch kovalente und ionische Bindungsanteile auftreten, werden intermediäre Kristalle häufig als *metallische Verbindungen* oder nur kurz als Verbindungen bezeichnet. Auch der Name *intermetallische Phase* ist üblich, wenn die beteiligten Atomsorten Metalle sind.

Die Bedeutung der intermediären Kristalle als Bestandteil von Metall-Legierungen beruht auf ihren spezifischen Eigenschaften. Aufgrund ihres komplizierten Kristallsystems und der nichtmetallischen Bindungsanteile sind sie relativ hochfest, aber im allgemeinen völlig spröde. Legierungen, die *nur* aus intermediären Kristallen bestehen, haben wegen dieser Eigenschaften als Konstruktionswerkstoffe praktisch keine Bedeutung, als Legierungsbestandteile dagegen sind intermediäre Kristalle für technische Werkstoffe von unschätzbarem Wert und spielen gerade bei Wärmebehandlungen oft eine entscheidende Rolle. In den Hartmetallen werden ihre besonderen Eigenschaften in fast reinem Zustand für die Verwendung als Werkzeuge ausgenutzt.

Obwohl für den Zustand von Legierungen nur die drei Kristalltypen

– reiner Kristall,

– Mischkristall,

– und intermediärer Kristall

in Frage kommen, ist doch die tatsächliche Vielfalt möglicher Legierungsstrukturen selbst bei Zweistofflegierungen sehr groß, denn der Zustand hängt ab von:

- Art der Legierungskomponenten,
- Legierungszusammensetzung, technisch angegeben durch Masseanteile der Komponenten,
- Temperatur.

Wenngleich die meisten technisch verwendeten Metalle keine wirklichen Zweistofflegierungen sind, ist doch das einzige einigermaßen übersichtliche Hilfsmittel zur Darstellung des Legierungszustandes in Abhängigkeit von Zusammensetzung und Temperatur das *Zustandsschaubild* des Zweistoffsystems. Als Zweistoffsystem wird die Gesamtheit aller aus zwei Elementen möglichen Legierungen bezeichnet. Ein Zustandsschaubild ist eine im allgemeinen auf Versuchsergebnissen beruhende grafische Darstellung, die den *Legierungszustand* als Funktion der Legierungs*zusammensetzung* und der *Temperatur* zeigt. Der jeweilige Legierungszustand wird beschrieben durch die vorliegenden *Phasen*, das sind nach der völligen Kristallisation die Kristallarten. Ein Zustandsshaubild gilt nur für Zustände im sogenannten *thermodynamischen Gleichgewicht*, das heißt, infolge hinreichend langsamen Abkühlens besteht in der Legierung kein Bestreben nach Änderung des Zustandes mehr.

Die von Linien begrenzten Flächen im Zustandsschaubild heißen *Zustandsfelder*, sie werden mit Angaben über den Zustand, d.h. vorliegende Kristallarten (Phasen) oder Gefügebestandteile beschriftet. Gefügebestandteile können einphasig, d.h. mit einer Kristallart identisch sein, aber auch aus mehreren Kristallarten bestehen, wie z.B. ein Eutektikum oder Eutektoid. Die Linien nennt man **Zustandsfeld-** oder auch **Phasengrenzen**, die je nach ihrer Bedeutung Namen haben wie etwa:

- Liquiduslinie: untere Zustandsfeldgrenze für den völlig flüssigen Zustand
- Soliduslinie: obere Zustandsfeldgrenze für den völlig festen Zustand
- Segregatlinie: Zustandsfeldgrenze, die die temperaturabhängige maximale Löslichkeit einer Komponente im Mischkristall angibt. Folge abnehmender Löslichkeit bei sinkender Temperatur ist die Ausscheidung von Atomen und Bildung von Sekundärkristallen an den Korngrenzen, die als Segregate bezeichnet werden.

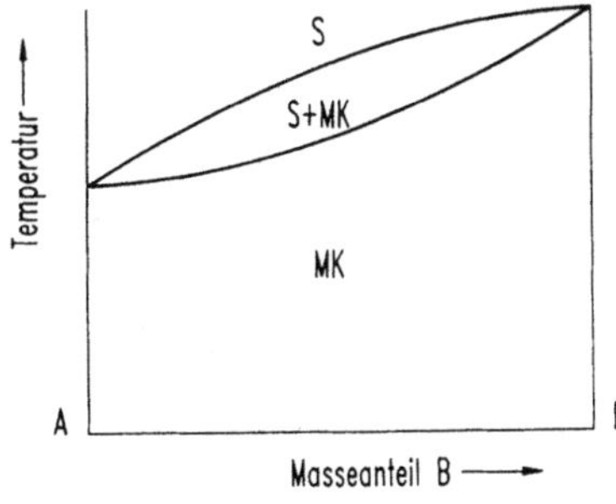

Bild 1.3-2. Schematisches Zustandsschaubild eines Zweistoffsystems, dessen Komponenten in jeder Zusammensetzung Mischkristalle (MK) bilden. S = Schmelze.

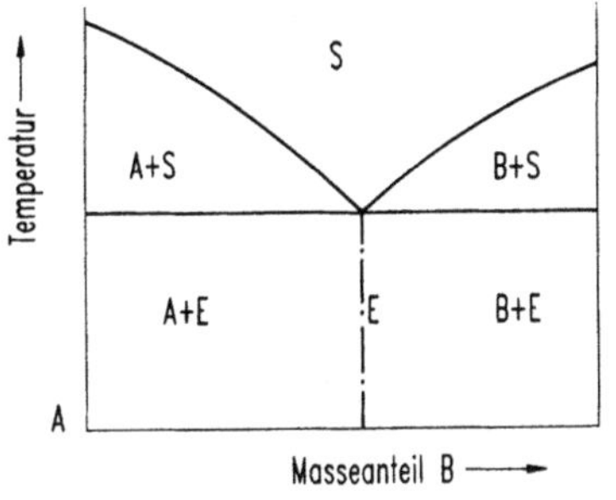

Bild 1.3-3. Schematisches Zustandsschaubild eines Zweistoffsstems, dessen Komponenten keine gemeinsamen Kristalle bilden. S = Schmelze, E = Eutektikum.

Zustandsschaubilder haben je nach dem Legierungsverhalten der Komponenten des Zweistoffsystems ein bestimmtes typisches Aussehen. Dabei lassen sich im wesentlichen fünf Grundtypen unterscheiden, Bilder 1.3-2 bis 1.3-6.

Typ 1: (Bild 1.3-2) Die Legierungskomponenten bilden in jeder Zusammensetzung Mischkristalle, und zwar in diesem Fall Austausch-Mischkristalle. Beispiele dafür sind die Zweistoffsysteme Kupfer-Nickel, Eisen-Nickel, Titan-Vanadium.

Typ 2: (Bild 1.3-3) Die Legierungskomponenten bilden keinerlei gemeinsame Kristalle. Besonderheit solcher Zweistoffsysteme ist das Eutektikum, eine besonders feinkörniges Gemisch der beiden möglichen Kristallarten, dessen Schmelztemperatur gegenüber den Schmelztemperaturen der reinen Komponenten erheblich niedriger liegt. Das Eutektikum tritt je nach Zusammensetzung der Legierung mit mehr oder weniger großem Anteil in allen Legierungen auf. Beispiele dafür sind die Zweistoffsysteme Wismut-Cadmium und Blei-Antimon.

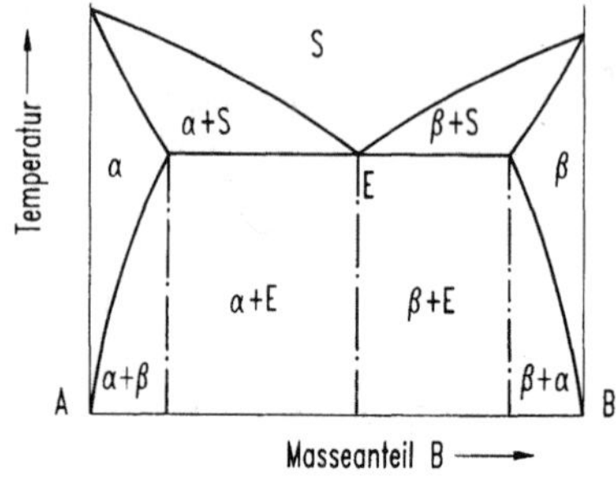

Bild 1.3-4. Schematisches Zustandsschaubild eines Zweistoffsystems, dessen Komponenten Mischkristalle mit begrenzter Löslichkeit bilden. S = Schmelze, E = Eutektikum, α und β = Mischkristalle.

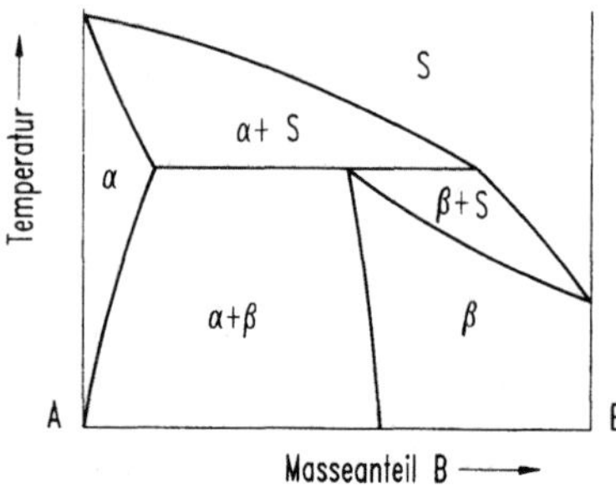

Bild 1.3-5. Schematisches Zustandsschaubild eines Zweistoffsystems mit peritektischer Reaktion, dessen Komponenten Mischkristalle mit begrenzter Löslichkeit bilden. S = Schmelze, α und β = Mischkristalle.

Typ 3a: (Bild 1.3-4) Die Legierungskomponenten bilden Mischkristalle, deren Löslichkeit begrenzt ist (System mit Eutektikum). Nur ein Teil der möglichen Legierungen enthält Eutektikum, und zwar im Zusammensetzungsbereich der sogenannten *Mischungslücke*, alle anderen sind eutektikumfrei. Da die begrenzte Löslichkeit der Mischkristalle im allgemeinen mit sinkender Temperatur abnimmt, sind Segregatlinien für diese Art Zustandsschaubild typisch. Beispiele dafür sind die Zweistoffsysteme Blei-Zinn und Kupfer-Silber. Bei vielen weiteren Zweistoffsystemen entsprechen jeweils die A- bzw. B-nahen Bereiche der Zustandsschaubilder diesem Typ, was nichts anderes bedeutet als, daß viele Metalle mit Legierungskomponenten Mischkristalle begrenzter Löslichkeit bilden können, s.a. Typ 4.

Typ 3b: (Bild 1.3-5) Die Legierungskomponenten bilden Mischkristalle, deren Löslichkeit begrenzt ist (System mit peritektischer Reaktion). Bei den Legierungen oberhalb der Maximallöslichkeit der α-Mischkristalle, die beim Kristallisieren nur α-Mischkristalle bilden, findet die peritektische Reaktion statt, bei der sich aus Schmelze und α-Mischkristallen vollständig oder zusätzlich die zweite Misch-

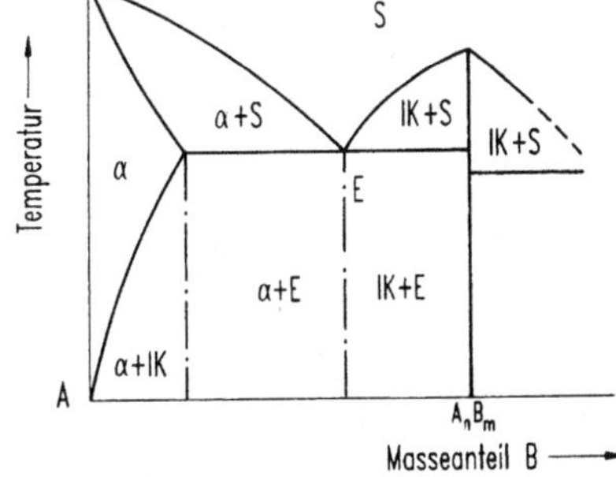

Bild 1.3-6. Schematisches Zustandsschaubild eines Zweistoffsystems, dessen Komponenten eine intermediäre Kristallart (IK) mit der Strukturformel $A_n B_m$ bilden. S = Schmelze, α = Mischkristalle.

kristallart bildet. Auch dieses Zustandsschaubild weist meistens Segregatlinien auf. Die für das Aussehen dieses Zustandsschaubildes typische peritektische Reaktion tritt in sehr vielen Zweistoffsystemen als Teil des Gesamt-Zustandsschaubildes auf, wie z. B. in den Zweistoffsystemen Eisen-Kohlenstoff, Kupfer-Zink, Kupfer-Zinn, Titan-Aluminium und vielen anderen.

Typ 4: (Bild 1.3-6) Bilden Legierungskomponenten eine oder mehrere intermediäre Kristallarten mit ihrem typischen festen Atomzahlenverhältnis, wird ein Zustandsschaubild gewissermaßen in zwei oder mehrere Teilbereiche unterteilt, in denen die intermediäre Kristallart ähnliche Auswirkungen hat, als wäre sie eine zweite Komponente. Wichtigstes Beispiel dafür ist das Zweistoffsystem Eisen-Kohlenstoff, in dem die Existenz der intermediären Kristallart Fe_3C das Legierungsverhalten entscheidend prägt. Weitere Beispiele sind die Zweistoffsysteme Aluminium-Kupfer, Kupfer-Beryllium, Nickel-Aluminium und andere.

Viele Zustandsschaubilder sehen erheblich komplizierter aus, als die hier gezeigten Grundtypen, lassen sich jedoch bereichsweise auf diese zurückführen. Es ist kein Zufall, daß die meisten technisch interessanten Legieren den Bereichen der Bilder zuzuordnen sind, die relativ einfach aussehen und deshalb auch ein verständliches Legierungsverhalten aufweisen. Hinter einem komplizierten Aussehen des Zustandsschaubildes verbirgt sich meist auch ein kompliziertes Legierungsverhalten, das technische Nutzung erschwert oder gar ausschließt.

Das Verhalten von Zweistofflegierungen läßt sich in Zustandschaubildern vergleichsweise einfach und übersichtlich darstellen. Soll dagegen Entsprechendes für ein *Dreistoffsystem* geschehen, ist eine *räum-*

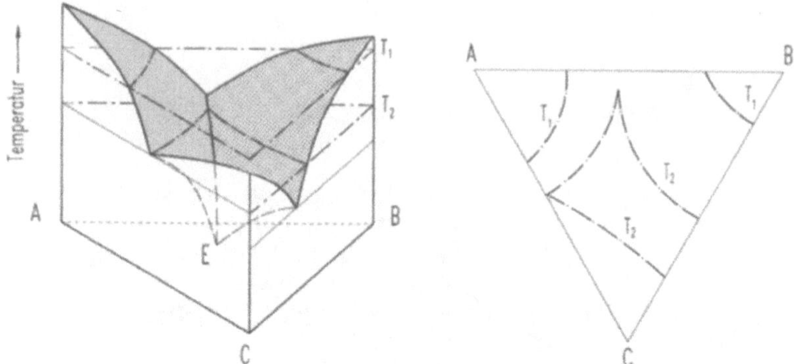

Bild 1.3-7. Schematische Darstellung der Zustandsräume und -flächen für ein Dreistoffsystem, gebildet aus drei Zweistoffsystemen nach Bild 1.3-3. Erkennbar sind zwei der drei Liquidusflächen mit strichpunktiert eingezeichneten isothermen Schnitten bei T_1 und T_2. Die rechte Darstellung zeigt das Gehaltsdreieck mit den Projektionen der isothermen Schnitte. E = ternäres Eutektikum. Nach [6].

liche Darstellung erforderlich. Aus den Linien des Zweistoffsystems werden dabei (meist gekrümmte) Flächen, aus den Feldern werden Räume. Bild 1.3-7 zeigt, wie sich auf der Grundfläche eines gleichseitigen Dreiecks (Gehaltsdreieck) die temperaturabhängigen Zustandsräume eines Dreistoffsystems aufbauen. Bei sehr einfachem Legierungsverhalten der drei beteiligten Zweistofsysteme kann eine solche perspektivische Darstellung vielleicht noch die Zusammenhänge klarmachen, bei komplizierterem Verhalten wird sie zu unübersichtlich. Zu zweidimensionalen Darstellungen gelangt man durch horizontale (isotherme) Schnitte oder durch senkrechte sogenannte Gehaltsschnitte. Diese Schnitte sind zwar übersichtlicher, ihnen fehlt aber die zum richtigen „Lesen" erforderliche dritte Dimension. Bild 1.3-8 ist ein schematisches Beispiel für die ebenen Darstellungen von Dreistoffsystemen. Eine verständliche Einführung ist in [6] zu finden.

Für Vier- und Mehrstoffsysteme ist eine vergleichbare Darstellungsart nicht mehr möglich. Bedenkt man, daß die meisten technischen Werkstoffe aus mehr als drei Komponenten bestehen, wird klar, daß ihr Legierungsverhalten nicht einfach anhand eines Zustandsschaubildes zu beschreiben ist. Häufig sind ebene Darstellungen anzutreffen, die im Prinzip einen Gehaltsschnitt nach Bild 1.3-8 darstellen, und bei denen, von einer *Mehrstoff*-Grundzusammensetzung ausgehend, der Einfluß nur *eines* weiteren Elements auf die Legierungszustände dargestellt ist, Bild 1.3-9.

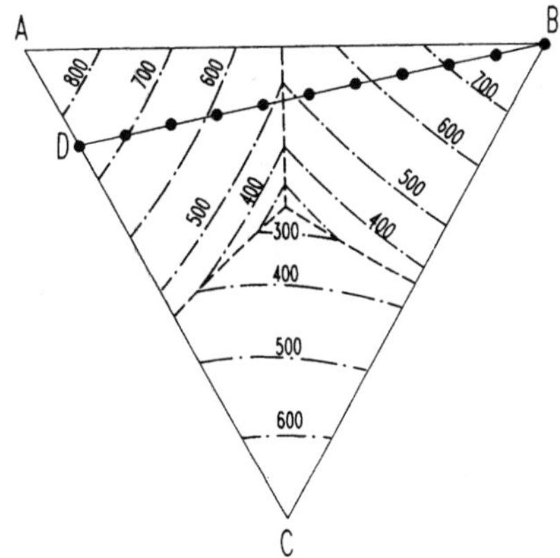

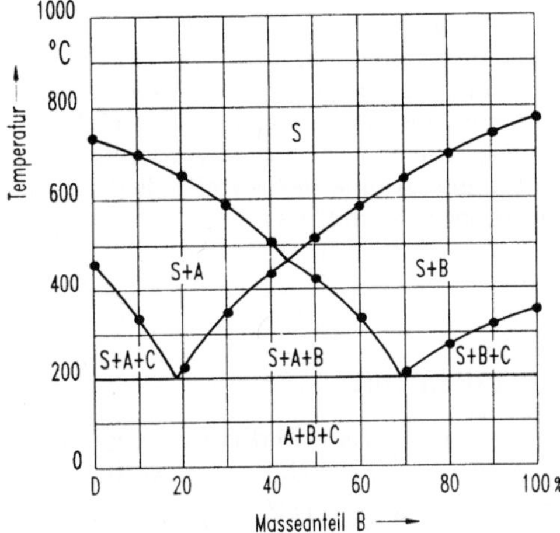

Bild 1.3-8. Gehaltsdreieck eines Dreistoffsystems wie Bild 1.3-7 mit isothermen Schnitten sowie ein daraus konstruierter Gehaltsschnitt $\overline{DB}$. Dem Gehaltsschnitt können nur die im Gleichgewicht vorliegenden Phasen entnommen werden nicht aber deren Mengenanteile und Zusammensetzungen. Für diesen Gehaltsschnitt ist das Verhältnis w_A/w_C konstant, w_A und w_C werden aber mit zunehmendem w_B geringer. Nach [6].

Der Wert der Zustandsschaubilder für Zweistoffsysteme liegt zum einen darin, daß die in Legierungen ablaufenden temperaturabhägigen Zustandsänderungen überhaupt anschaulich gemacht werden können, zum anderen darin, daß sie in vielen Fällen doch eine befriedigende Näherung auch für Mehrstofflegierungen mit geringen Gehalten an Legierungselementen bilden. Ohne Zustandschaubilder von Zweistoffsystemen zu verstehen, ist es unmöglich, sich Ablauf und Wirkungen von Wärmebehandlungen zu erklären.

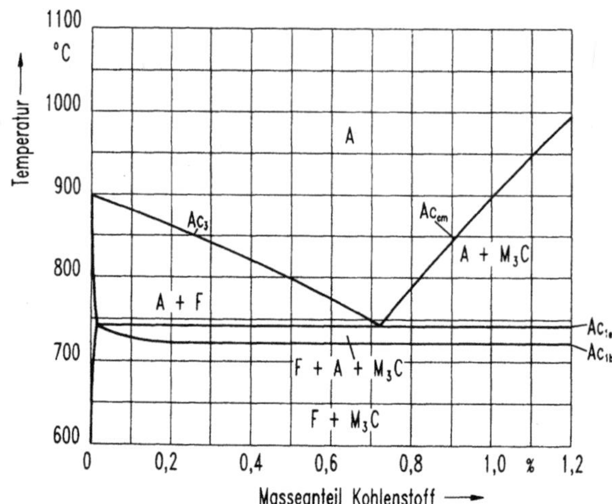

Bild 1.3-9. Teilschematischer Gehaltsschnitt in einem Dreistoffsystem Fe-C-M, wobei M ein metallisches, carbidbildendes Element wie z.B. Chrom mit geringem, aber konstantem Masseanteil bedeutet. Im Gehaltsschnitt ergibt sich ein Dreiphasenfeld. F: Ferrit, A: Austenit, M_3C: Carbid, in dem Eisenatome durch Atome des metallischen Legierungselementes ersetzt sein können. Nach [5].

1.3.2 Zustandsschaubild Eisen-Kohlenstoff

Da die Eisen-Kohlenstoff-Legierungen mit Abstand die am häufigsten verwendeten sind und auch besonders oft durch Wärmebehandlungen in ihren Eigenschaften verbessert werden, wird das Zustandsschaubild Eisen-Kohlenstoff hier beispielhaft etwas ausführlicher vorgestellt, Bild 1.3-10.

Obwohl die technisch verwendeten Legierungen, sowohl Stähle als auch Gußeisensorten, niemals reine Zweistofflegierungen sind, ist das Zustandsschaubild Eisen-Kohlenstoff von so überragender Bedeutung, weil:

- Das Metall Eisen mit dem Nichtmetall Kohlenstoff die intermediäre Kristallart Fe_3C bilden kann, die einen Masseanteil Kohlenstoff von $w_C = 6,67\%$ erfordert;

- Kohlenstoff im kubisch-flächenzentrierten (kfz) γ-Eisen nur bis zu einem maximalen Masseanteil von $w_C = 2,06\%$ durch Einlagerung löslich ist;

14

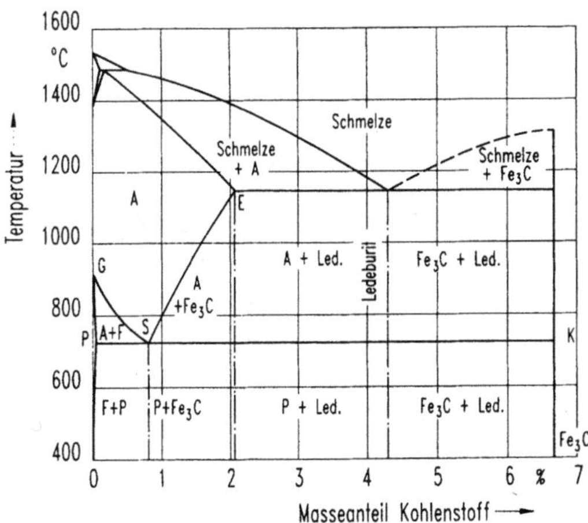

Bild 1.3-10. Teil-Zustandsschaubild Eisen-Kohlenstoff (metastabiles bzw. Fe$_3$C-System). A: Austenit (γ-Mischkristall), P: Perlit. Von den markanten Punkten des Schaubildes sind nur die für Wärmebehandlungen besonders wichtigen Punkte E, G, S, P und K gekennzeichnet. Nach [7].

– das bei 911°C durch Gitterumwandlung entstehende kubisch-raumzentrierte (krz) γ-Eisen praktisch keinen Kohlenstoff in seinem Kristallsystem aufnehmen kann;

– andere mögliche Legierungselemente wie z.B. Mn, Si, Cr, Ni, Mo in geringen Anteilen im Verhältnis zum Kohlenstoff keinen so starken Einfluß auf die Legierungszustände ausüben, da sie in diesen Mengen sowohl im γ-Fe als auch im α-Fe durch Austausch löslich sind, also an Stelle von Eisenatomen treten.

Das bedeutet praktisch, daß die Legierungszustände der technisch verwendeten Stahlsorten vor allem durch ihren Kohlenstoffgehalt bestimmt werden, sofern die Summe der übrigen Legierungselemente 5% nicht übersteigt. Diese Stähle werden deshalb als *niedriglegiert* bezeichnet. Die Daten des Zustandsschaubildes werden durch die üblichen Legierungselemente der niedriglegierten Stähle verändert, und zwar verschieben sich die Punkte E und S zu niedrigeren Kohlenstoffgehalten, da die im Austenit löslichen Legierungselemente dessen Löslichkeit für Kohlenstoff natürlich verringern. Für technische Anwendungen können diese Abweichungen meist vernachlässigt werden. Höhere Gehalte an Legierungselementen dagegen können je nach Elementen und deren Masseanteilen Veränderungen der Daten des

15

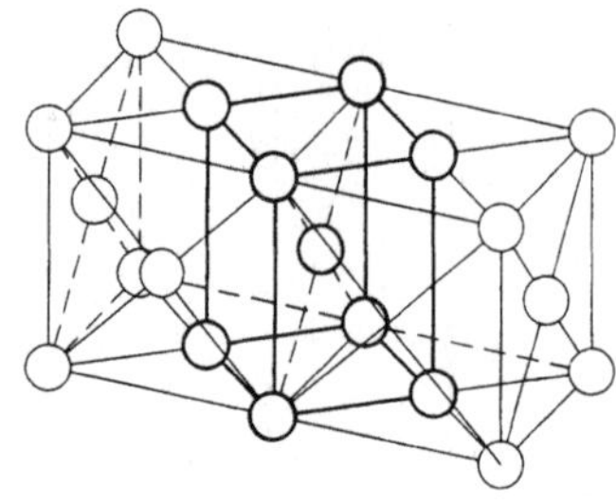

Bild 1.3-11. Schematische Darstellung zweier benachbarter kfz Elementarzellen des γ-Eisens mit darin enthaltener tetragonal-raumzentrierter Atomanordnung.

Zustandsschaubildes bewirken, die auch bei technischen Anwendungen berücksichtigt werden müssen. Es sind dann die für Mehrstofflegierungen üblichen Unterlagen heranzuziehen, siehe 1.3.1.

Die für die Zustände der Eisen-Kohlenstofflegierungen und damit auch für deren Wärmebehandlungen wichtigste Zustandsänderung ist die Gitterumwandlung des reinen Eisens, bei der es bei 911 °C vom kubisch-flächenzentrierten γ-Fe in das kubisch-raumzentrierte α-Fe übergeht. Den Anwender interessiert dabei nicht so sehr der Grund für eine solche Umwandlung, wonach die Phase am stabilsten ist, deren freie Energie ein Minimum hat, sondern der Ablauf und die Folgen dieser Umwandlung. Bild 1.3-11 soll diesen Umwandlungsvorgang sehr vereinfacht verdeutlichen. Betrachtet man zwei benachbarte kfz Elementarzellen des γ-Eisens, so erkennt man, daß sich in ihnen eine *raum*-zentrierte Anordnug verbirgt, die jedoch nicht kubisch sondern tetragonal ist. Den Übergang von der einen zur anderen Ordnung kann man sich gut dadurch vorstellen, daß sich lediglich die *Atomabstände* derart verändern, daß die bisher tetragonal raumzentrierte Ordnung kubisch wird. Diese Vorstellung liefert auch mühelos den Beweis dafür, daß für diese Art der Gitterumwandlung keine nennenswerten Diffusionswege erforderlich sind, da kein Atom seinen Platz mit einem anderen *tauschen* muß.

Gegenüber den in Kapitel 1.3.1 vorgestellten Grundtypen weist das Zustandsschaubild Eisen-Kohlenstoff noch die Besonderheit der Entstehung eines *Eutektoids* auf, die dadurch begründet ist, daß:

– Das kfz γ-Fe bei 911 °C in das krz α-Fe umwandelt und

– im krz α-Fe praktisch kein Kohlenstoff löslich ist.

Dadurch kommt es in reinen Eisen-Kohlenstofflegierungen im thermodynamischen Gleichgewicht bei $w_C = 0{,}8\%$ und 723 °C zur Bildung des Eutektoids mit dem Gefügenamen Perlit, das aus den bei dieser Temperatur stabilen Kristallarten Ferrit und Fe_3C (Zementit) in feinlamellarer Anordung besteht. Für die Umwandlungstemperaturen werden folgende Kurzbezeichnungen verwendet:

Ac_1: Temperatur, bei der die Bildung von Austenit beim Wärmen beginnt,

Ac_3: Temperatur, bei der die Umwandlung des Ferrits zu Austenit beim Wärmen endet,

Ac_m: Temperatur, bei der die Auflösung von Zementit in übereutektoidischen Stählen beim Wärmen endet.

Außer den Buchstaben Ac, die beim Wärmen gültig sind, werden für die entsprechenden Umwandlungstemperaturen beim Abkühlen die Buchstaben Ar, und für die jeweiligen Gleichgewichtstemperaturen die Buchstaben Ae benutzt. Die dem Zustandsschaubild zu entnehmenden Temperaturen sind demnach mit Ae_1 (entspricht Linie PSK), Ae_3 (entspricht Linie GS) und Ae_m (entspricht Linie ES) zu bezeichnen. Die unterschiedlichen Bezeichnungen berücksichtigen die Tatsache, daß sich die Umwandlungstemperaturen mit zunehmender Wärm- bzw. Abkühlgeschwindigkeit zu höheren bzw. zu tieferen Temperaturen gegenüber den Werten im thermodynamischen Gleichgewicht verschieben.

Im übrigen wird das Zustandsschaubild als bekannt vorausgesetzt, bzw. auf die einschlägige Literatur verwiesen, z. B. [2], [3] u. [7].

1.4 Grundlagen des Umwandlungshärtens von Eisen-Kohlenstoff-Legierungen

1.4.1 Umwandlung des Austenits bei beschleunigter Abkühlung

Das Zustandsschaubild verrät uns, wozu Austenit umgewandelt wird, wenn die Abkühlung so langsam erfolgt, daß sich angenähert thermodynamische Gleichgewichtszustände ergeben. Die Umwandlungsprodukte sind abhängig davon, ob der Kohlenstoffgehalt des Austenits größer oder kleiner als der eutektoidische Gehalt von $w_C = 0,8\%$ ist. Für Kohlenstoffgehalte unter 0,8% bildet sich zunächst bei Unterschreiten der Ae_3-Linie GS voreutektoider Ferrit, während sich der noch verbleibende Austenit mit Kohlenstoff anreichert. Beim Erreichen der eutektoidischen Temperatur von 723 °C hat der Austenit seinen im Gleichgewicht maximal möglichen Kohlenstoffgehalt erreicht und bildet dann bei konstanter Temperatur Perlit.

Aus übereutektoidischem Austenit mit $0,8\% < w_C < 2,06\%$ bildet sich zunächst im Temperaturbereich zwischen 1147 und 723 °C durch Ausscheidung von Kohlenstoff Sekundärzementit, der Austenit verarmt dadurch an Kohlenstoff, bis er bei 723 °C den eutektoidischen Gehalt von 0,8 % erreicht hat und danach Perlit bildet.

Die Umwandlung des Austenits im thermodynamischen Gleichgewicht setzt eine nennenswerte Diffusion, vor allem der Kohlenstoffatome, aber auch – bei der Bildung von Fe_3C – der Eisenatome voraus. Dabei sind *mögliche* Diffusionswege um so größer, je größer die temperaturabhängige Diffusionsgeschwindigkeit und je geringer die Abkühlgeschwindigkeit sind. So ist die relative Feinheit der Ferrit- und Zementitlamellen des Perlits eine unmittelbare Folge der bei 723 °C bereits deutlich verminderten Diffusionsgeschwindigkeit. Erhöhte Abkühlgeschwindigkeit muß demnach das diffusionsgesteuerte Umwandlungsgeschehen auf zweierlei Art beeinflussen:

– Umwandlungstemperaturen verschieben sich zu tieferen Werten;
– Umwandlungsprodukte werden wegen verringerter möglicher Diffusionswege in ihrer Struktur feiner.

So wird demnach die besonders diffusionsintensive Bildung des voreutektoiden Ferrits mit zunehmender Abkühlgeschwindigkeit immer stärker behindert und unterbleibt schließlich ganz. Der Perlitanteil wird demzufolge größer, seine Ausbildung feinstreifig. Weiter steigende Abkühlungsgeschwindigkeit führt bei bereits erheblich abgesenkten Umwandlungstemperaturen zu einem Umwandlungsprodukt mit dem Namen *Bainit* (früher: Zwischenstufengefüge). Nach [8] ist Bainit ein „nichtlamellares Ferrit-Karbid-Aggregat, das unterhalb der Perlitstufe, aber oberhalb der Martensitbereichstemperatur entsteht". Neben der tieferen Bildungstemperatur ist der wesentliche Unterschied gegenüber dem Perlit, daß die beiden Kristallarten Ferrit und Zementit nicht gleichzeitig durch eine sogenannte Doppelreaktion entstehen, sondern wechselweise nacheinander und in wesentlich feinerer Verteilung. Die kohlenstoffreiche Kristallart ist in der Regel Fe_3C, kann aber auch – vor allem bei tieferen Bildungstemperaturen – das hexagonale ε-Karbid sein.

Wird die Abkühlgeschwindigkeit so gesteigert, daß jegliche Diffusion des Kohlenstoffes im Austenit unmöglich wird, findet die Gamma-Alpha-Umwandlung bei erheblich abgesenkter Umwandlungstemperatur trotzdem statt, wobei die Kohlenstoffatome ihre Plätze im Gitter behalten. Diese unter Zwang stattfindende Umwandlung erfordert,

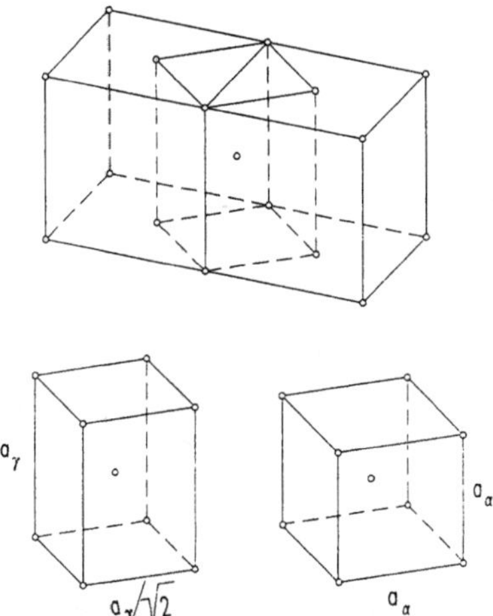

Bild 1.4-1. Geometrische Beziehungen bei der γ-α-Umwandlung.

daß die im kfz Gitter des Austenits enthaltene tetragonal raumzentrierte Zelle, Bild 1.4-1, in die kubische Form des α-Eisens überführt wird. Nach Bild 1.4-1 stimmt die *Raum*diagonale der α-Elementarzelle mit der *Flächen*diagonale der γ-Elementarzelle überein, da in dieser Richtung die benachbarten Atome am dichtesten gepackt sind. Es gilt also:

$$a_\alpha\sqrt{3} = a_\gamma\sqrt{2}$$

Soll die tetragonal raumzentrierte Zelle eine kubische Form annehmen, müssen sich die Würfelkante a um den Faktor $\sqrt{2/3} = 0,82$ verkürzen und die *halbe* Flächendiagonale der flächenzentrierten γ-Zelle auf den Wert $a_\alpha = a_\gamma\sqrt{2/3}$, also um den Faktor $2/\sqrt{3} = 1,15$ verlängern. Diese erforderliche Gitterdeformation geschieht nach Bild 1.4-2 durch einen kombinierten Scherungs- und Gleitprozeß, gegebenenfalls verbunden mit Zwillingsbildung, bei dem sich eine sehr hohe Versetzungsdichte ergibt. Die auf den Würfelkanten des Austenitgitters eingelagerten Kohlenstoffatome führen je nach Gehalt zusätzlich zu einer *tetragonalen Verzerrung* des entstehenden α-Gitters.

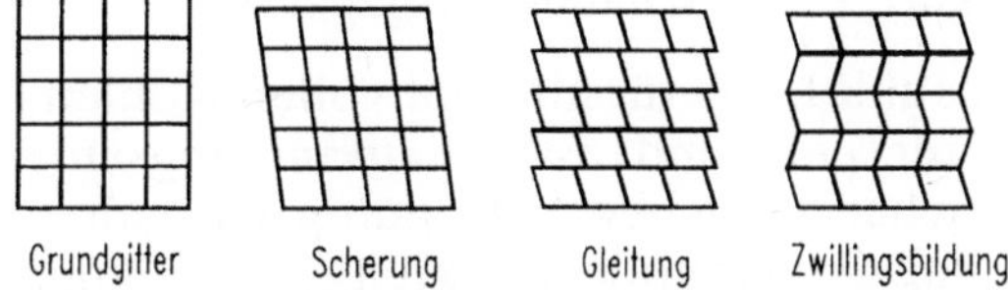

Bild 1.4-2. Teilmechanismen der diffusionslosen Martensitbildung. Nach [8].

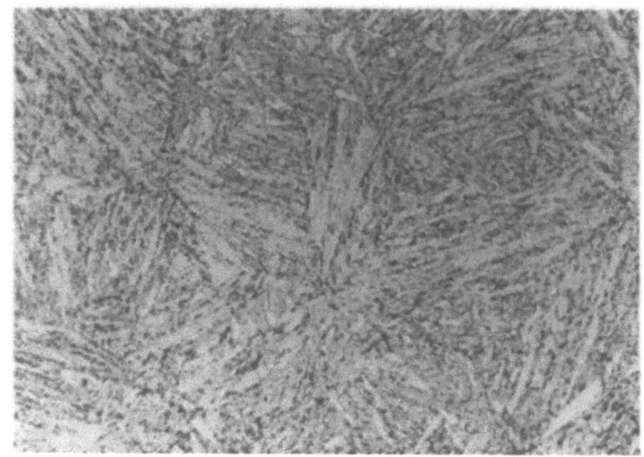

Bild 1.4-3. Martensitisches Gefüge eines Stahles mit 0,35%
Kohlenstoff. 500:1.

Dieses Zwangsgefüge ist das Härtegefüge *Martensit*, Bild 1.4-3, dessen Härte eine Folge der hohen Versetzungsdichte sowie der Verzerrung des Kristallgitters ist. Die Mindest-Abkühlgeschwindigkeit, die zur vollständigen Unterdrückung der Kohlenstoffdiffusion, und damit für das Entstehen von reinem Martensit erforderlich ist, heißt (obere) *kritische Abkühlgeschwindigkeit*.

Das vollständige Umwandeln des Austenits in Martensit erfordert aber nicht nur eine entsprechend hohe Abhühlgeschwindigkeit, sondern außerdem das hinreichend weite Absenken der Temperatur bis unter die Martensitbildungs-Endtemperatur M_f. Mit anderen Worten: Nach genügend schnellem Erreichen der Martensit-Starttemperatur M_s muß der Austenit weiter *unterkühlt* werden, um ihn zur Umwandlung zu zwingen. Wird trotz hinreichend schnellen Abkühlens die Temperatur M_f nicht erreicht, verbleibt der unterkühlte Austenit als sogenannter *Restaustenit* im Gefüge.

1.4.2 ZTU-Schaubilder

Der im vorigen Abschnitt allgemein beschriebene Einfluß der Abkühlgeschwindigkeit auf das Umwandlungsverhalten des Austenits wird konkret dargestellt in den experimentell ermittelten *Zeit-Temperatur-Umwandlungs-Schaubildern*, kurz ZTU-Schaubilder genannt.

Im Gegensatz zum Zustandschaubild, das für alle sinnvollen Kohlenstoffgehalte, dafür aber nur für *eine* und zwar extrem langsame Abkühlung im thermodynamischen Gleichgewicht gültig ist, gelten ZTU-Schaubilder für alle technisch sinnvollen Abkühlgeschwindigkeiten, dafür aber jeweils nur für *eine* bestimmte Werkstoffzusam-

20

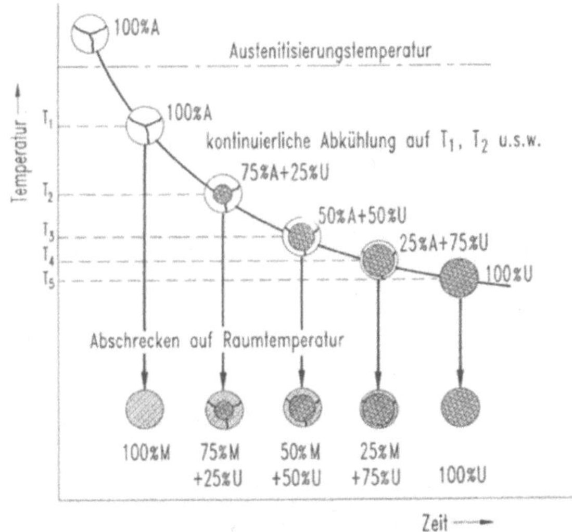

Bild 1.4-4. Schematische Darstellung des Versuchsablaufes zum Ermitteln eines ZTU-Schaubildes für kontinuierliche Abkühlung. A: Austenit, U: Umwandlungsgefüge (Ferrit, Perlit, Bainit), M: Martensit.

mensetzung. Im mehrbändigen *Atlas zur Wärmebehandlung der Stähle* [9], [10], [28] sind demgemäß etwa 120 ZTU-Schaubilder zu finden. Zwei Arten von ZTU-Schaubildern sind üblich:

– ZTU-Schaubild für kontinuierliche Abkühlung: die Proben werden von der definierten Austenitisierungstemperatur mit unterschiedlichen, aber bei jedem Einzelversuch konstanten Abkühlbedingungen abgekühlt, wobei sich natürliche Temperatur-Zeit-Verläufe, etwa einer e-Funktion entsprechend, ergeben. Bild 1.4-4 zeigt schematisch die Vorgehensweise bei der experimentellen Ermittelung von Anfang und Ende einer Umwandlung für einen bestimmten Abkühlverlauf.

– ZTU-Schaubild für isothermische Umwandlung: Die Proben werden von der definierten Austenitisierungstemperatur schnellstmöglich auf unterschiedliche Endtemperaturen abgeschreckt und anschließend auf dieser Temperatur bis zum Abschluß der Umwandlung gehalten.

Der in den ZTU-Schaubildern verwendete logarithmische Zeitmaßstab ist etwas gewöhnungsbedürftig, hat aber den Vorteil, daß sich sowohl sehr schnelle als auch sehr langsame Vorgänge in einer

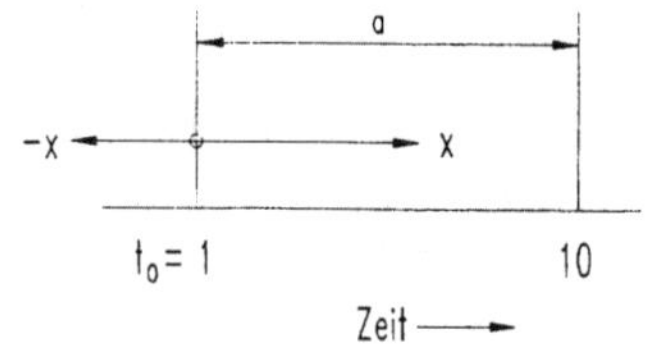

Bild 1.4-5. Ermittelung von Zwischenwerten der Zeit in einem logarithmischen Maßstab.

gemeinsamen Darstellung zusammenfassen lassen. Sollen Zwischenwerte der Zeit abgelesen werden, Bild 1.4-5, ist dazu die Beziehung

$$t_x = t_o \cdot 10^{(x/a)}$$

zu benutzen

mit t_x = beliebige Zeit,
    $t_o = 1$,
    a = Abstand zwischen zwei Zehnerpotenzen,
    x = Strecke, die einer beliebigen Zeit entspricht.

ZTU-Schaubilder für kontinuierliche Abkühlung sind entlang der eingezeichneten Abkühlkurven zu „lesen" und ermöglichen so, den Temperatur-Zeit-Verlauf der Austenitumwandlung, die Anteile der entstandenen Gefügebestandteile sowie die Härte nach Abkühlung auf Raumtemperatur zu entnehmen. Die in Bild 1.4-6a eingezeichnete zweite Abkühlkurve von links möge das „Lesen" verdeutlichen: Bei dieser kontinuierlichen Abkühlung, ausgehend von der Austenitisierungstemperatur 880 °C, beginnt die Umwandlung des Austenits nach etwa 2 s bei etwa 615 °C durch Bildung von Ferrit. Beim Erreichen von etwa 580 °C sind 4% des Austenits zu Ferrit umgewandelt. Die weitere Abkühlung führt zur Bildung von Perlit, und zwar weiteren 30%. Danach wandeln 10% des Austenits zu Bainit um, und unterhalb von 360 °C wandelt der restliche Austenit nur noch zu Martensit um, und zwar zu 56% des Gesamtgefüges. Die Härte der Probe beträgt nach der völligen Abkühlung 440 HV 10.

Eine sehr nützliche Ergänzung der ZTU-Schaubilder sind Diagramme, die Gefügeanteile und Härte in Abhängigkeit von der Abkühldauer bis 500 °C wiedergeben, Bild 1.4-6b. Mit ihrer Hilfe lassen sich für alle beliebigen Zwischenwerte der Abkühlung leicht auch die oben genannten Informationen gewinnen. Eine bestimmte Abkühlkurve in Bild 1.4-6a ist durch ihren Schnittpunkt mit der 500 °C-Horizontalen beschrieben, das ist die Abkühldauer von Ac_3 bis 500 °C. Für die oben beschriebene Abkühlung betrug die Abkühldauer bis 500 °C etwa 4,5 s.

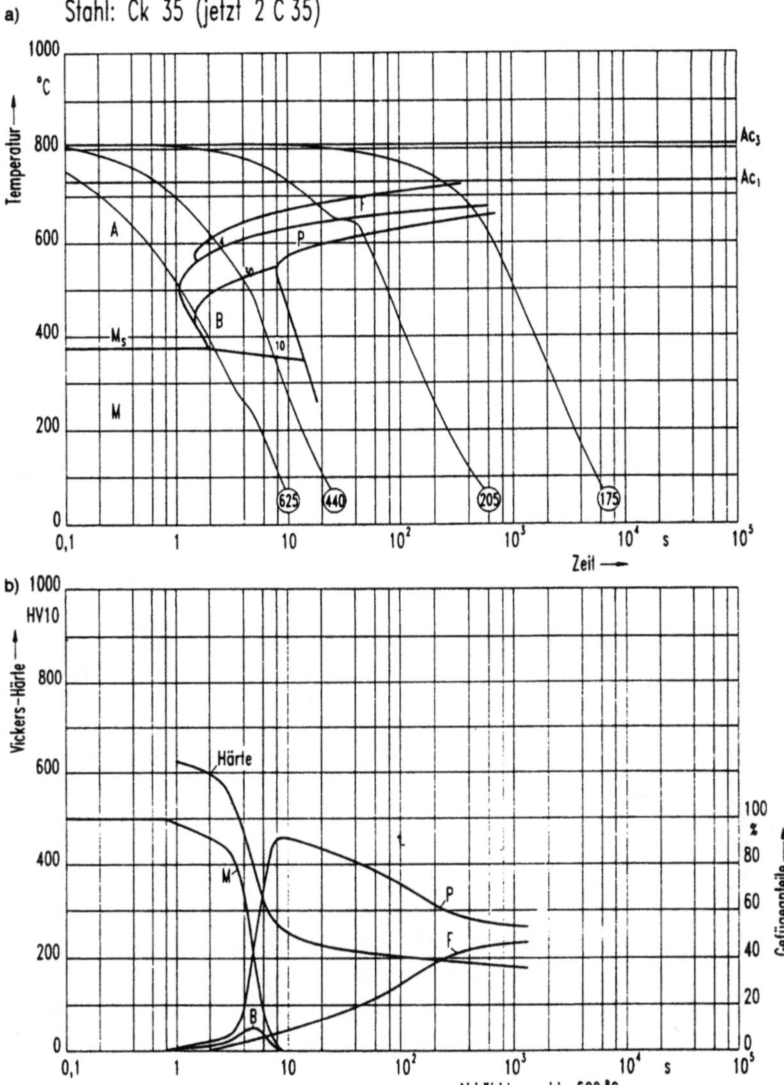

Bild 1.4-6. a) ZTU-Schaubild für kontinuierliche Abkühlung des Stahles Ck 35 (jetzt 2 C 35) mit der Zusammensetzung: $w_C = 0{,}36\,\%$, $w_{Si} = 0{,}27\,\%$, $w_{Mn} = 0{,}64\,\%$. Austenitisierungstemperatur 880 °C. A: Austenit, F: Ferrit, P: Perlit, B: Bainit, M: Martensit, M_s: Martensitbildungs-Starttemperatur. Die Zahlen am Ende der Abkühlkurven geben die Vickers-Härte an.

b) Härte und Gefügeanteile, abhängig von der Abkühldauer bis 500 °C zum obigen ZTU-Schaubild. Nach [10].

23

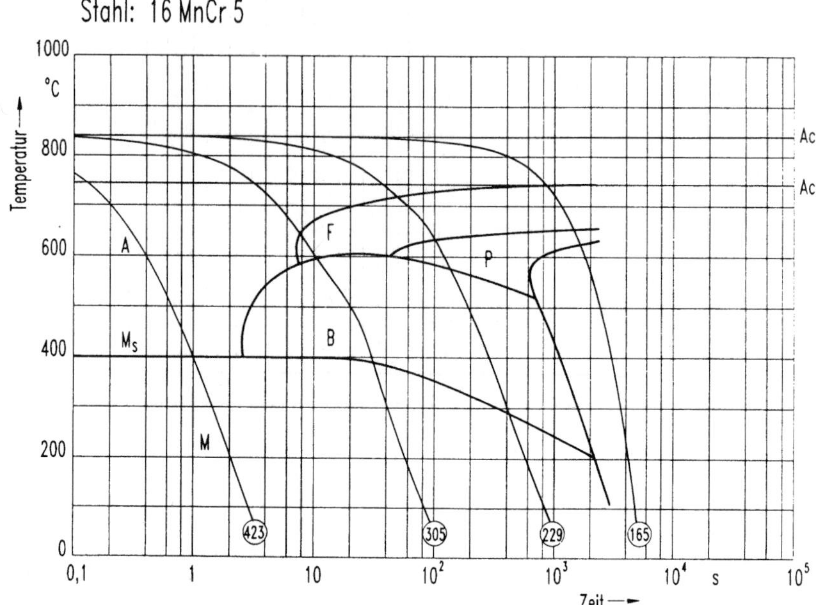

Bild 1.4-7. ZTU-Schaubild für kontinuierliche Abkühlung des Stahles 16 MnCr 5 (Einsatzstahl) mit der Zusammensetzung: $w_C = 0,16\%$, $w_{Si} = 0,22\%$, $w_{Mn} = 1,12\%$, $w_{Cr} = 0,99\%$, $w_{Mo} = 0,02\%$, $w_{Ni} = 0,12\%$. Austenitisierungstemperatur 870°C. A: Austenit, F: Ferrit, P: Perlit, B: Bainit, M: Martensit, M_s: Martensitbildungs-Starttemperatur. Die Zahlen am Ende der Abkühlungskurven geben die Vickers-Härte an. Nach [9].

Am Rande zeigen die ZTU-Schaubilder auch, welcher Härteunterschied zwischen der Härte reinen Martensits und der Härte nach sehr langsamer Abkühlung besteht: Im Beispiel von Bild 1.4-6 hat der reine Martensit die Härte 630 HV10, nach langsamer Abkühlung liegt eine Härte von 175 HV10 vor. Das bedeutet, daß durch Härtung die Härte etwa auf das dreifache des Wertes im Gleichgewichtszustand erhöht worden ist. Bemerkenswert ist, daß dieses auch für C-Gehalte unter 0,2% gilt (vgl. Bild 1.4-7), womit die vielfach anzutreffende Behauptung „Stähle mit weniger als 0,2% Kohlenstoff seien nicht härtbar" widerlegt ist.

ZTU-Schaubilder für isothermische Umwandlung, Bild 1.4-8 erfordern, entsprechend der unterschiedlichen Art der Wärmeführung bei ihrer Ermittelung, auch eine andere „Lesart": Auf horizontalen Linien konstanter Temperatur „gelesen", liefern sie Zeitdauer und anteilige

24

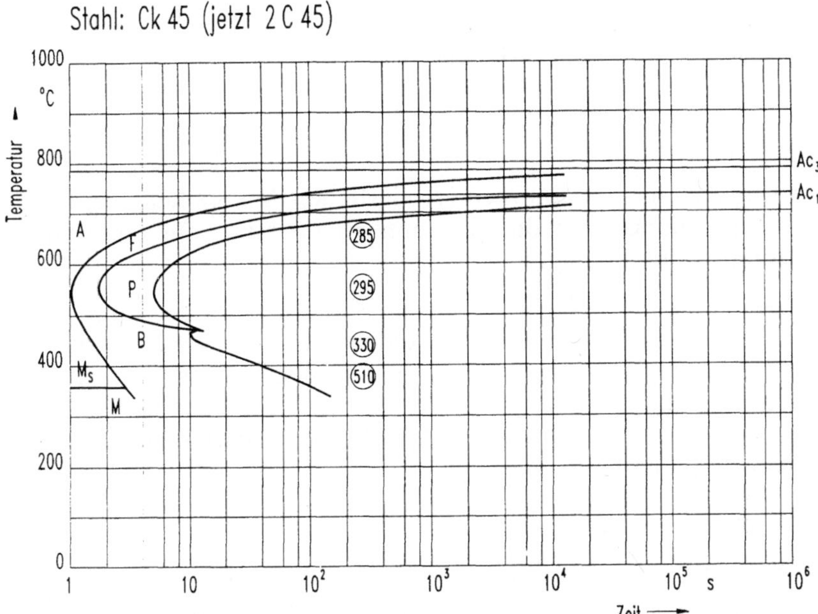

Bild 1.4-8. ZTU-Schaubild für isothermische Umwandlung des Stahles Ck 45 (jetzt 2 C 45) mit der Zusammensetzung: $w_C = 0,44\%$, $w_{Si} = 0,22\%$, $w_{Mn} = 0,66\%$, $w_{Cr} = 0,15\%$. Austenitisierungstemperatur 880 °C. A: Austenit, F: Ferrit, P: Perlit, B: Bainit, M: Martensit, M_s: Martensitbildungs-Starttemperatur. Die Zahlen in Höhe der Umwandlungstemperaturen geben die Vickers-Härte nach abgeschlossener Umwandlung und Abkühlung auf Raumtemperatur an. Nach [9].

Produkte der bei der betreffenden Temperatur abgelaufenen Umwandlung sowie die Härte der Probe nach anschließender Abkühlung auf Raumtemperatur. Auch diese Schaubilder können durch eine Darstellung ergänzt sein, die die Gefügezusammensetzung und die Härte in Abhängigkeit von der isothermen Umwandlungstemperatur angeben. Beim „Lesen" dieser Bilder darf nie die dem Halten auf konstanter Temperatur vorangegangene Abschreckung von der angegebenen Austenitisierungstemperatur vergessen werden!

Obwohl ZTU-Schaubilder die mit großem wissenschaftlichen Aufwand ermittelte Grundlage der Wärmebehandlung der Stähle darstellen, haben sie für den Anwender drei Nachteile:

– Jedes ZTU-Schaubild gilt nur für den Werkstoff der im Originalbild angegebenen Zusammensetzung, und Abweichungen von der

Zusammensetzung können zum Teil erheblichen Einfluß auf die Daten des ZTU-Schaubildes haben.

- Das ZTU-Schaubild gilt nur für die jeweils angegebene Austenitisierungstemperatur; auch ihre Höhe beeinflußt die Daten des Bildes zum Teil erheblich.

- Die Angabe einer bestimmten erfoderlichen Abkühldauer sagt dem Anwender nichts über die Art ihrer Realisierung für ein Bauteil bestimmter Abmessungen.

Trotz der erwähnten Nachteile haben ZTU-Schaubilder ihren Wert auch für den Anwender, weil sie einen guten *Vergleich* zwischen Werkstoffgruppen in bezug auf ihr härtetechnisches Verhalten ermöglichen. So lassen sich durch Vergleich zweier ZTU-Schaubilder leicht die relative Höhe der kritischen Abkühlgeschwindigkeit sowie die erzielbare Maximalhärte ablesen.

1.4.3 Wesentliche Kenndaten des Härtevorganges

Härtetemperatur ist die Temperatur, von der ein Werkstück zum Härten abgeschreckt wird. Sie wird für untereutekoidische Eisen-Kohlenstoff-Legierungen so gewählt, daß sich ein völlig austenitischer Gefügezustand ergibt. Um gegenüber Unsicherheiten der Werkstoffzusammensetzung und der Temperaturmessung auf der sicheren Seite zu sein, gilt als Richtwert etwa 30 bis 50 °C über Ae_3 im Zustandsschaubild.

Übereutektoidische Stähle werden zum Härten im allgemeinen nicht völlig austenitisiert, weil Entkohlungs- und Grobkorngefahr bestehen, und weil die Martensitbildungs-Endtemperatur M_f mit zunehmendem Kohlenstoffgehalt des Austenits auf beachtlich niedrige Werte absinkt, Bild 1.4-9. Als Richtwert für die Härtetemperatur gilt etwa 30 bis 50 °C über Ae_1 im Zustandsschaubild. Der bei diesen Temperaturen neben dem Austenit vorliegende Sekundärzementit – durch vorheriges Weichglühen in körniger Form – ist ohnehin hart genug und zudem unempfindlich gegen Wiedererwärmen bis auf Temperaturen dicht unterhalb Ac_1. Den Bereich der üblichen Härtetemperaturen für un- und niedriglegierte Stähle zeigt Bild 1.4-10.

Kritische Abkühlgeschwindigkeit ist die Mindestabkühlgeschwindigkeit, mit der Austenit abgeschreckt werden muß, damit er in Martensit umwandelt. Sie stellt eine der wichtigsten werkstofftechnischen Eigenschaften eines Werkstoffes dar, die seine Härtbarkeit beeinflus-

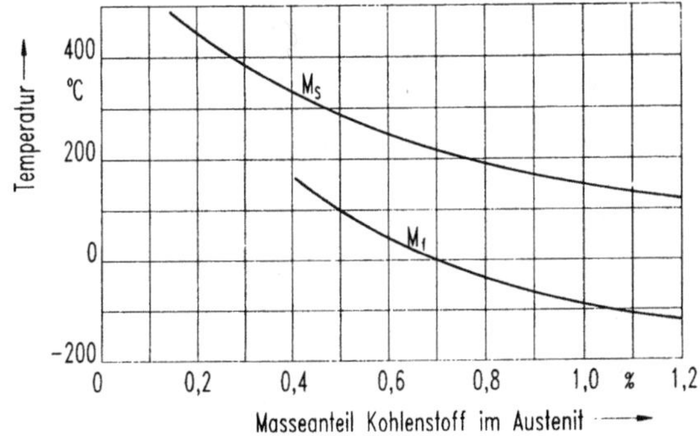

Bild 1.4-9. Temperaturen für Beginn (M_s) und Ende (M_f) der Martensitbildung, abhängig vom Kohlenstoffgehalt des Austenits, gültig für reine Eisen-Kohlenstofflegierungen.

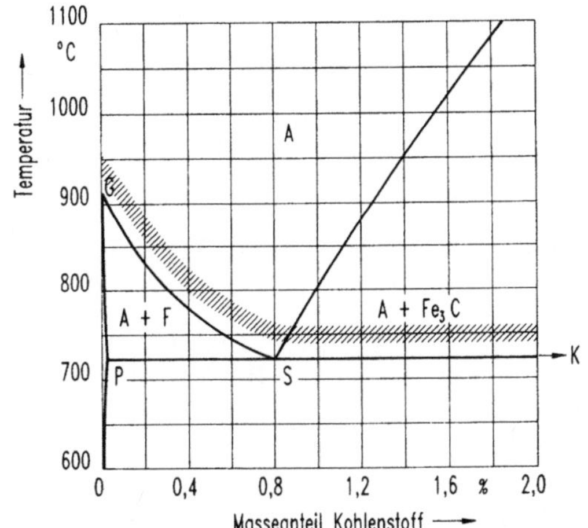

Bild 1.4-10. Bereich der Härtetemperaturen für unlegierte Stähle, eingezeichnet im Zustandsschaubild. A: Austenit, F: Ferrit.

sen. Sie ist um so geringer, je höher der Kohlenstoffgehalt und der Gehalt an sonstigen Legierungselementen ist, da sowohl Kohlenstoffatome als auch Atome der Legierungslemente die Diffusionsfähigkeit des Kohlenstoffs vermindern. Die zum Erreichen der kritischen Abkühlgeschwindigkeit auch im *Inneren* eines Werkstückes erforderliche *äußere* Abkühlgeschwindigkeit ist natürlich in hohem Maß vom Werkstückquerschnitt und von der Wärmeleitfähigkeit des Werkstoffs abhängig, so daß hier praktisch nur Erfahrungswerte für die erfolgreiche Verwendung der Kühlmittel Wasser, Wasser mit Zusätzen, Öl,

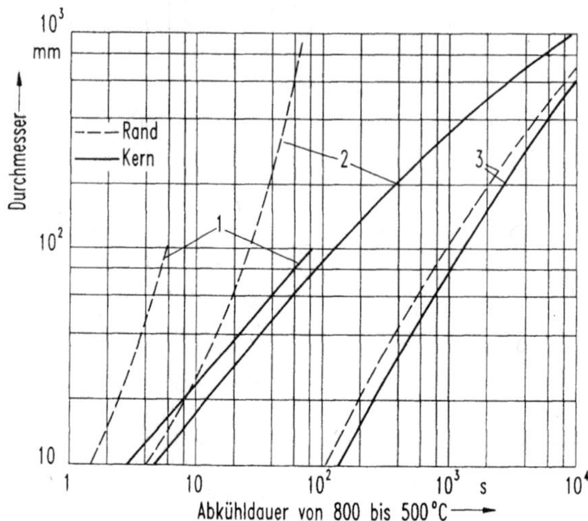

Bild 1.4-11. Abkühlwirkung unterschiedlicher Kühlmittel, ermittelt an zylindrischen Stahlproben verschiedener Durchmesser. Die Darstellung
eignet sich beim Verwenden von ZTU-Schaubildern für kontinuierliche Abkühlung. 1: Wasser, 2: Öl, 3: Luft. Nach [3].

Salzschmelzen und Luft benutzt werden können. Einen Vergleich der
Wirkung verschiedener Kühlmittel zeigen Bilder 1.4-11 und 1.4-15.

Martensitbildungstemperaturen. Die Temperaturen für Beginn und
Ende der Martensitbildung hängen vom Kohlenstoffgehalt des *Austenits* ab, der nicht identisch mit dem Kohlenstoffgehalt des Werkstoffs sein muß, Bild 1.4-9. Zur völligen Martensitbildung muß M_f
erreicht bzw. unterschritten werden, was bei Kohlenstoffgehalten über
0,7 % im Austenit bedeutet, daß Temperaturen unter 0 °C zu erreichen
sind. Das Nichterreichen von M_f bedeutet ein Verbleiben von mehr
oder weniger Restaustenit, je nachdem, wie nahe man M_f gekommen
ist. Zunehmender Anteil an Restaustenit führt dazu, daß die mittlere
Härte entsprechend unter der maximal erreichbaren Härte rein martensitischen Gefüges liegt. Legierungselemente setzen die Martensitbildungstemperaturen herab. Ihr Einfluß kann im konkreten Fall dem
zugehörigen ZTU-Schaubild entnommen werden.

Die *Höchsthärte reinen Martensits* hängt von seinem Gehalt an Kohlenstoff ab, Bild 1.4-12. Die in dem Bild gezeichnete Kurve bricht
bei $w_C = 1,0 \%$ ab, da bei höher kohlenstoffhaltigen Werkstoffen im allgemeinen durch Härten kein reiner Martensit erzeugt wird. Die

28

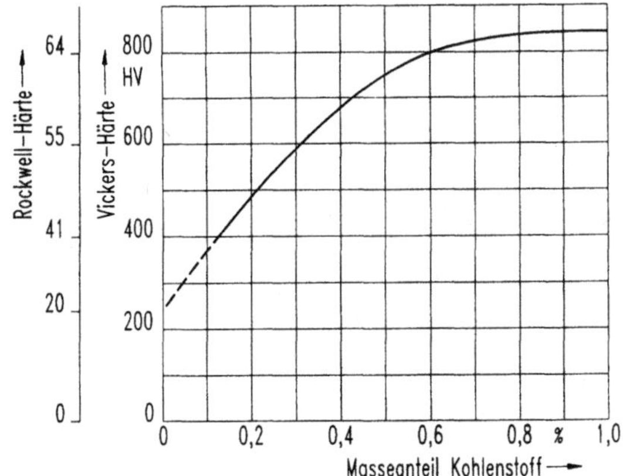

Bild 1.4-12. Durch Härten und Anlassen unter technisch üblichen Bedingungen erreichbare Höchsthärte, abhängig vom Kohlenstoffgehalt. Nach [11].

Gründe dafür sind unter dem Stichwort Härtetemperatur erläutert. Die Frage, ob die Härte reinen Martensits bei höheren C-Gehalten noch weiter ansteigt, ist also für den Anwender nicht von Interesse.

1.4.4 Vorgänge beim Wiedererwärmen des Martensits

Als *Anlassen* wird ein Erwärmen nach dem Härten bezeichnet, und zwar unabhängig davon, welche Wirkung im Sinne der inneren Vorgänge bzw. im Sinne der Eigenschaftsänderungen gewünscht ist. Ohne daß eine eindeutige Abgrenzung möglich wäre, unterscheidet man drei Anlaßstufen.

Erste Anlaßstufe: Nach jedem Härten erfolgt grundsätzlich ein Anlassen mit dem Ziel, die Gebrauchseignung des gehärteten Werkstückes gegenüber dem abgeschreckten Zustand zu verbessern. Die beim Anlassen auftretenden Wirkungen und die inneren Vorgänge, die dazu führen, hängen in starkem Maße von der Werkstoffzusammensetzung und von der vorangegangenen Wärmebehandlung sowie von den Anlaßparametern Temperatur und Dauer ab. Als grober Anhaltswert gilt, daß nach dem Härten etwa 1 Stunde bei 100 bis 200 °C anzulassen ist, um die extreme tetragonale Verzerrung des Martensits zu vermindern, die ihn vor allem sehr schlagempfindlich macht. Im Bereich dieser Anlaßtemperaturen nehmen die zwangsgelösten Kohlenstoffatome energetisch günstigere Plätze in der Nähe von Gitterbaufehlern ein, ohne daß bereits von einer nennenswerten Kohlenstoff-Diffusion gesprochen werden könnte. Überdies kommt es in diesem Anlaßtemperaturbereich zur Bildung von Keimen des hexagonalen ε-Karbides Fe_2C in der Nähe von Versetzungen, was ebenfalls zu einer Verminderung der tetragonalen Verzerrung des Martensits führt. In der Praxis wird dieses immer nach dem Härten erforderliche Anlassen häufig als *Entspannen* bezeichnet, da extreme Gitterspannungen tatsächlich geringer werden. Die Härte wird durch dieses Anlassen nicht wesentlich herabgesetzt.

Zweite Anlaßstufe: Im Temperaturbereich von etwa 200 bis 350 °C hat die Diffusionsfähigkeit des Kohlenstoffs bereits wieder so zugenommen, daß es zur Ausscheidung von allerdings sehr fein verteiltem Fe_3C kommt, während der entsprechend an Kohlenstoff verarmte Martensit zu Ferrit wird. Auch aus gegebenenfalls vorhandenem Restaustenit kann sich Fe_3C ausscheiden, wodurch der Restaustenit ebenfalls an Kohlenstoff verarmt. Infolgedessen erhöht sich für den Restaustenit die Temperatur M_s, so daß er beim anschließenden Abkühlen zu Martensit wird! Dies erklärt den scheinbaren Widerspruch, daß durch Anlassen der Martensitanteil zunehmen kann und die Härte kaum abnimmt.

Die *dritte Anlaßstufe* ist der Temperaturbereich zwischen etwa 350 °C und Ac_1. Ihre Wirkung ist gekennzeichnet durch zunehmende Diffusionsfähigkeit des Kohlenstoffs und des Eisens, so daß sich ein Gefüge aus Fe_3C und Ferrit in immer noch recht feiner Verteilung ausbildet. Oberhalb von etwa 500 °C beginnt sich Fe_3C zu etwa kugelförmigen Kristallen einzuformen.

Genaue Grenzen für die verschiedenen Anlaßstufen existieren nicht, da die beschriebenen Vorgänge zum Teil fließend ineinander übergehen, und weil die dafür erforderlichen Temperaturen sowohl von der Werkstoffzusammensetzung als auch von der Dauer ihrer Einwirkung abhängen. Anlaßbehandlungen im Bereich der dritten Anlaßstufe sind für das *Vergüten* typisch. Dabei werden die Temperaturen im allgemeinen so gewählt, daß der gewünschte Zweck nach einer Stunde Anlaßdauer erreicht wird.

1.4.5 Prüfen der Härtbarkeit

Im Prinzip ließen sich so ziemlich alle für das Härtungsverhalten wichtigen Informationen den ZTU-Schaubildern entnehmen. Wie unter 1.4.2 bereits ausgeführt, ist jedoch die unmittelbare Übertrag-

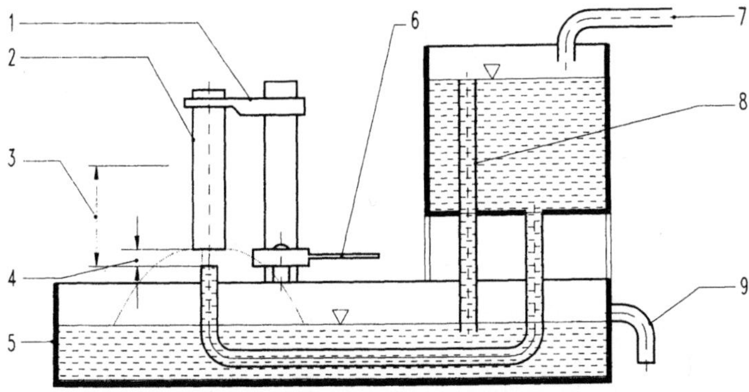

Bild 1.4-13. Schema der Einrichtung zum Durchführen des Stirnabschreckversuches nach DIN 50191. 1: Probenhalterung, 2: Probe, 3: freie Steighöhe des Wasserstrahles (65 mm), 4: Abstand Stirn bis Mündung (12 mm), 5: Auffangbehälter, 6: Absperrblende, weggeschwenkt, 7: Wasserzulauf, 8: Überlaufrohr, das für konstante Füllhöhe sorgt, 9: Wasserablauf.

barkeit der Daten eines ZTU-Schaubildes auf die praktische Anwendung kaum möglich, insbesondere deshalb, weil die genaue Zusammensetzung eines Werkstoffes im allgemeinen nicht bekannt ist. Zur praktischen Prüfung der Härtbarkeit dient ein vergleichsweise einfacher technologischer Versuch, bei dem in einem Arbeitsgang sowohl die Wirkung schneller als auch langsamer Abkühlung erfaßt wird.

Im *Stirnabschreckversuch* nach DIN 50191 wird eine zylindrische Probe mit dem Durchmesser 25 mm und der Länge 100 mm auf ihre optimale Härtetemperatur erwärmt und in einer einfachen Vorrichtung durch einen definierten aufsteigenden Wasserstrahl an der Stirnfläche abgeschreckt, Bild 1.4-13. Anschließend wird die Härte der Probe auf zwei einander gegenüberliegenden, parallel zur Probenachse angeschliffenen Prüfflächen in vorgegebenen Abständen von der abgeschreckten Stirnfläche gemessen. Die Meßergebnisse werden dann als *Härteverlaufskurve* grafisch dargestellt, Bild 1.4-14. Das Gesamtergebnis des Versuches, der Härteverlauf, kennzeichnet die *Härtbarkeit* des Werkstoffes. Zwei markante Punkte der Härteverlaufskurve können zur kurzen zahlenmäßigen Beschreibung der Härtbarkeit herangezogen werden:

— Als *Aufhärtbarkeit* wird der Höchstwert der Härte an der Stirnfläche bezeichnet, der die unter optimalen Bedingungen erreichbare Härte des geprüften Werkstoffes beschreibt.

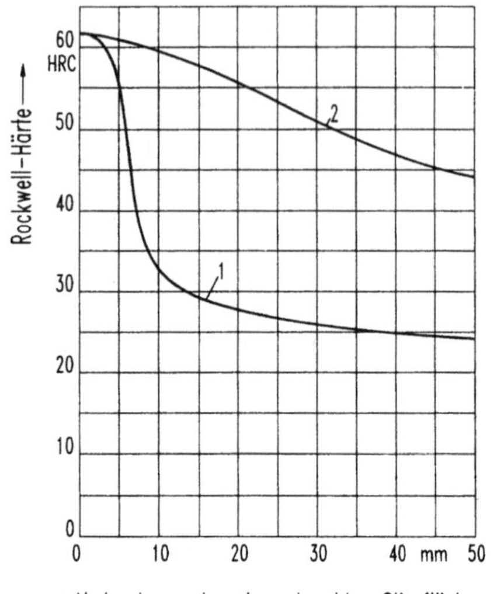

Bild 1.4-14. Härteverlaufskurven als Ergebnisse des Stirnabschreckversuches. Kurve 1: Unlegierter Stahl 2 C 45, Kurve 2: Niedriglegierter Stahl 42 CrMo 4.

– Als Zahlenwert für die *Einhärtung* wird die Einhärtungs*tiefe* angegeben, das ist derjenige Abstand von der abgeschreckten Stirnfläche, bei dem noch ein vereinbartes Grenzmerkmal, z.B. ein bestimmter Härtewert oder Gefügezustand vorliegt.

Der Stirnabschreckversuch läßt durch die Art der Abschreckung recht präzise Schlüsse über das Härtungsverhalten im *Inneren* von Werkstücken zu, das an Werkstücken naturgemäß ohne Zerstörung nicht prüfbar ist. Die Stirn der Probe steht stellvertretend für die Werkstückoberfläche; der Abstand von der abgeschreckten Stirnfläche entspricht dem Oberflächenabstand im Inneren eines Werkstückes, wo das Abschreckmedium immer nur mittelbar durch Wärmeleitung im Werkstück wirksam wird.

Die Bedeutung des Stirnabschreckversuches liegt besonders in der Ermittlung der *Einhärtung*, die vor allem bei solchen Werkstücken wichtig ist, bei denen das Härten als Methode zur Erhöhung der Festigkeitseigenschaften im gesamten Werkstückquerschnitt benutzt wird. Die Höchsthärte an der Oberfläche ließe sich auch ohne Stirnabschreckversuch ermitteln. Durch den Stirnabschreckversuch läßt sich verhältnismäßig einfach bestätigen, daß die maximale Härte praktisch in erster Linie vom Kohlenstoffgehalt bestimmt ist. Die Einhärtung dagegen wird entscheidend vom Kohlenstoffgehalt und dem Gehalt an Legierungselementen bestimmt, die beide mit zunehmen-

Tabelle 1.4-1. Umwertung zwischen Rockwell-Härtewerten (HRC), Vickers-Härtewerten (HV) und Zugfestigkeitswerten (R_m) nach DIN 50150.

HRC	HV	R_m N/mm^2	HRC	HV	R_m N/mm^2	HRC	HV	R_m N/mm^2
			36,6	360	1155	53,0	560	1845
			37,7	370	1190	53,6	570	1880
20,3	240	770	38,8	380	1220	54,1	580	1920
21,3	245	785	39,8	390	1255	54,7	590	1955
22,2	250	800	40,8	400	1290	55,2	600	1995
23,1	255	820	41,8	410	1320	55,7	610	2030
24,0	260	835	42,7	420	1350	56,3	620	2070
24,8	265	850	43,6	430	1385	56,8	630	2105
25,6	270	865	44,5	440	1420	57,3	640	2145
26,4	275	880	45,3	450	1455	57,8	650	2180
27,1	280	900	46,1	460	1485			
27,8	285	915	46,9	470	1520			
28,5	290	930	47,7	480	1555			
29,2	295	950	48,4	490	1595			
29,8	300	965	49,1	500	1630			
31,0	310	995	49,8	510	1665			
32,2	320	1030	50,5	520	1700			
33,3	330	1060	51,1	530	1740			
34,4	340	1095	51,7	540	1775			
35,5	350	1125	52,3	550	1810			

den Werten stärker diffusionshemmend wirken und damit die kritische Abkühlgeschwindigkeit herabsetzen, Bild 1.4-14.

Anhand der im Stirnabschreckversuch ermittelten Härteverlaufskurve läßt sich annähernd die im Inneren von Bauteilen erzielbare Zugfestigkeit bestimmen, wenn dazu die Umwertungstabelle in DIN 50150 herangezogen wird. Dabei entspricht der Stirnabstand dem halben Bauteildurchmesser bzw. der halben Dicke (vgl. dazu auch Tabelle 2.3-1). Tabelle 1.4-1 gibt im Auszug die Umwertung von Rockwell- bzw. Vickershärtewerten in Zugfestigkeitswerte wieder. Darüber hinaus enthält die Tabelle in DIN 50150 Umwertungen der nach den verschiedenen Härteprüfverfahren erhaltenen Härtewerte. Die Gültigkeit dieser Umwertungstabelle ist auf un- und niedriglegierte Stähle im warmumgeformten und wärmebehandelten Zustand beschränkt. Auch darf aus der Tabelle nicht der Schluß gezogen werden, daß die einfache Härteprüfung generell den Zugversuch ersetzen könnte. Geht man jedoch bei einer solchen Festigkeitsabschätzung von dem niedrigsten Härtewert im Bauteilkern aus, dürfte man mit dem Ergebnis wohl immer auf der sicheren Seite liegen.

1.4.6 Abkühlmittel

Obwohl Abkühlmittel wesentliche Bestandteile der *Verfahren* sind, sollen sie hier im Grundlagenkapitel besprochen werden, da sie bei *allen* Wärmebehandlungsverfahren eine entscheidende Rolle spielen, bei denen eine beschleunigte Abkühlung zum Erreichen des Behandlungszieles erforderlich ist. Zudem hängt von dem verwendeten Abkühlmittel der sich einstellemde Eigenspannungszustand ab, der das Bauteil- bzw. Werkzeugverhalten wesentlich beeinflußt, gegebenenfalls zu Verzug und im Extremfall zu Rißbildung führen kann.

Jeder Abkühlvorgang, der mit größerer Abkühlgeschwindigkeit als an ruhender Luft abläuft, wird nach DIN 17014 als *Abschrecken* bezeichnet. Da ruhende Luft praktisch immer vorhanden ist, soll sie hier nicht als Abkühlmittel besonders erwähnt werden. Vielmehr werden im Folgenden als *Abschreck*mittel nur die Mittel besprochen, mit denen gegenüber ruhender Luft ein beschleunigtes Abkühlen bewirkt wird.

Im genannten Sinne werden als Abschreckmittel verwendet:

- flüssige Mittel, wie reines Wasser, Wasser mit Zusätzen, Öl, Öl-Emulsionen, Salz- und Metallschmelzen;
- Wirbelbetten, das sind feine Aluminiumoxidteilchen, die durch strömendes Gas ein Fluid bilden, also sich quasi flüssigkeitsartig verhalten;
- strömende Gase, wie trockene oder feuchte Luft, Stickstoff oder Schutzgase (vgl. Kapitel 2.2.5).

Das wichtigste wärmebehandlungstechnische Merkmal der Abschreckmittel ist ihre Kühlwirkung, die für die genannten Mittel eine relative Spanne von etwa 100:1 umfaßt. Eine einfache quantitative Beschreibung der Kühlwirkung ist nicht möglich, da sie zum Teil sehr stark von der Werkstücktemperatur abhängig ist. Praktisch wird sie durch Abkühlversuche ermittelt und in Form von Diagrammen dargestellt, in denen entweder der Temperatur-Zeitverlauf beim Abkühlen eines definierten Objektes dargestellt ist oder die Abkühlgeschwindigkeit als Funktion der Temperatur des gekühlten Objektes (z.B. Silberkugelmethode) aufgetragen wird. Die Temperatur des Abschreckmittels beeinflußt seine Kühlwirkung ebenfalls, und zwar nimmt sie mit steigender Temperatur deutlich ab.

Für die am häufigsten benutzten flüssigen Abschreckmittel weist der Abkühlvorgang drei typische Phasen auf, sofern die Behandlungstemperatur des Werkstückes wesentlich über der Siedetemperatur des Abschreckmittels liegt:

- In der *Dampfhautphase* entsteht ein Dampffilm an der Werkstückoberfäche, der wegen seiner geringen Wärmeleitfähigkeit zu einer relativ schwachen Kühlwirkung führt (Leidenfrost-Phänomen);

- die bei tieferer Temperatur stattfindende *Kochphase* ist durch intensive Bildung schnell aufsteigender Dampfbläschen mit recht kräftiger Wärmeabfuhr verbunden;

- in der anschließenden *Konvektionsphase* wird die vom Werkstück abgegebene Wärme nur noch durch die im Abschreckmittel stattfindende Konvektionsströmung (Strömung durch temperaturbedingte Dichteunterschiede) abgeführt, deren Geschwindigkeit nicht sehr hoch ist.

Die gebräuchlichsten Abschreckmittel sind nach [43]:
(AT = Arbeitstemperatur)

- Wasser ohne Zusatz (Leitungswasser); AT < 25 °C.

- Wasser mit Salzzusatz (z.B. Cyansalz) mit erhöhter Abschreckwirkung gegenüber Wasser ohne Zusatz; AT < 70 °C.

- Wasser mit Zusatz löslicher Polymere (z.B. Polyether, Polyamid u.a.) mit im Mittel zwar verminderter, aber zu günstigeren Temperaturen verschobener Abkühlwirkung, die vom Polymeranteil abhängig ist; AT < 70 °C.

- Abschrecköle mit gegenüber Wasser deutlich geringerer Abkühlwirkung; AT ≈ 50 bis 150 °C.

- Salzschmelzen, die aufgrund ihrer Schmelztemperaturen oberhalb 100 °C für gestuftes Abschrecken bzw. isothermisches Umwandeln dienen; AT > 140 °C.

- Metallschmelzen (z.B. Blei/Zinn), die aufgrund ihrer relativ hohen Wärmeleitfähigkeit zwar beachtlich kühlen, aber ansonsten mit beträchtlichen Umweltproblemen behaftet sind; AT > 200 °C.

– Wirbelbetten aus gasdurchströmten Al_2O_3-Teilchen haben eine etwa den Salzschmelzen äquivalente Kühlwirkung. Durch Heizen des Gases können sie auch Warmbadfunktionen erfüllen; AT 20 bis > 600 °C.

– Strömende Gase (Luft, Stickstoff, Schutzgas) haben von den hier aufgeführten Mitteln die geringste Kühlwirkung, liegen aber über der Kühlwirkung ruhenden Gases.

Die Auswahl des Abschreckmittels muß nach dem Grundsatz erfolgen: So schnell wie *nötig*, aber so langsam wie *möglich* abkühlen. Ist beispielsweise zum Erreichen des Behandlungszieles die schroffe Abschreckwirkung des Wassers unverzichtbar, muß mit erhöhtem Risiko von Verzug und von Rissen infolge von Eigenspannungen gerechnet werden. Soll zur Verminderung des Risikos ein milder wirkendes Abschreckmittel benutzt werden, ist im Falle des Härtens oder Vergütens von Stahl ein Werkstoff mit verbesserter Härtbarkeit zu wählen. Lange Zeit stellte Öl nach Wasser das nächst milder wirkende Mittel dar, das allerdings eine *erheblich* geringere Abschreckwirkung aufweist. Das Verzichten auf Wasser führte demgemäß zu deutlich höheren Anforderungen an die Härtbarkeit eines Stahles, wenn er durch Abschrecken in Öl die geforderten Eigenschaften erhalten sollte. In der jüngeren Vergangenheit sind durch Zusatz von löslichen Polymeren zum Wasser Abschreckmittel entstanden, die ein breites Band möglicher Abschreckwirkungen zwischen Wasser und Öl überstreichen und deshalb in einer großen Zahl von Anwendungsfällen das

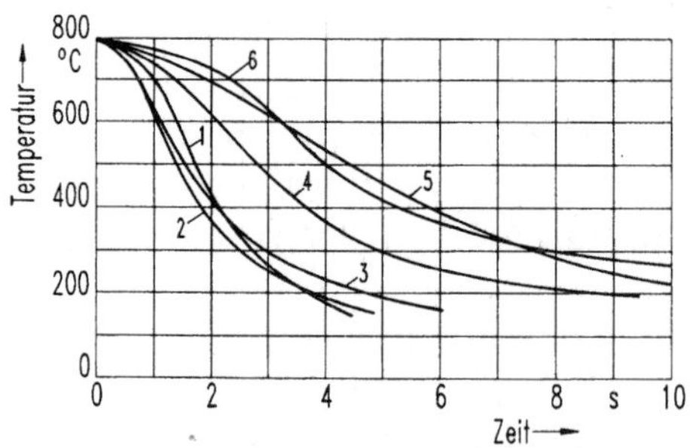

Bild 1.4-15. Temperatur-Zeitverläufe beim Abkühlen eines Prüfkörpers aus zunderbeständigem Stahl von 10 mm Durchmesser. Badtemperatur: 35 °C (bei Öl: 50 °C). Kurve 1: Wasser; Kurve 2: Wasser mit 5 % Polymer; Kurve 3: Wasser mit 10 % Polymer; Kurve 4: Wasser mit 15 % Polymer; Kurve 5: Wasser mit 30 % Polymer; Kurve 6: Hochleistungs-Öl. Nach [65].

Öl ersetzen können. Dort, wo diese Abschreckmittel das Öl ersetzen, werden dessen Hauptnachteile wie Brandgefahr, Öldämpfe und Entsorgungsprobleme vermieden bzw. gemindert.

In Bild 1.4-15 sind beispielhaft die Temperatur-Zeitverläufe beim Kühlen mit unterschiedlichen Abschreckmitteln dargestellt. Es zeigt deutlich, wie Wasser mit Zusatz von Polymeren die Lücke zwischen reinem Wasser und Öl schließt.

1.5 Aushärten (Ausscheidungshärten)

1.5.1 Metallkundliche Voraussetzungen

Festigkeitserhöhungen durch Ausscheidungen sind grundsätzlich in allen Legierungen möglich, die im thermodynamischen Gleichgewicht zwei- oder mehrphasig sind, und bei denen sich durch beschleunigtes Abkühlen die Bildung der Gleichgewichtsphasen unterdrücken und dadurch ein metastabiler Zustand erzeugen läßt. Für die meisten Anwendungen werden Legierungen aus Zwei- oder Mehrstoffsystemen verwendet, deren Komponenten folgendes Legierungsverhalten aufweisen:

- Bildung von Mischkristallen, deren Löslichkeit bei sinkender Temperatur abnimmt,
- Bildung wenigstens einer intermediären Kristallart, die im thermodynamischen Gleichgewicht infolge der abnehmenden Löslichkeit aus den Mischkristallen als Segregat ausgeschieden wird.

Im Falle eines reinen Zweistoffsystems muß das Zustandsschaubild – zumindest bereichsweise – dem Typ 4 im Kapitel 1.3.2 entsprechen. Zur Erläuterung der Grundlagen werde das Zustandsschaubild des Zweistoffsystems Aluminium-Kupfer herangezogen, Bild 1.5-1. Danach bildet Aluminium mit Kupfer Austausch-Mischkristalle, deren Löslichkeit für Kupfer vom maximalen Wert 5,7 % bei eutektischer Temperatur praktisch auf Null bei Raumtemperatur abnimmt. Bei einem Masseanteil Kupfer von 33 % liegt die intermediäre Kristallart Al_2Cu vor - auch als Θ-Phase bezeichnet –, die im reinen Zustand relativ hart und hochfest, aber völlig spröde ist. Für das Aushärten geeignet sind vor allem die Legierungen, die sich bei irgend einer Temperatur in einen homogenen Mischkristall-Zustand bringen lassen, das heißt, hier wären das theoretisch alle Legierungen bis maximal $w_{Cu} = 5,7 \%$. Legierungen mit höherem Kupfergehalt lassen sich ebenfalls

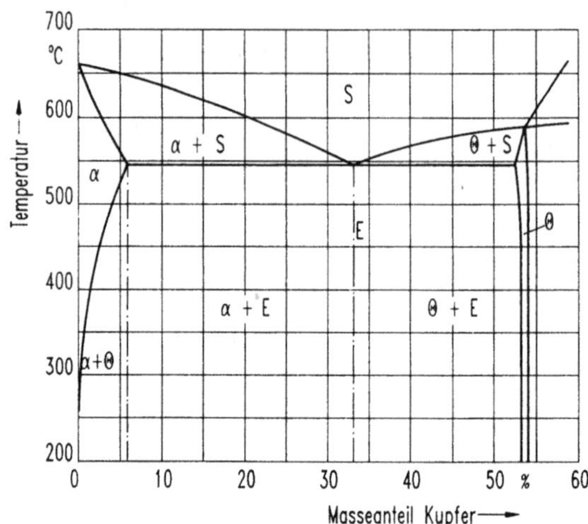

Bild 1.5-1. Teil-Zustandsschaubild des Zweistoffsystems Aluminium-Kupfer. Nach [13].

aushärten, allerdings ist der Aushärtungseffekt wegen des Eutektikum-Anteils geringer.

Wird als Beispiel der Zustand einer Legierung mit $w_{Cu} = 4\%$ bei eutektischer Temperatur $T_E = 547\,°C$ betrachtet, so liegen ausschließlich α-Mischkristalle vor: der gesamte Kupfer-Gehalt der Legierung ist im Gitter des Aluminiums gelöst. Bei Abkühlung im thermodynamischen Gleichgewicht kommt es nach Unterschreiten der Segregatlinie – für die betrachtete Legierung also bei etwa 500 °C – zu einer Diffusion der Kupfer-Atome zu den Korngrenzen und dort zur Entstehung von Al_2Cu-Sekundärkristallen, auch Θ-Phase genannt. (Die α-Mischkristalle werden in einem Teil der Literatur auch mit ω-MK bezeichnet.)

Nach Erreichen der Raumtemperatur bei entsprechend langsamer Abkühlung wären die Aluminium-Kristalle so gut wie frei von festigkeitssteigerndem Kupfer und an den Korngrenzen befände sich ein mehr oder weniger ausgeprägtes „Netz" spröder Al_2Cu-Kristalle. Als Eigenschaften der so abgekühlten Legierung könnte man etwa die Festigkeitseigenschaften des reinen Aluminiums, jedoch nicht dessen hervorragende Verformbarkeit erwarten: Das zulegierte Kupfer wäre so als vergeudet anzusehen.

1.5.2 Vorgang des Aushärtens

Sehr nachhaltige Wirkung übt das Legierungselement dann aus, wenn die Legierung *ausgehärtet* wird. Dazu wird die im vorigen Abschnitt als Beispiel beschriebene Legierung als erstes einer *Lösungsbehandlung* unterworfen, das heißt, sie wird auf eine Temperatur oberhalb der Segregat-Temperatur erwärmt und gehalten, bis alle ausgeschiedenen Bestandteile wieder im Mischkristall in Lösung gehen. Anschließend wird so rasch abgeschreckt, daß die zur Ausscheidung des Legierungselements erforderliche Diffusion unterdrückt wird. Dadurch liegt nach dem Abschrecken ein zwangsweise übersättigter Mischkristall vor, der sich nicht im thermodynamischen Gleichgewicht befindet. Der erste Schritt der Lösungsbehandlung, das Erwärmen und Halten bis alle ausgeschiedenen Bestandteile im Mischkristall gelöst sind, wird auch als *Homogenisieren* bezeichnet.

Die Übersättigung des Mischkristalls hat eine merkliche Festigkeitssteigerung (Mischkristallverfestigung) gegenüber dem Gleichgewichtszustand zur Folge, wobei allerdings die plastische Verformbarkeit praktisch erhalten bleibt, da nur *eine Phase* mit dem hervorragend formbaren kfz Kristallsystem des reinen Aluminiums vorliegt.

Die Vorgänge, die dem Verfahren seinen Namen gegeben haben, schließen sich an die Lösungsbehandlung an. Sie werden als *Kaltauslagern* bezeichnet, wenn Sie bei Umgebungstemperatur stattfinden, und als *Warmauslagern*, sofern die Werkstücke dafür erwärmt werden. Ob sich bereits bei Umgebungstemperatur durch Auslagern ein Effekt einstellt oder nicht, hängt davon ab, ob die Umgebungstemperatur relativ zur Schmelztemperatur der Legierung als hoch oder niedrig anzusehen ist. (Diese Beurteilung ist natürlich mit den *absoluten* Temperaturen vorzunehmen!) Bei der hier exemplarisch betrachteten Aluminium-Legierung ist die absolute Umgebungstemperatur von etwa 290 K relativ zur Schmelztemperatur von etwa 900 K als hoch zu betrachten.

In der lösungsbehandelten Legierung besteht das Bestreben, ihren Zustand in Richtung der Einstellung des Gleichgewichtes zu ändern, das heißt, das im Überschuß gelöste Kupfer soll ausgeschieden werden. Wie weit dies möglich ist, hängt von den Diffusionsbedingungen ab, die ihrerseits wiederum von Temperatur und Zeit bestimmt werden. Je nach dem Grad möglicher Diffusion kommt es, ausgehend

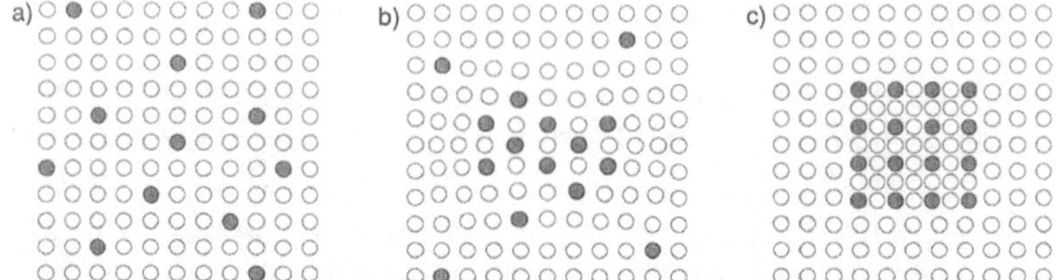

Bild 1.5-2. Schematische Darstellung verschiedener Zustände einer infolge abnehmender Löslichkeit aushärtbaren Legierung. a): Übersättigter Mischkristall, b): Kohärente Ausscheidung, c): Inkohärente Ausscheidung. Nach [12].

vom übersättigten Mischkristall zu folgenden Erscheinungen, Bild 1.5-2:

– *Kohärente* Ausscheidung bedeutet Konzentration von Atomen in winzigen Bereichen innerhalb der Mischkristalle ohne Änderung des Kristallsystems. Die Bereiche erhöhter Konzentration des Legierungselementes werden GUINIER-PRESTON-Zonen I (G.P.-I) genannt.

– *kontinuierliche teilkohärente* Ausscheidung bedeutet, daß sich bei fortschreitender Konzentration von Atomen innerhalb der Mischkristalle die ersten Ansätze zur Bildung des Kristallsystems der zweiten Phase ergeben; die Guinier-Preston-Zonen stimmen nicht mehr in allen Netzebenen mit dem Kristallsystem der Mischkristalle überein. Die nicht mehr völlig kohärenten GUINIER-PRESTON-Zonen werden nun mit G.P.-II bezeichnet.

– *kontinuierliche inkohärente* Ausscheidung heißt, daß die sich bildenden metastabilen Phasen in ihrem Kristallsystem in keiner Netzebene mit dem des Mischkristalls mehr übereinstimmen; sie befinden sich aber noch im Inneren des Mischkristalls.

– *diskontinuierliche inkohärente* Ausscheidung bedeutet, daß sich, vorwiegend von Korngrenzen ausgehend, die zweite Phase bildet. Die Legierung nähert sich ihrem Gleichgewichtszustand.

Die beschriebenen Erscheinungen finden je nach Temperatur und Zeitdauer nicht nur einzeln, sondern auch parallel zueinander statt. Ihre Auswirkungen auf die Eigenschaften lassen sich für die praktische Anwendung nur durch Versuche ermitteln.

Die beim Auslagern nach dem Lösungsbehandeln stattfindenden Ausscheidungen führen durch Blockieren von Versetzungsbewegungen zur Erhöhung von Streckgrenze, Festigkeit und Härte bei gleichzeitiger Abnahme der plastischen Verformbarkeit. Die festigkeitssteigernde Wirkung läßt sich wie folgt erklären:

Wirksame Blockierung von Versetzungsbewegungen ist offenbar um so stärker, je geringer der Abstand der durch Ausscheidung entstandenen Teilchen ist. Das ist der Fall, wenn ihre Zahl groß und ihre Größe gering ist.

Mit φ_B = Volumenanteil der Komponente B,
 d = Durchmesser der Ausscheidung,
 s = Abstand der Ausscheidungen voneinander,
 b = Burgers-Vektor ($\approx$ Atomabstand),
 ΔR_p = Streckgrenzenerhöhung

gilt $\Delta R_p \sim b/s; \quad s \sim d/\sqrt{\varphi_B}$

und $\Delta R_p \sim b/\sqrt{\varphi_B}/d$

In Worten: Die Erhöhung der Streckgrenze infolge Versetzungsblockierung ist um so größer, je höher der Volumenanteil des Legierungselements ist und je geringer der Durchmesser der Ausscheidungen ist. Der maximale Volumenanteil φ_{max} ist durch die maximale Löslichkeit des Mischkristalls für die nach Ausscheidung strebende Komponente, also werkstoffabhängig gegeben. Der minimale Durchmesser der Ausscheidungen ist vom Verlauf (Temperatur und Zeit) des Auslagerns nach dem Lösungsbehandeln abhängig. Dabei ist zu bemerken, daß kohärente Ausscheidungen in ihrer unmittelbaren Umgebung einen Verzerrungszustand erzeugen, der ihren wirksamen Abstand verringert. Daher ist ihre festigkeitssteigernde Wirkung stärker als die gleichgroßer inkohärenter Ausscheidungen, Bild 1.5-3.

Folgende allgemeine Tendenzen sind festzustellen: Niedrige Auslagerungstemperaturen erfordern lange Auslagerungszeiten, können aber zum Teil höhere Maximalwerte von Streckgrenze bzw. Zugfestigkeit oder Härte bringen. Bei höheren Temperaturen führen kürzere Behandlungszeiten zu relativen Maxima, die jedoch unter den höchsterreichbaren Werten liegen. Lange Auslagerungszeiten bei relativ hohen Temperaturen führen zu einem Wiederabfall von Streckgrenze bzw. Zugfestigkeit oder Härte bei zunehmender plastischer Verformbarkeit, was auf inkohärente bzw. bereits diskontiuierliche Ausscheidungen zurückzuführen ist. Das heißt, ihre Größe nimmt auf Kosten der Zahl so stark zu, daß wirksame Versetzungsblockierungen wieder nachlassen. In der Praxis wird diese Erscheinung mit „Überaltern" bezeichnet. Der ebenfalls dafür benutzte Begriff „Übervergüten" ist mißver-

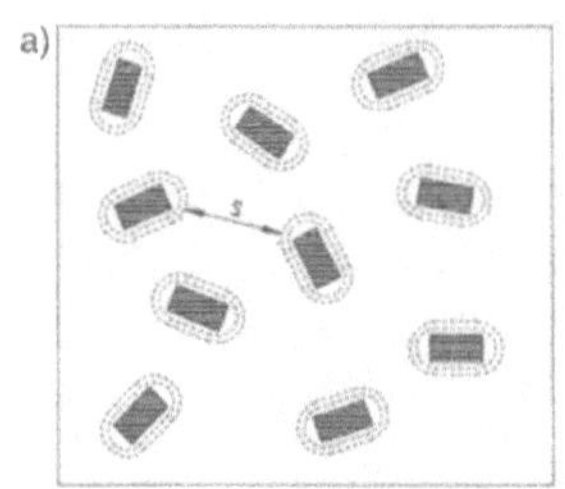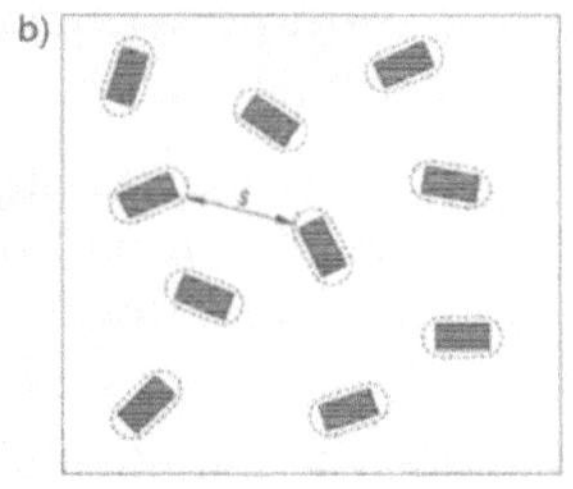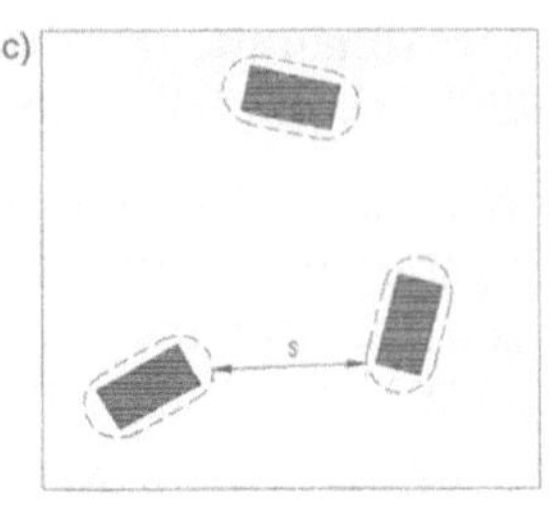

Bild 1.5-3. Einfluß von Gitterkohärenz und Teilchengröße auf den wirksamen Abstand.
a) Kohärente Ausscheidungen verspannen die umgebenden Gitterbereiche und verringern so den wirksamen Abstand s.
b) Inkohärente Ausscheidungen gleicher Größe wie bei a) haben einen größeren wirksamen Abstand s.
c) Zwischen wachsenden inkohärenten Ausscheidungen vergrößert sich der wirksame Abstand s noch mehr. Nach [12].

ständlich und sollte vermieden werden. Die optimalen Kombinationen von Auslagerungstemperatur und -dauer werden empirisch ermittelt, um sowohl technisch als auch wirtschaftlich einen günstigen Kompromiß zu finden, denn die absoluten Höchstwerte erfordern oft äußerst lange Auslagerungszeiten und führen zu minimalen Werten der Bruchdehnung. Die Bilder 2.8-7 und 2.8-8 des Kapitels 2.8 zeigen beispielhaft den Einfluß von Auslagerungstemperatur und -zeit auf die mechanischen Eigenschaften zweier aushärtbarer Aluminium-Legierungen.

Das Bild 1.5-4 zeigt noch einmal anschaulich im Schema die Zusammenhänge des Aushärtens. Das Kaltaushärten ist nur bei relativ niedrigschmelzenden Legierungen, wie zum Beispiel den Aluminiumlegierungen möglich. Der im Bild 1.5.4 enthaltene Vorgang *Rückbildung* besagt, daß sich eine *kohärente* Ausscheidung rückgängig machen läßt. Dazu ist die Legierung einer werkstoffspezifischen Temperatur-Zeit-Folge zu unterwerfen, ohne daß dabei Warmauslagerungserscheinungen auftreten dürfen, s. a. Kap. 2.8.2.

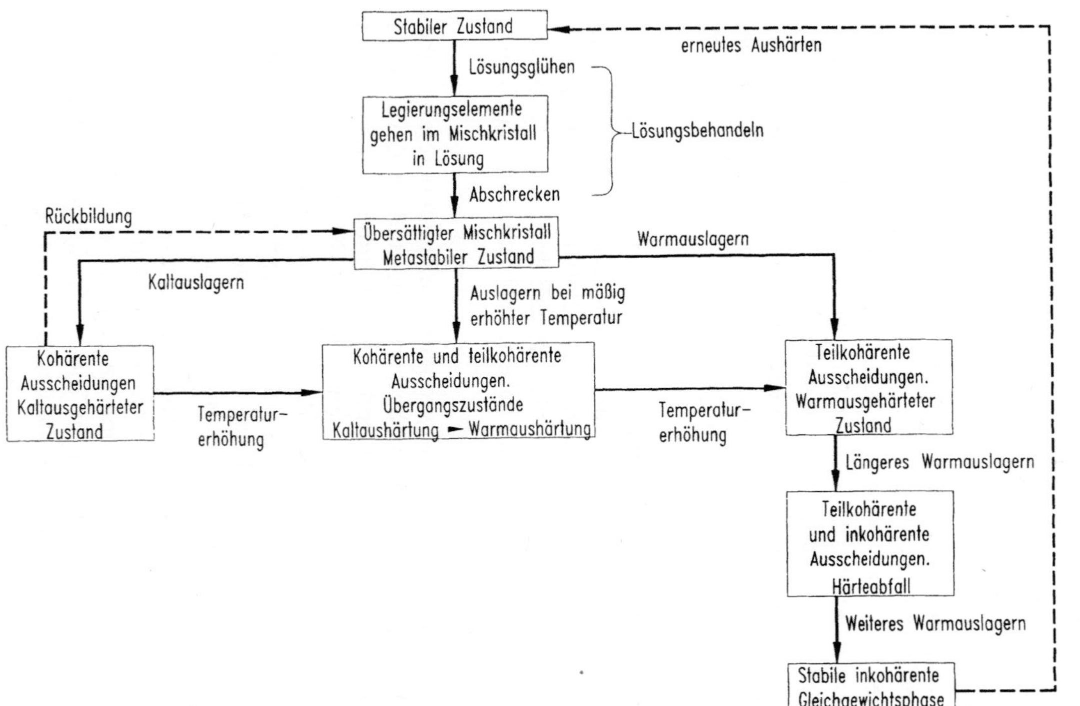

Bild 1.5-4. Schematische Darstellung möglicher Abläufe beim Aushärten. Nach [13].

1.6 Eigenspannungen

Als Eigenspannungen bezeichnet man Spannungen, die in Werkstücken auftreten, ohne daß äußere Kräfte wirken. Bei vielen Wärmebehandlungsverfahren, insbesondere solchen mit raschen Temperaturänderungen, ist das Auftreten von Eigenspannungen eine im allgemeinen unvermeidbare Begleiterscheinung. Ihre Folge können Maß- und Formabweichungen, ungünstige Beeinflussung des Betriebsverhaltens von Bauteilen und in extremen Fällen Risse sein. Sie können aber auch einen positiven Einfluß auf das Bauteilverhalten haben. Deshalb sei im folgenden einiges Grundlegendes zum Thema Eigenspannung ausgeführt.

Typisches, wenn auch nicht beruhigendes Merkmal von Eigenspannungen ist, daß sich die von ihnen hervorgerufenen Kräfte und Momente im Inneren der Werkstückes das Gleichgewicht halten. Je nach der Größenordnung der Bereiche, innerhalb derer Eigenspannungen gleiche Größe und Richtung haben, unterscheidet man Eigenspannungen I., II. und III. Art:

– Eigenspannungen I. Art sind über größere Werkstückbereiche nahezu gleichmäßig, also z. B. im Randbereich Zug- und im Kernbereich Druckspannungen. Die hiermit verbundenen inneren Kräfte sind bezüglich eines Schnittes durch den *ganzen Körper* im Gleichgewicht. Desgleichen verschwinden die mit ihnen verbundenen inneren Momente um jede Achse. Bei äußeren Eingriffen in das Kräfte- und Momentengleichgewicht dieser Eigenspannungen treten *immer* makroskopische Form- bzw. Maßänderungen auf.

– Eigenspannungen II. Art sind innerhalb relativ kleiner Werkstoffbereiche (ein Kristallit) nahezu gleichmäßig. Die mit ihnen verbundenen Kräfte und Momente sind über hinreichend *viele Kristallite* im Gleichgewicht. Bei Eingriffen in dieses Gleichgewicht *können* makroskopische Form- bzw. Maßänderungen auftreten.

– Eigenspannungen III. Art sind nur innerhalb kleinster Werkstoffbereiche (Atomabstände) gleichmäßig. Die hiermit verbundenen inneren Kräfte und Momente sind in *Teilen von Kristalliten* im Gleichgewicht. Bei Eingriffen in dieses Gleichgewicht treten *keine* makroskopischen Form- bzw. Maßänderungen auf.

Eigenspannungen haben im wesentlichen zwei Ursachen:

– Thermische Ursache: Treten in einem Werkstück örtlich stark voneinander *abweichende Temperaturen* auf (z. B. infolge schneller Ab-

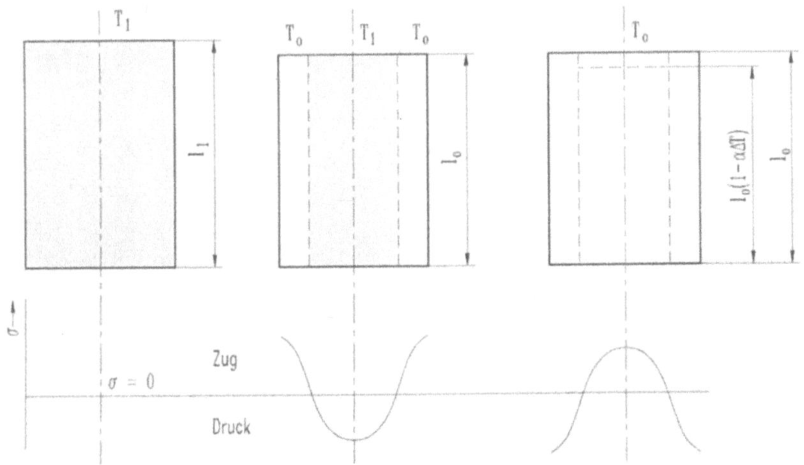

Bild 1.6-1. Zum Entstehen von Eigenspannungen nach schnellem Abkühlen von hoher Temperatur.
a) Der gesamte Körper befindet sich auf der hohen Temperatur T_1 und ist eigenspannungsfrei.
b) Beim schroffen Abkühlen nimmt der auf T_0 abgekühlte Randbereich die zugehörige Länge l_0 an und staucht den noch auf T_1 befindlichen Kern bleibend auf Abmessungsgleichheit. Im Rand herrschen Zug- im Kern Druck-Eigenspannungen.
c) Beim Temperaturausgleich wird der Kern daran gehindert, die Länge $l_0 \cdot (1 - \alpha \Delta T)$ anzunehmen und wird elastisch-plastisch um maximal $l_0 \cdot \alpha \Delta T$ verlängert: Zug-Eigenspannungen im Kern und Druckspannungen im Rand.

kühlung oder örtlicher Erwärmung), streben die Bereiche unterschiedlicher Temperatur auch unterschiedliche Abmessungen an. Infolge ihrer festen Verbindung miteinander hindern sie sich gegenseitig daran, ihre temperaturentsprechende Abmessung anzunehmen. Da Bereiche niedrigerer Temperatur eine höhere Streckgrenze haben, sind sie bei hinreichender Temperaturdifferenz in der Lage, die Bereiche höherer Temperatur *bleibend* zu deformieren, so daß auch nach dem Temperaturausgleich keine spannungsfreie Abmessungsangleichung erfolgt. Die ehemals wärmeren Bereiche, die bleibend gestaucht wurden, werden von den ehemals kälteren auf Abmessungsgleichheit gezogen, stehen demnach unter *Zug*-Eigenspannungen. Aus Gleichgewichtsgründen liegen in den ehemals kälteren Bereichen *Druck*-Eigenspannungen vor, Bild 1.6-1.

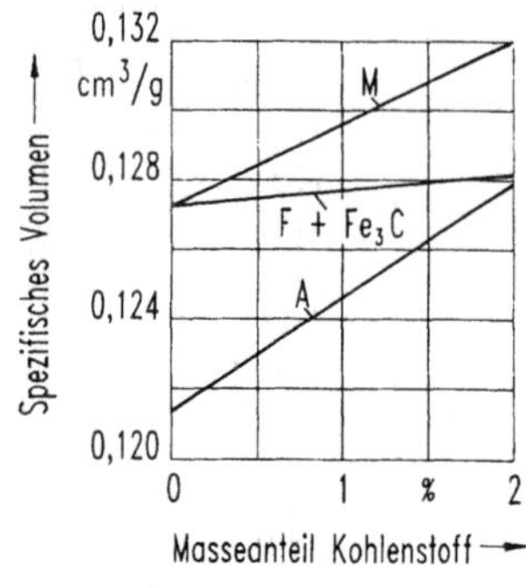

Bild 1.6-2. Spezifisches Volumen von Austenit (A), Ferrit + Zementit (F + Fe$_3$C) und Martensit (M), abhängig vom Kohlenstoffgehalt. Nach [5].

— Gefügebedingte Ursachen: Finden während einer Wärmebehandlung Gefügeumwandlungen oder -veränderungen statt, die mit einer *Volumenänderung* verbunden sind, kommt es je nach den von der Gefügeänderung betroffenen Bereichen zu recht unterschiedlichen Eigenspannungsverteilungen. Bei Eisen-Kohlenstofflegierungen ist beispielsweise die Umwandlung des Austenits zu Martensit mit einer fast doppelt so großen Zunahme des Volumens verbunden, wie die Umwandlung zu Ferrit und Perlit, Bild 1.6-2.

Die durch rein thermische Ursachen entstehenden Eigenspannungen sollen anhand von Bild 1.6-1 näher erklärt werden. Unter den vereinfachenden Annahmen, daß die Stirnflächen nicht gekühlt werden, sich nur die Längsabmessung thermisch ändert, und sich ein schroffer Temperatursprung ergibt, zeigt das Bild, wie durch ungleichmäßiges Abkühlen von Rand und Kern Eigenspannungen hervorgerufen werden. Voraussetzung ist allerdings, daß thermisch bedingte Spannungen so hoch werden, daß sie den Werkstoff plastisch verformen können. Die Höhe thermisch bedingter Spannungen läßt sich näherungsweise berechnen:

$$\sigma_{th} = \alpha \cdot E \cdot \Delta T$$

Darin bedeuten:

α = $\varepsilon_{th}/\Delta T$, thermischer Ausdehnungsbeiwert,
ε_{th} = $\Delta l / l_o$, thermisch bedingte Dehnung,
E   = Elastizitätsmodul,
ΔT = Temperaturdifferenz.

46

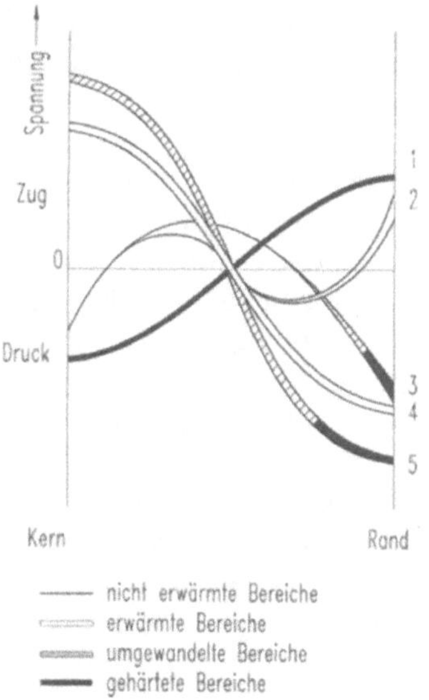

Bild 1.6-3. Schematische Darstellung möglicher Eigenspannungsverteilungen in Rundproben nach unterschiedlichen Wärmebehandlungen mit schneller Abkühlung. Nach [14].
Kurve 1: durchhärtender Stahl,
Kurve 2: Randerwärmung ohne Umwandlung,
Kurve 3: Randschichthärtung,
Kurve 4: durchgreifende Erwärmung ohne Umwandlung,
Kurve 5: Stahl mit geringer Einhärtung.

Diese Gleichung gilt allerdings nur, solange die thermisch bedingten Dehnungen rein elastisch sind.

Beispiel, Werkstoff Stahl mit

$$E = 210 \text{ kN/mm}^2 \quad \text{und} \quad \alpha = 12 \cdot 10^{-6} \text{ K}^{-1}.$$

Einer Temperaturdifferenz $\Delta T = 100$ K ist demnach eine thermisch bedingte Spannung

$$\sigma_{th} = 12 \cdot 10^{-6} \text{ K}^{-1} \cdot 210 \text{ kN/mm}^2 \cdot 100 \text{ K}$$

$$\sigma_{th} \approx 250 \text{ N/mm}^2$$

zugeordnet.

Man erkennt, daß bereits relativ geringe Temperaturunterschiede zu beachtlichen thermisch bedingten Spannungen führen. Berücksichtigt man dazu noch den Abfall der Streckgrenze mit zunehmender Temperatur, wird klar, daß die in Bild 1.6-1 dargestellten Vorgänge trotz der Vereinfachungen realistisch sind. Die beim schroffen Abkühlen hocherwärmter Werkstücke grundsätzlich nicht vermeidbaren Eigenspannungen bewirken eine Formänderung der Werkstücke in Richtung der Kugelform: Längsabmessungen werden geringer, Durchmesser bzw. Breite und Dicke vergrößern sich.

In der Praxis der Wärmebehandlung können je nach Verfahrensablauf und Behandlungszweck entweder nur thermisch bedingte oder auch thermisch und gefügebedingte Eigenspannungen gemeinsam auftreten, so daß eine generelle Übersicht zweckmäßig ist. Bild 1.6-3 erläutert schematisch mögliche Eigenspannungsverteilungen an zylindrischen Körpern, die entweder durchgreifend oder partiell wärmebehandelt wurden und dabei unverändert blieben oder umgewandelt bzw. gehärtet wurden. Von besonderer Bedeutung an Bild 1.6-3 ist, daß eine Martensitbildung über dem gesamten Querschnitt zu Zugspannungen im Rand führt, da sich der Martensit am Rand zu bilden beginnt und der noch nicht umgewandelte Kernbereich plastisch auf Abmessungsgleichheit gebracht wird. Bei der später ablaufenden Martensitbildung im Kern führt die nun erfolgende Volumenzunahme zu Zugspannungen im Randbereich. Ist die Martensitbildung dagegen auf den Rand begrenzt, ruft die dort im Vergleich zum Inneren stärkere Volumenzunahme Druckspannungen im Rand hervor. Für martensitische Bereiche von Werkstücken sind Zug-Eigenspannungen immer mit der Gefahr der Rißbildung verbunden, da der Martensit meist völlig spröde ist. Druck-Eigenspannungen im Randbereich wirken sich demgegenüber positiv auf die Dauerfestigkeit aus, da sie Spitzen der Betriebsspannung vermindern.

Die Höhe von Eigenspannungen und damit die Gefahr von unzulässigen Maßänderungen und Rissen hängt vor allem von zwei Einflußgrößen ab.

– Größe der Temperaturunterschiede im Werkstück während der Wärmebehandlung,
– relative Größe der Bereiche im Werkstück, die martensitisch umwandeln.

Die erste der beiden Einflußgrößen wird ihrerseits gesteuert vom Werkstückdurchmesser bzw. seiner Wanddicke und vom verwendeten Abkühlmittel. Mögliche Temperaturunterschiede im Werkstück sind um so geringer, je geringer Durchmesser bzw. Dicke sind und je weniger schroff das Kühlmittel wirkt. Des weiteren wirken sich die Wärmeleitfähigkeit des Werkstoffes sowie die Gestalt des Werkstückes auf die Temperaturunterschiede aus.

Grundsätzlich sollte deshalb bei Wärmebehandlungen niemals schneller abgekühlt werden, als es der Behandlungszweck erfordert. Da gerade beim Härten von Stahl die kritische Abkühlgeschwindigkeit in den zu härtenden Bereichen erreicht werden muß, ist der Spielraum bei der Wahl des Kühlmediums nicht groß. Zwei Wege zum weniger schroffen und dennoch ausreichend schnellen Abkühlen können beschritten werden, um Eigenspannungen entgegenzuwirken:

- *Gestuftes Abschrecken* führt durch Verwenden eines ersten entsprechend temperierten Abschreckbades, das schnell genug, aber nur bis auf eine Temperatur dicht oberhalb M_s abkühlt und anschließende Öl- oder Luftabkühlung zur gewünschten Martensitbildung mit verringerten Eigenspannungen.

- Verwenden eines Werkstoffes mit *geringerer kritischer Abkühlgeschwindigkeit*, um ein milderes Kühlmittel für den gewünschten Zweck verwenden zu können.

Schließlich sollte das Auftreten von Eigenspannungen auch bei der *Gestaltung* wärmezubehandelnder Werkstücke berücksichtigt werden, s. Kapitel 2.10.

2 Wärmebehandlungsverfahren

2.1 Werkstoffunabhängige Glühverfahren (Glühen I. Art)

2.1.1 Diffusionsglühen

Ziel des Diffusionsglühens ist eine Verminderung der Auswirkungen von Seigerungen und seigerungsbedingter Gefügeanisotropien.

Das Diffusionsglühen wird demnach bei Werkstoffen angewendet, deren Gebrauchseigenschaften durch Seigerungen in unzulässigem Maß beeinträchtigt werden können. Dabei handelt es sich um Legierungen, die nach ihrer Primärkristallisation einen einphasigen (homogenen) Gefügezustand aufweisen sollen, d.h. Mischkristalle gleicher Zusammensetzung. Seigerung bedeutet, die Mischkristalle haben entweder örtlich (Makro- oder Blockseigerung) oder über ihrem Querschnitt (Mikro- oder Kristallseigerung) nicht die gleiche Zusammensetzung bzw. vorhandene Fremdstoffbeimengungen sind örtlich angereichert, Bild 2.1-1. Im Falle von Blockseigerungen sind im allgemeinen Legierungselemente bzw. Fremdstoffe im Kern des Erzeugnisses angereichert und im Rand entsprechend vermindert. Nach der Warmumformung führen Seigerungen häufig zu einem zeiligen Gefüge. Die mögliche Beinflussung der Gebrauchseigenschaften hängt ab:

Bild 2.1-1. Gefüge des Stahles 42 CrMo 4 mit Seigerung und vereinzelten Mangansulfideinschlüssen. 200:1. Werkbild Krupp MaK, Kiel.

– vom Seigerungsgrad $S = w_{max}/w_{min}$,

– von der Größe des Bereiches, in dem der Zusammensetzungsunterschied auftritt (Makro- oder Mikroseigerung),

– vom Grad der Ausrichtung von Seigerungen.

Besonders stark beeinflussen durch Walzen ausgerichtete Fremdstoffseigerungen die Verformbarkeit von Walzerzeugnissen in Dickenrichtung negativ (Querzähigkeit), wodurch die Gefahr des Lamellenbruches und die Sprödbruchneigung zunehmen. Bei Stählen können örtliche Kohlenstoffanreicherungen die Härtbarkeit im Sinne erhöhter Rißgefahr negativ beeinflussen.

Die Wirkung des Diffusionsglühens besteht, wie der Name schon verrät, darin, die während der Kristallisation zu kurz gekommene Diffusion nachzuholen. Da die erforderlichen Diffusionszeiten mit steigender Temperatur abnehmen, sind für das Diffusionsglühen grundsätzlich Temperaturen dicht unterhalb der Solidustemperatur am wirksamsten. Derart hohe Temperaturen können jedoch je nach Werkstoff und Werkstückgröße beachtliche Nachteile mit sich bringen:

– Verzunderung der Oberfläche (Werkstoffverlust),

– bei Stahl Entkohlung an der Oberfläche,

– plastische Deformation während des Glühens durch Eigengewicht,

– Grobkornbildung.

So sind denn tatsächlich angewendete Temperaturen und Haltezeiten für das Diffusionsglühen meist Kompromißlösungen, die den Gegebenheiten des jeweiligen Falles Rechnung tragen.

Zum Mindern von Blockseigerungen wird das Diffusionsglühen praktisch nicht angewendet, da beachtliche Diffusionswege zu bewältigen und die erforderlichen langen Haltezeiten mit unvertretbaren Kosten und Nachteilen verbunden wären. Bei Walzwerkserzeugnissen ist eine gewisse Diffusionsglühwirkung mit den oft langen Verweildauern auf Warmformgebungstemperatur verbunden.

Für Stahl liegen die Diffusionsglühtemperaturen je nach Kohlenstoffgehalt zwischen 1300 °C und 1100 °C, die Haltedauer wird von Fall zu Fall gewählt und überschreitet in der Regel 20 Stunden nicht. Obwohl der Effekt der Behandlung nach einer Vorverformung günstiger wäre, werden Brammen bzw. Blöcke gegebenenfalls vor der Warmformgebung geglüht, weil so die Nachteile der Verzunderung, der Randentkohlung sowie der Grokornbildung während des Umformens am nachhaltigsten wieder ausgeglichen werden. Die beim Diffusionsglühen von Stahlguß auftretende Kornvergröberung kann gegebenenfalls durch ein anschließendes Normalglühen gemindert werden.

Für Nichteisen-Metalle finden sich im Schrifttum keine konkreten Angaben über Diffusionsglühbehandlungen, so daß hier auf die allgemeine Vorschrift verwiesen werden muß, die Glühtemperatur so nah wie technisch und wirtschaftlich vertretbar unter der Solidustemperatur zu wählen.

Der Anwender von metallischen Werkstoffen kommt mit dem Diffusionsglühen selten in Berührung, da es überwiegend im unmittelbaren Zusammenhang mit dem Herstellprozeß bzw. mit einem Gießvorgang durchgeführt wird.

2.1.2 Spannungsarmglühen

Dieses Verfahren hat das Ziel, Eigenspannungen I. Art herabzusetzen, wie sie als Folge von ungleichmäßiger Erwärmung bzw. Abkühlung sowie ungleichmäßiger plastisch-elastischer Verformung in Werkstücken auftreten können. Wichtigste Anwendungsfelder sind geschweißte Bauteile, ungleichmäßig abgekühlte Gußstücke, sowie Werkstücke, die nach plastischer Verformung oder nach Kalt- bzw. Warmrichtarbeiten spanend bearbeitet werden sollen. Das Herabsetzen von Eigenspannungen kann aus zwei Gründen erforderlich sein:

- Vorhandene Eigenspannungen mindern die Betriebssicherheit eines Bauteils, zum Beispiel durch Erhöhen der Sprödbruchneigung ferritischer Stähle oder durch Verringern des Abstandes zwischen tatsächlich vorhandener Spannung und Zugfestigkeit bei spröden (Guß-) Werkstoffen.

- Eigenspannungen führen zu unerwünschten Form- bzw. Maßänderungen beim spanenden Bearbeiten.

Zum besseren Verständnis der Wirkung des Spannungsarmglühens seien vorab das Entstehen sowie die mögliche Höhe von thermisch bedingten Eigenspannungen noch einmal an einem idealisierten Modellfall erläutert, Bild 2.1-2. Folgende vereinfachenden Voraussetzungen sollen gelten: Joch I ist mit dem Rahmen II zwar fest verbunden, also längengleich, jedoch findet zwischen Joch und Rahmen kein Temperaturausgleich statt; der Rahmen wird als starrer Körper angesehen; der E-Modul ist nicht temperaturabhängig und plastische Verformungen erfolgen nach Erreichen der Fließgrenze ohne Span-

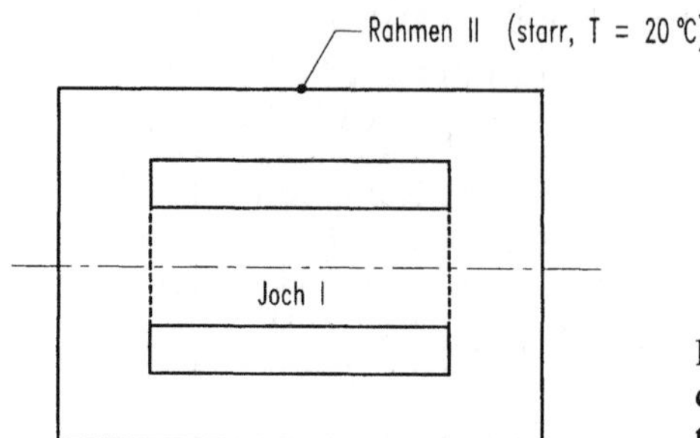

Bild 2.1-2. Modell zur Erläuterung des Entstehens von thermisch bedingten Eigenspannungen.

nungszunahme. Die folgende Betrachtung wird zeigen, daß diese Idealisierungen vor allem dann zulässig sind, wenn die auftretenden Temperaturdifferenzen relativ groß sind.

Wird Joch I auf die gegenüber dem Rahmen erhöhte Temperatur T_1 gebracht, ist es bestrebt, sich um $\varepsilon_{th} = \alpha \cdot \Delta T$ auszudehnen. Diese Dehnung wird durch den als starr angesehehenen Rahmen verhindert, so daß das Joch um $-\varepsilon_{th}$ gestaucht wird. Die dadurch im Joch entstehende Druckspannung hängt ab von ΔT und der temperaturabhängigen Quetschgrenze des Jochwerkstoffes. Im Bild 2.1-3 sind die temperaturabhängigen Stauchungen in das vereinfachte Druckspannungs-Stauchungs-Diagramm eingezeichnet. Solange die mit der Stauchung verbundenen Druckspannungen die temperaturabhängige Quetschgrenze nicht erreichen, sind die Stauchungen elastisch und würden beim Abkühlen wieder zu Null werden. Wird jedoch eine bestimmte werkstoffabhängige Temperatur überschritten, Punkt A im Bild 2.1-3, wird die zugehörige Quetschgrenze $\sigma_{dF(T)}$ erreicht, und es treten bei weiterer Temperatursteigerung zusätzliche bleibende Stauchungen im Joch auf, z.B. Punkt B bei 200 °C. Je höher die Temperatur im Joch steigt, um so mehr sinkt die Quetschgrenze und um so mehr nimmt der Anteil der plastischen Stauchung an der Gesamtstauchung zu. Die Druckspannungen im Joch nehmen bei weiter ansteigender Temperatur entsprechend der sinkenden Quetschgrenze ab, z.B. Punkt B′ bei 300 °C.

Bei der Abkühlung des Joches muß der Betrag von $-\varepsilon_{th}$ wieder zu Null werden. Da das Joch aber mit dem Rahmen fest verbunden ist, bedeutet das ein Verlängerung gegenüber der angestrebten Abmessung. Dazu geht zunächst der elastische Stauchungsanteil auf Null zurück, Punkt C in Bild 2.1-3, was aber noch nicht ausreicht. Bei weiterer Abkühlung muß das Joch daher um den Betrag $\overline{0C}$ gedehnt werden, d.h. nun entstehen im Joch Zugspannungen, deren Höhe sich an

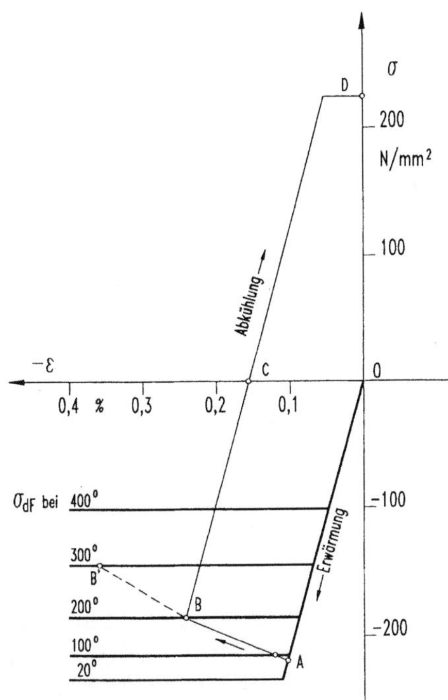

Bild 2.1-3. Vereinfachtes Spannungs-Stauchungs-Diagramm zur Erläuterung des Entstehens von thermisch bedingten Eigenspannungen. Die temperaturabhängigen Quetschgrenzen σ_{dF} entsprechen in ihrer Höhe den Warmstreckgrenzen des Stahles WStE 255.

dem Verlauf des werkstoff- und temperaturabhängigen Spannungs-Dehnungs-Diagramms orientiert. War die bleibende Stauchung hinreichend groß, wird beim Abkühlen im Joch die Streckgrenze erreicht und überschritten, d.h. das Joch muß nun wieder elastisch und gegebenenfalls auch bleibend verlängert werden, um mit seiner Umgebung längengleich zu sein, Punkt D. Nach dem Abkühlen des Joches steht der Modellkörper unter Eigenspannungen: Das Joch steht unter Zugspannungen, denen von Druckspannungen im Rahmen das Gleichgewicht gehalten wird.

Trotz aller Vereinfachungen entspricht dieser Modellfall doch mit guter Näherung praktischen Fällen wie zum Beispiel dem ungleichmäßig abgekühlten Gußstück oder dem Schweißbauteil. Das Modell entspricht der Realität um so besser, je größer die auftretenden Temperaturdifferenzen sind. Der entscheidende Grund für die Eigenspannungen ist der örtliche Temperaturunterschied in einem Werkstück bei Gleichheit der Abmessungen. Prinzipiell ähnlich wirken sich örtlich unterschiedliche elastisch-plastische Verformungen aus, wie sie zum Beispiel beim Biegen unvermeidbar sind.

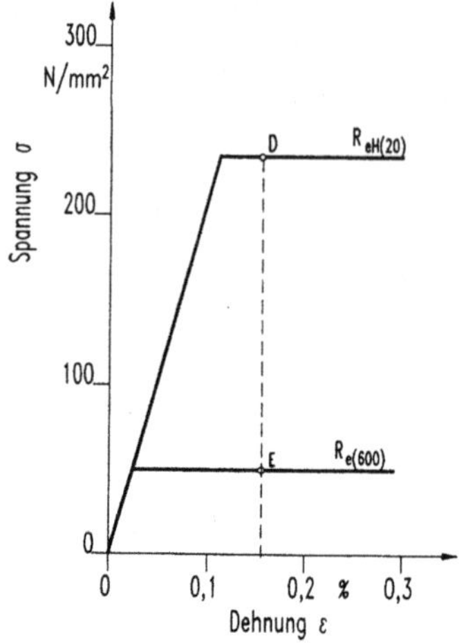

Bild 2.1-4. Vereinfachtes Spannungs-Dehnungs-Diagramm zur Erklärung der Wirkung des Spannungsarmglühens. In dem unter Zugeigenspannungen stehenden Bereich (Punkt D entsprechend Bild 2.1-3) gehen durch Absenken der Streckgrenze bei 600 °C elastische Dehnungen zum großen Teil in plastische über.

Die Wirkung des Spannungsarmglühens beruht darauf, daß das *gesamte Werkstück* auf eine so hohe Temperatur erwärmt wird, daß ein ausreichendes Absinken der Streckgrenze die Folge ist. Die Eigenspannungen, die ja mit elastischen Deformationen verbunden sind, sinken dabei auf den tiefsten erreichten Wert der Streckgrenze ab, weil die vorhandenen elastische Deformationen zum größten Teil in plastische übergehen, Bild 2.1-4, ohne daß es zu äußerlich erkennbaren Formänderungen kommt. Dieser Vorgang wird auch als Kriechen oder Spannungsrelaxation bezeichnet. Da die Streckgrenze nicht auf den Wert Null absinkt, werden Eigenspannungen nie völlig beseitigt, sondern lediglich auf ein vertretbares Maß abgesenkt.

Das Spannungsarmglühen unterliegt grundsätzlich keinerlei werkstofflichen Einschränkungen, ist also für jeden metallischen Werstoff anwendbar. Zu beachten ist allerdings, ob sich durch zusätzliche Werkstoffveränderungen Eigenschaftsverschlechterungen ergeben können. Die Temperaturen für das Spannungsarmglühen sind dementsprechend so zu wählen, daß einerseits der spannungsmindernde Effekt ausreichend stark ist und andererseits keine eigenschaftsmindernden Einflüsse wirksam werden.

Eine der wichtigsten Regeln für wirksames Spannungsarmglühen besteht darin, daß sowohl Wärm- als auch Abkühlgeschwindigkeit gering sein müssen, um keine neuen Eigenspannungen entstehen zu lassen. Als Richtwerte für Stahl können gelten:

Bei Wanddicke 10 mm: 5 °C/min

                50 mm: 1 °C/min beim Wärmen.

Das Abkühlen sollte maximal mit den halben Werten der Wärmgeschwindigkeiten erfolgen. Über Einrichtungen zum Spannungsarmglühen wird in [15] berichtet.

Temperaturen für das Spannungsarmglühen

Für Stähle mit γ-α-Umwandlung wählt man allgemein Temperaturen unterhalb Ac_1, um eine Gefügeumwandlung zu vermeiden. Bei den meisten nicht warmfesten Stählen sinkt die Streckgrenze bei 600 bis 650 °C auf Werte von etwa 50 N/mm^2, und eine Eigenspannungsminderung auf etwa diesen Wert wird im allgemeinen als ausreichend angesehen. In gewissen Grenzen können Glühtemperatur und -Dauer gegeneinander ausgetauscht werden. So wird beispielsweise bei einem unlegiertem Stahl durch einstündiges Glühen bei 600 °C der gleiche Effekt erreicht wie in 4,5 h bei 575 °C, [16]. Tiefere Temperaturen sind zwar möglich, erfordern aber lange Glühzeiten, die das Verfahren unwirtschaftlich machen können.

Für Gußeisen mit Lamellen-, Vermikular- und Kugelgraphit gelten nach [17] folgende Temperaturen für das Spannungsarmglühen:

– unlegierte Sorten	500 bis 550 °C,
– niedriglegierte Sorten	560 bis 600 °C,
– hochlegierte Sorten	600 bis 650 °C.

Bei den mikrolegierten, thermomechanisch behandelten Feinkornbaustählen (vgl. a. Kapitel 2.9) sowie bei einigen warmfesten Stählen nach DIN 17155 sind Glühtemperaturen über 580 °C nicht zulässig. Eine angemessene Temperatur-Zeit-Kombination läßt sich mit Hilfe des HOLLOMON-Parameters HP

$$HP = T \cdot (20 + \lg t) \cdot 10^{-3}$$

mit T in K und t in h

sowie der gewünschten Spannungsverminderung aufgrund von Erfahrungswerten festlegen, Bild 2.1-5.

Bei bestimmten warmfesten Feinkornstählen besteht die Gefahr der Rißbildung beim Spannungsarmglühen, sofern die Gehalte an Chrom, Molybdän und Vanadin bestimmte kritische Gehalte überschreiten [18]. Besonders gefährdet sind martensitisch umgewandelte Grob-

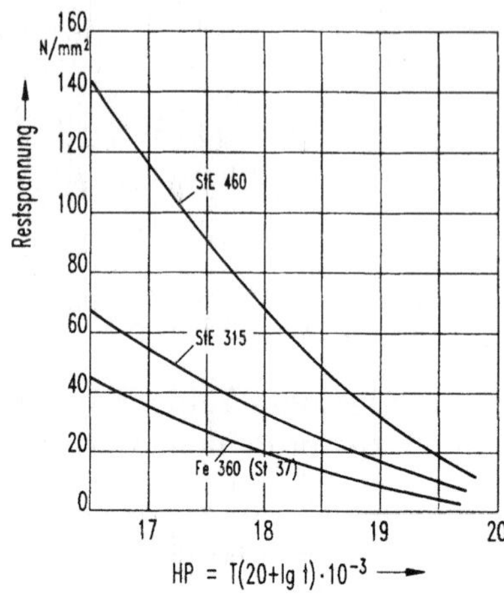

Bild 2.1-5. Restspannungen nach Spannungsarmglühen verschiedener Stahlsorten, abhängig vom HOLLOMON-Parameter. Nach [11].

kornbereiche von Wärmeeinflußzonen von Schweißungen, da in ihnen Sondercarbide während des Schweißens in Lösung gehen und beim Spannungsarmglühen wieder ausgeschieden werden.

Das beim Vergüten (s. Kapitel 2.3) erforderliche Anlassen ist je nach der Höhe der Anlaßtemperatur mit einem Abbau vorhandener Eigenspannungen verbunden. Sollen bereits vergütete Bauteile spannungsarmgeglüht werden, darf die Anlaßtemperatur dabei nicht überschritten werden, wenn festigkeitsmindernde Wirkung vermieden werden soll. Das bedeutet praktisch, daß für vergütete Bauteile, die bei Temperaturen unterhalb 500 °C angelassen wurden, ein Spannungsarmglühen nicht sinnvoll ist. Spannungsarmglühen gehärteter Werkstücke ist grundsätzlich wegen der zu erwartenden Härteminderung nicht zulässig. Man muß sich auf die gering entspannenden Wirkungen des nach dem Härten immer erforderlichen Anlassens beschränken.

Allgemein muß berücksichtigt werden, daß sich die Werkstoffeigenschaften beim Spannungsarmglühen verändern können und daß dreiachsige Eigenspannungszustände dadurch nur geringfügig abgebaut werden. So werden bei niedriglegierten Stählen durch zu hohe Temperaturen und /oder zu lange Zeiten die Streckgrenze herabgesetzt und die Übergangstemperatur der Kerbschlagarbeit heraufgesetzt. Deshalb ist häufig die zeitaufwendigere Behandlung bei relativ niedrigen Temperaturen insgesamt günstiger.

Für austenitische korrosionsbeständige bzw. warmfeste Stähle wird bei Bedarf anstelle eines Spannungsarmglühens ein Lösungsbehan-

58

Tabelle 2.1-1. Anhaltswerte für Temperaturen zum Spannungsarmglühen für einige NE-Metalle. Nach [20], [21] und [22].

Werkstoffgruppe	Temperatur in °C
Aluminium-Legierungen (nicht aushärtbar)	200…300
Rein-Kupfer	200…250
Kupfer-Zink-Legierungen	200…250
Kupfer-Zinn-Legierungen	550…600
Kupfer-Aluminium-Legierungen	≈ 300
Kufer-Mangan-Legierungen	280…350
Kupfer-Nickel-Legierungen	250…500
Kupfer-Nickel-Zink-Legierungen	250…300
Kupfer-Beryllium-Legierungen	≈ 280
Kupfer-Chrom-Legierungen	≈ 375
Rein-Nickel und niedriglegierte Nickel-Legierungen	450…550
Nickel-Chrom-Molybdän-Legierungen	425…700
Nickel-Kupfer-Legierungen	400…600
Rein-Titan	500…600
$(\alpha + \beta)$-Titan-Legierungen	
TiAl6V4	550…700
TiAl6V6Sn2	550…650
TiAl4Mo4Sn2Si	≈ 500

deln durchgeführt, wozu Temperaturen von 1050 bis 1100 °C mit anschließender schneller Abkühlung erforderlich sind. Vor allem ist der Temperaturbereich von 550 bis 850 °C sowohl beim Wärmen als auch beim Abkühlen schnell zu durchlaufen, da es in diesem Bereich zu Ausscheidungen kommen kann, die die Eigenschaften verschlechtern [19].

Als Methode zur Ermittelung von Temperaturen und Zeiten für das Spannungsarmglühen können nach [16] Spannungs-Relaxationsversuche dienen.

Einige Daten zum Spannungsarmglühen von Nichteisen-Metallen enthält Tabelle 2.1-1.

Die Daten der Tabelle 2.1-1 sind Anhaltswerte, die für Haltezeiten von 1 bis 2 h gelten. Bei kaltverformten bzw. ausgehärteten Werkstücken können die höheren Temperaturen der angegebenen Bereiche zu

Festigkeitseinbußen durch beginnende Rekristallisation (s. nächstes Kapitel) bzw. durch Überhärten (s. Kapitel 2.8) führen.

2.1.3 Rekristallisationsglühen

Dieses Wärmebehandlungsverfahren hat den Zweck, an vorher kalt umgeformten Werkstücken die mit der Umformung verbundene Kaltverfestigung zu beseitigen und dadurch vor allem die plastische Verformbarkeit wiederherzustellen. Bei der Herstellung von Feinblechen und Draht ist das Rekristallisationsglühen ein unerläßlicher Arbeitsschritt, wenn die zunächst kalt umgeformten Endprodukte beste plastische Verformbarkeit aufweisen sollen. Der Verarbeiter muß diese Wärmebehandlung durchführen, wenn Werkstücke bei Kaltumformarbeiten zu stark versprödet sind, bevor sie ihre endgültige Gestalt erreicht haben, z. B. bei schwierigen Tiefzieh- oder Fließpreßteilen.

Obwohl prinzipiell nicht auf bestimmte Werkstoffe beschränkt, ist das Rekristallisationsglühen naturgemäß nur bei Werkstoffen anwendbar, die eine nennenswerte plastische Verformung im kalten Zustand zulassen, denn der Vorgang der Rekristallisation setzt ein bestimmtes Maß vorangegangener plastischer Verformung voraus.

Rekristallisation ist ein thermisch aktivierter Vorgang, bei dem aus dem plastisch verformten Gefüge, von Keimen ausgehend, ein völlig neues Gefüge entsteht, das frei von aufgestauten Versetzungen ist und daher im wesentlichen die gleichen Eigenschaften wie vor der Verformung besitzt. Die Gefügeneubildung, die je nach dem Grad der Aktivierung eine bestimmte Zeit erfordert, erfolgt ohne Rücksicht auf die früheren Korngrenzen. Auch die entstehende Korngröße ist kaum vom ursprünglichen Gefüge abhängig. Treibende Kraft der Rekristallisation ist die gespeicherte Verformungsenergie der aufgestauten Versetzungen, deren Dichte an den Korngrenzen besonders hoch ist. Deshalb erfolgt die Keimbildung bevorzugt an Korngrenzen und die Keimzahl ist um so größer, je stärker das Gefüge verformt ist. Ist die plastische Verformung zu gering, kommt es überhaupt nicht zur Keimbildung und es findet keine Rekristallisation statt. Der geringste für eine Rekristallisation erforderliche Verformungsgrad wird *kritischer* Verformungsgrad genannt. Seine Größenordnung liegt je nach Werkstoff und dessen Vorbehandlung bei etwa 2 bis 15 % relativer Abmessungsänderung.

Der Gefügeneubildung durch Rekristallisation geht bei einigen Metallen eine sogenannte *Erholung* voraus, die sich z. B. bereits in einem geringen Absinken der Härte und einem Anstieg der elektrischen Leitfähigkeit bemerkbar macht, ohne daß metallografisch eine Gefügeveränderung feststellbar ist. Grund für die Erholung ist eine Versetzungsumordnung innerhalb der deformierten Kristalle.

Aus dem Mechanismus der Rekristallisation folgt, daß es keine scharf definierte Temperatur zur Auslösung dieses thermisch aktivierten Vorganges gibt. Die erforderliche Temperatur ist um so niedriger je:

– stärker das Gefüge plastisch verformt wurde;

– mehr Zeit für den Vorgang verfügbar ist.

Für praktische Anwendungen hat sich - wenn auch ohne verbindliche Festlegung – eingebürgert, diejenige Temperatur als Rekristallisationstemperatur T_R zu bezeichnen, bei der nach einer Stunde der Vorgang abgeschlossen ist. So definiert, hängt ihre Höhe nur noch vom Verformungsgrad und der Art der Verformung (Recken, Stauchen, Biegen) ab. Für reine Metalle ist, von Ausnahmen abgesehen, die Näherungsbeziehung

$$T_R \approx 0{,}4 \cdot T_S$$

hilfreich, die für absolute Temperaturen und relativ großen Verformungsgrad gültig ist. Tabelle 2.1-2 enthält für einige Rein-Metalle die minimalen Rekristallisationstemperaturen nach starker Verformung sowie ihre Schmelztemperaturen.

Tabelle 2.1-2. Rekristallisations- und Schmelztemperaturen einiger Rein-Metalle. Nach [23].

Metall	Schmelztemperatur		Rekristallisationstemperatur (gerundet)	
	°C	K	°C	K
Aluminium	658	931	150	425
Blei	327	600	0	275
Eisen	1536	1809	450	725
Kupfer	1083	1356	250	525
Nickel	1452	1725	600	875
Silber	961	1234	250	475
Titan	1660	1933	800	1075
Wolfram	3370	3643	1200	1475
Zink	419	692	20	295
Zinn	232	505	0	275

Tabelle 2.1-3. Rekristallisationstemperaturen. Nach [13], [20], [21] und [22].

Werkstoffgruppe	Temperatur in °C
Un- und niedriglegierte Stähle	550...700
Aluminium, technisch rein	300...360
Aluminium-Legierungen (nicht aushärtbar):	
AlRMg0,5; AlRMg1	320...340
AlMn0,6; AlMn1; AlMnCu	380...420
AlMg1...AlMg5	360...380
AlMg4Mn; AlMg4,5Mn; AlMg5Mn	380...420
Aluminium-Legierungen (aushärtbar)	320...360 [1])
Kupfer, technisch rein	200...300
Kupfer-Zink-Legierungen	250...450
Kupfer-Zinn-Legierungen	550...600
Kupfer-Aluminium-Legierungen	300...600
Kupfer-Mangan-Legierungen	500...700
Kupfer-Nickel-Legierungen	400...650
Kupfer-Nickel-Zink-Legierungen	350...600
Kupfer-Beryllium-Legierungen	500...600 [1])
Kupfer-Chrom-Legierungen	400...500 [1])
Nickel, technisch rein und niedriglegierte Nickel-Legierungen	400...650
Nickel-Chrom-Molybdän-Legierungen	400...700
Nickel-Kupfer-Legierungen	400...600
Titan, technisch rein	500...650
$(\alpha + \beta)$-Titan-Legierungen:	
TiAl6V4	650...750 [1])
TiAl6V6Sn2	650...750 [1])

[1]) Für aushärtbare Legierungen ist ein Rekristallisationsglühen nach Kaltumformung und Aushärtung unüblich, da auch der Aushärtungseffekt bei den erforderlichen Temperaturen verloren geht. Zur Einstellung eines gut umformbaren Zustandes wird entweder weichgeglüht (vgl. 2.1.4) oder lösungsbehandelt (vgl. 2.1.5).

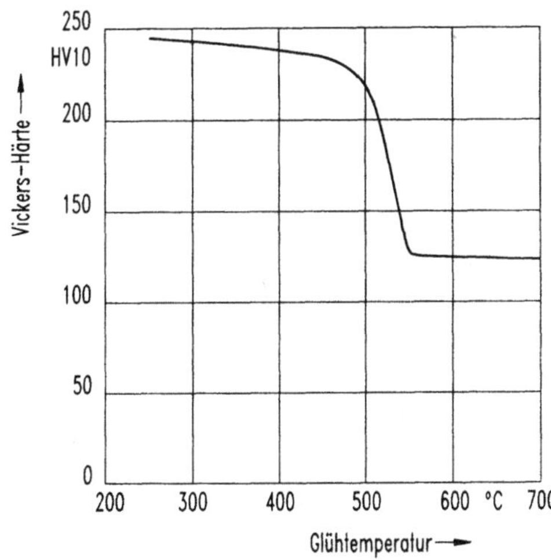

Bild 2.1-6. Härteverlauf bei einem kaltgewalzten (80% Dickenabnahme) kohlenstoffarmen Stahl in Abhängigkeit von der bei sehr langsamer Erwärmung (20 °C/h) erreichten Höchsttemperatur. Die Rekristallisation beginnt bei etwa 450 °C und ist bei etwa 550°C abgeschlossen. Die zugehörige Zeit von 5 h ist für praktische Anwendungen zu lang. Nach [8].

Legierungelemente erhöhen nach [24] die Rekristallisationstemperatur. Anhaltswerte für Rekristallisationstemperaturen enthält Tabelle 2.1-3.

Hochlegierte korrosionsbeständige und warmfeste Stähle müssen zur Beseitigung von Kaltverfestigung lösungsbehandelt werden, da sie in den für eine Rekristallisation infragekommenden Temperaturbereichen durch Ausscheidungen zur Versprödung neigen.

In Zweifelsfällen kann es angebracht sein, Rekristallisationstemperaturen selbst zu ermitteln, da die Einflüsse des Verformungsgrades, besonders wenn er nicht einheitlich ist, oft nicht genau bekannt sind. Als Kriterium für eine stattgefundene Rekristallisation wird die einfach ermittelbare Härte benutzt. Ihr Abfall auf den Wert des unverformten Werkstoffes ist ein sicheres Indiz für die stattgefundene Rekristallisation, Bild 2.1-6.

Rekristallisations-Korngröße

Von besonderer Bedeutung für die nach der Rekristallisation vorliegenden Eigenschaften ist die Korngröße des rekristallisierten Gefüges. Starke Kornvergröberung führt zur Verminderung von Festigkeits- und Zähigkeitseigenschaften. Vor allem wird die Sprödbruchneigung ferritischer Stähle durch Grobkornbildung stark begünstigt. Die bei der Rekristallisation sich einstellende Korngröße hängt ab von:

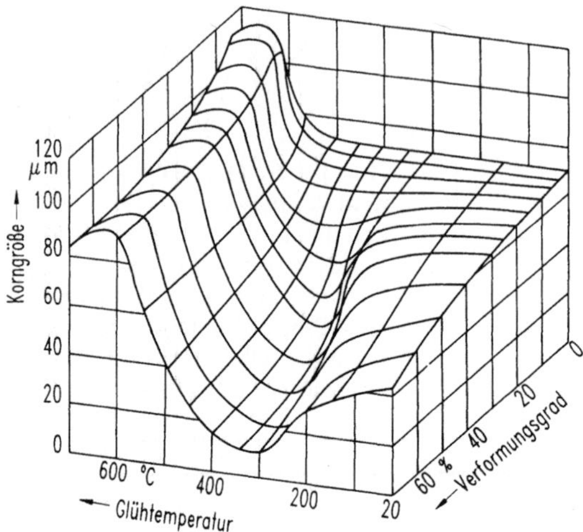

Bild 2.1-7. Beispiel eines dreidimensionalen Rekristallisations-Schaubildes für kaltgewalztes CuZn37 (Messing). Nach [25].

– Ausgangskorngröße (schwach),

– Verformungsgrad (stark),

– Behandlungstemperatur

– Behandlungsdauer (im Fall einer Sekundär-Rekristallisation).

Im dreidimensionalen Rekristallisationsschaubild, Bild 2.1-7, sind die Einflüsse von Verformungsgrad und Behandlungstemperatur erkennbar. Danach ist mit einer beachtlichen Grobkornbildung zu rechnen, wenn relativ hohe Behandlungstemperaturen angewendet werden und ein sehr niedriger (kritischer) Verformungsgrad vorliegt, oder wenn bei hohem Verformungsgrad bei zu hoher Temperatur behandelt wird. Der letztere Effekt wird als Sekundär-Rekristallisation bezeichnet, wenn das durch Rekristallisation entstandene Korn zu wachsen beginnt. Bild 2.1-8 zeigt, daß die Korngröße des rekristallisierten Gefüges nicht mit der Ausgangskorngröße übereinstimmt. Bild 2.1-9 macht anschaulich, wie es in einem Bereich kritischen Verformungsgrades zu beachtlicher Grobkornbildung kommen kann. Zur Kornvergröberung führende Bedingungen sind aus den oben erwähnten Gründen nach Möglichkeit zu vermeiden.

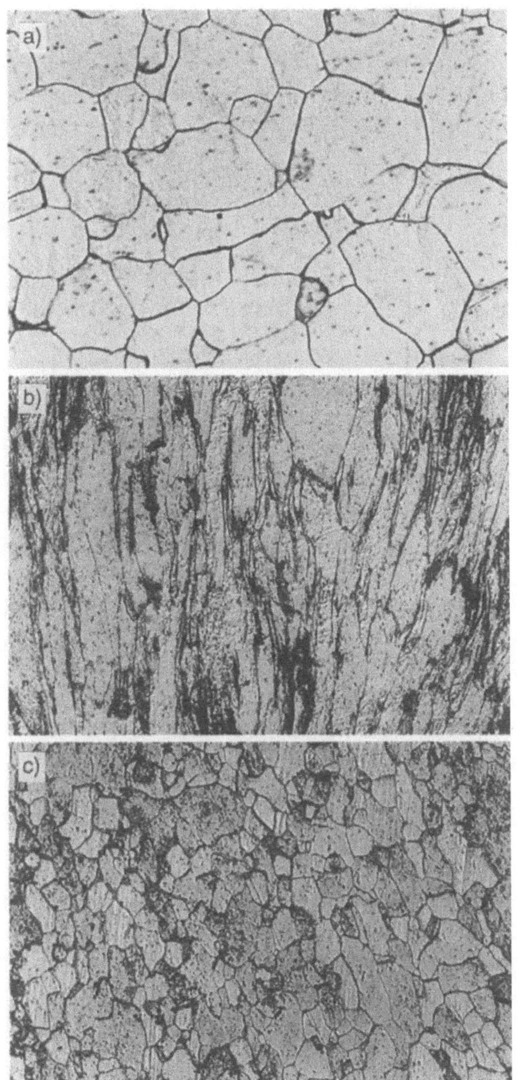

Bild 2.1-8. Gefüge von Rein-
eisen, 200:1.
a) unverformt,
b) stark gestaucht,
c) rekristallisiert 650 °C, 1 h.

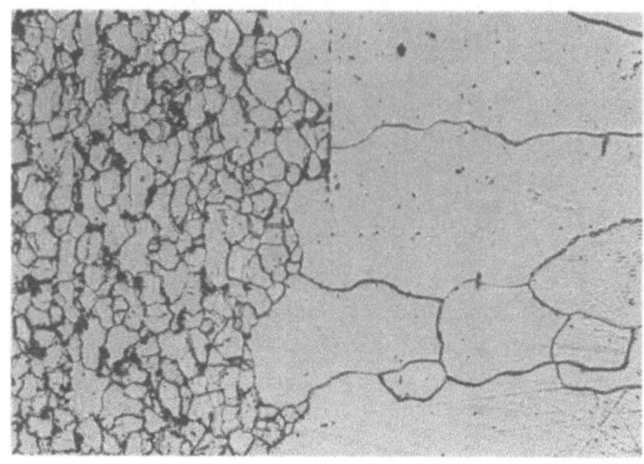

Bild 2.1-9. Durch kritische Verformung entstandenes Rekristallisations-Grobkorn in einem Tiefziehstahl, 200 : 1.

2.1.4 Weichglühen

Diese Wärmebehandlung hat den Zweck, die Härte eines Werkstückes auf Werte unterhalb eines gegebenen Wertes zu vermindern (DIN 17014). Seiner Definition nach ist es ein Glühen I. Art, also werkstoffunabhängig, da lediglich eine mechanische Eigenschaft und kein werkstoffspezifisches Merkmal enthalten ist. (Das Weichglühen von Eisen-Kohlenstoff-Legierungen wird als werkstoffspezifisches Verfahren unter 2.2.2 behandelt). Das Vermindern der Härte soll dem Werkstück ein günstigeres Verhalten beim weiteren Bearbeiten durch Umformen oder Spanen verleihen.

Härte, die durch Weichglühen herabgesetzt wird, hat im allgemeinen zwei Ursachen:

- Kaltverfestigung durch Kaltverformung,
- Verfestigung durch Ausscheidungen höherfester Phasen in geeigneter Verteilung (beabsichtigt oder unbeabsichtigt).

Sofern eine Wärmebehandlung ausschließlich dem Beseitigen von Kaltverfestigung dient, handelt es sich um ein Rekristallisationsglühen (vgl. 2.1.3). Da in der Praxis Kaltverfestigung und Verfestigungseffekte durch Ausscheidungen oft gemeinsam auftreten, wird der umfassendere Begriff Weichglühen vielfach auch für das Rekristallisationsglühen benutzt, was zwar verständlich aber der Klarheit nicht dienlich ist.

Temperaturen für das Weichglühen stimmen zum Teil mit den im Kapitel 2.1.3 angegebenen Rekristallisationstemperaturen überein, sofern es ausschließlich um die Beseitigung der Folgen einer Kaltum-

66

Tabelle 2.1-4. Anhaltswerte für Temperaturen zum Weichglühen einiger Werkstoffe. Nach [13], [20], [21] und [22].

Werkstoffgruppe	Temperatur °C	Haltedauer h
Aushärtbare Aluminium-Legierungen: E-AlMgSi, AlMgSi0,5,	360...400	1...2 [1])
AlMgSi1, AlMg1SiCu, AlCuBiPb, AlCuMgPb,	380...420	1...2 [1])
AlCu2,5Mg0,5 AlCuMg1, AlCuMg2, AlCuSiMn	380...420	2...3 [1])
AlZn4,5Mg1 AlZnMgCu0,5, AlZnMgCu1,5	400...420 380...420	2...3 [2])
Kupfer, technisch rein niedriglegierte Kupfer-Legierungen, nicht aushärtbar Kupfer-Zink-Legierungen Kupfer-Zinn-Legierungen Kupfer-Aluminium-Legierungen Kupfer-Mangan-Legierungen Kupfer-Nickel-Legierungen Kupfer-Nickel-Zink-Legierungen	400...650 500...650 450...600 550...700 600...700 600...700 600...850 600...700	≈ 1 0,5...1 1...3 0,5...1 0,5...1 0,5...1 0,5...1 1...4
Nickel, technisch rein- und niedriglegierte Nickel-Legierungen	680...780	1...3
NiCr15Fe NiMo28 NiCu30Fe	980...1040 ≈ 1150 650...750	$\approx 0,25$ 0,3...2 1...3
Titan, technisch rein TiAl6V4 TiAl6V6Sn2	650...750 700...840 700...800	0,5...2 0,5...5 1...8

[1]) Abkühlen bis auf 250 °C mit $\leq$ 30 °C/h.
[2]) Abkühlen bis auf 250 °C mit $\leq$ 30 °C/h + 3 bis 5 h Halten.

formung geht. Das trifft im wesentlichen für hochreine Metalle sowie für einige einphasige, nicht aushärtbare Legierungen zu. Für viele Legierungen und technisch reine Metalle stellt sich jedoch unabhängig von einer vorangegangenen Kaltumformung ein Zustand geringster Härte und guter Umformbarkeit erst nach Behandlung bei höheren Temperaturen ein. Bei diesen Werkstoffen besteht zwischen Weichglühen und Rekristallisationsglühen ein mehr oder weniger deutlicher Unterschied. In Tabelle 2.1-4 sind deshalb nur solche Werkstoffe enthalten, bei denen das Weichglühen bei höheren Temperaturen angebracht ist. Temperaturen für Werkstoffe, die in der Tabelle nicht enthalten sind, können entweder unter Rekristallisationsglühen, Lösungsbehandeln oder Aushärten gefunden werden. Weichglühen nach vorangegangener Kaltumformung kann mit Grobkornbildung verbunden sein. Typisches Merkmal des Weichglühens ist, daß im Anschluß an die Haltedauer langsam abgekühlt wird, so daß ein gleichgewichtsnaher Gefügezustand entsteht, der bei diesen Werkstoffen zu minimaler Härte bei guter Verformbarkeit führt. Das Abkühlen erfolgt entweder im Ofen oder an Luft und muß erforderlichenfalls kontrolliert werden.

2.1.5 Lösungsbehandeln

Nach DIN 17014 ist Lösungsbehandeln eine Wärmebehandlung mit dem Ziel, ausgeschiedene Bestandteile im Mischkristall in Lösung zu bringen und durch zweckentsprechendes rasches Abkühlen in Lösung zu halten. Diese Wärmebehandlung wird im Schrifttum und auch in der Praxis noch vorwiegend mit Lösungs*glühen* bezeichnet, was aber nicht zutreffend ist, da das rasche Abkühlen keinen gleichgewichtsnahen Zustand ergibt. Als Lösungsglühen läßt sich allenfalls das Erwärmen und Halten auf der erforderlichen Temperatur auffassen, da in dieser Phase der Gesamtbehandlung tatsächlich ein gleichgewichtsnaher Zustand realisiert wird.

Das Lösungsbehandeln hat seine besondere Bedeutung als Teilprozeß des Aushärtens (vgl. 2.8), und wird dort entsprechend behandelt. Bei nicht aushärtbaren Werkstoffen wird aber auch ein Lösungsbehandeln durchgeführt, das bezüglich der angestrebten Eigenschaften mit einem Weichglühen identisch ist. Aus diesem Grund wird diese Behandlung hier im Zusammenhang mit den Glühverfahren besprochen, obwohl sie definitionsgemäß nicht zu ihnen gehört.

Bei bestimmten Legierungen ist der einphasige Zustand für ihre Eigenschaften bestimmend. Das trifft z.B. sowohl für die Korrosionsbeständigkeit als auch für die plastische Verformbarkeit zu. Besteht in diesen Legierungen die Neigung, daß sich Legierungselemente, die bei hoher Temperatur im einzigen vorliegenden Mischkristall gelöst sind, bei langsamer Abkühlung ausscheiden, können sie nur dadurch in Lösung gehalten werden, daß die Legierung von der Lösungsglühtemperatur rasch abgekühlt wird. Auf diese Weise wird die zur Ausscheidung erforderliche Diffusion unterdrückt und der angestrebte einphasige Zustand bleibt erhalten.

Die weitaus wichtigste Werkstoffgruppe, für die das Lösungsbehandeln notwendig ist, sind die austenitischen Stähle. Diese Stahlsorten bleiben aufgrund ihrer Zusammensetzung nach der Erstarrung bis zu tiefen Temperaturen austenitisch, das heißt, sie erfahren keine γ-α-Umwandlung. Aus dem nach der Kristallisation vorliegenden einphasigen Zustand können sich allerdings bei langsamer Abkühlung im Temperaturbereich von etwa 900 bis 450 °C spröde Phasen ausscheiden (Carbide, sowie die intermetallische σ- und χ-Phase), die sowohl die plastische Verformbarkeit als auch die Korrosionsbeständigkeit entscheidend verschlechtern.

Um die Ausscheidungen zu verhindern, werden diese Stahlsorten bei ihrer Herstellung generell lösungsbehandelt und in diesem Zustand geliefert. Die verwendeten Lösungsglühtemperaturen liegen je nach Zusammensetzung zwischen 1000 und 1150 °C [11]; abgeschreckt wird meist mit Wasser, gelegentlich genügt auch Luftabkühlung. Tabelle 2.1-5 enthält als Auszug aus DIN 17440, Nichtrostende Stähle, Anhang B, für die in dieser Norm enthaltenen austenitischen Stähle die empfohlenen Lösungsglüh-Temperaturen.

Weitere Angaben über anzuwendende Temperaturen finden sich in folgenden Unterlagen:

DIN 17441   Nichtrostende Stähle (Kaltband), Anhang A,

DIN 17445   Nichtrostender Stahlguß,

DIN 17455   Geschweißte kreisförmige Rohre aus nichtrostenden Stählen,

DIN 17456   Nahtlose kreisförmige Rohre aus nichtrostenden Stählen,

DIN 17457   Geschweißte kreisförmige Rohre aus nichtrostenden Stählen für besondere Anforderungen,

DIN 17458   Nahtlose kreisförmige Rohre aus nichtrostenden Stählen für besondere Anforderungen,

SEW 400   Nichtrostende Walz- und Schmiedestähle,

SEW 410   Nichtrostender Stahlguß,

SEW 470   Hitzebeständige Walz- und Schmiedestähle,

SEW 670   Hochwarmfeste Stähle.

Tabelle 2.1-5. Temperaturen für das Lösungsbehandeln der austenitischen nichtrostenden Stähle. Nach DIN 17440.

Werkstoff-Kurzzeichen	Temperatur °C
X 5 CrNi 18 10 X 5 CrNi 18 12 X 10 CrNiS 18 9 X 2 CrNi 19 11 X 2 CrNiN 18 10	1000...1080
X 6 CrNiTi 18 10 X 6 CrNiNb 18 10 X 5 CrNiMo 17 12 2 X 2 CrNiMo 17 13 2 X 2 CrNiMoN 17 12 2 X 6 CrNiMoTi 17 12 2 X 6 CrNiMoNb 17 12 2	1020...1100
X 2 CrNiMoN 17 13 3	1040...1120
X 2 CrNiMo 18 14 3 X 5 CrNiMo 17 13 3	1020...1100
X 2 CrNiMo 18 16 4 X 2 CrNiMoN 17 13 5	1040...1120

Zu beachten ist, daß sich das Lösungsbehandeln nur auf die in den angegebenen Unterlagen enthaltenen austenitischen und austenitisch-ferritischen Sorten bezieht. Der in den meisten Unterlagen mit „abgeschreckt" bezeichnete Zustand ist der lösungsbehandelte Zustand. Spannungsarm- und Rekristallisationsglühen kommt für diese Werkstoffe nicht in Frage. Zur Beseitigung von Kaltverfestigung müssen sie lösungsbehandelt werden.

Ein den austenitischen Stählen ähnliches Verhalten weisen die nichtrostenden, umwandlungsfreien *ferritischen* Stähle auf, die ihre Umwandlungsfreiheit dem relativ hohen Chromgehalt von etwa 17% bei

Kohlenstoffgehalten unter 0,08 % verdanken. In DIN 17440 und den weiteren Normen für nichtrostende Stähle sind die Sorten X 6 Cr 17, X 6 CrTi 17 und X 4 CrMoS 18 Vertreter dieser Gruppe. Ihr üblicher Lieferzustand wird etwas unscharf mit „geglüht" bezeichnet und durch Behandeln bei 750 bis 850 °C mit anschließender Wasser- oder Luftabkühlung erreicht.

Angaben zum Lösungsbehandeln aushärtbarer Werkstoffe finden sich im Kapitel 2.8.

2.1.6 Grobkornglühen

Das Grobkornglühen dient, wie sein Name deutlich sagt, dem Erzeugen eines grobkörnigen Gefüges. Zweck einer Kornvergöberung ist die Verbesserung der Bearbeitbarkeit durch Spanen, da das gröbere Gefüge geringere Zähigkeit aufweist. Der somit kürzer brechende Span verursacht weniger Werkzeugverschleiß und ermöglicht dadurch höhere Werkzeugstandzeiten.

Wenngleich das Grobkornglühen seiner unmittelbaren Wirkung nach werkstoffunabhängig ist, wird es praktisch so gut wie ausschließlich für un- und niedriglegierte, untereutektoidische Stähle angewendet, deren Sekundärgefüge aus Ferrit und Perlit die Wirkung des Glühverfahrens begünstigt. Für das Grobkornglühen dieser Stähle werden Temperaturen oberhalb Ac_3, also im Bereich des austenitischen Zustandes, gewählt; sie können je nach Sorte und angestrebtem Ergebnis zwischen etwa 1000 und 1300 °C liegen, wobei Feinkornstähle wegen ihrer geringeren Neigung zur Kornvergröberung die höheren Werte erfordern. Als Richtwert für die Haltezeit gilt 2 Stunden. Das Abkühlen kann auf zwei unterschiedliche Arten erfolgen:

- entweder wird – zumindest bis zum Abschluß der Umwandlung – langsam im Ofen abgekühlt, so daß sich möglichst grobe Zementitlamellen im Perlit ausbilden; gegebenenfalls kann auch isothermisch umgewandelt, also die Temperatur konstant gehalten werden
- oder die Abkühlung wird so gesteuert, daß die Bildung voreutektoiden Ferrits durch relativ rasches Abkühlen bis in den Bereich der Perlitbildung mehr oder weniger vollständig unterdrückt wird. Halten bei der Perlitbildungstemperatur führt dann zu einem relativ groben, perlitischen Gefüge.

Die erstere Methode ist bei Stählen mit größerem Perlitanteil, die zweite bei perlitärmeren Sorten vorzuziehen.

Die Kosten des Grobkornglühens einerseits und der nachteilige Einfluß der Kornvergröberung auf Festigkeit, Zähigkeit und Härtbarkeit andererseits sind häufig Gründe, dieses Wärmebehandlungverfahren nicht anzuwenden und den Nachteil verringerter Zerspanbarkeit in Kauf zu nehmen. Bei Stählen, für die ein Normalglühen anwendbar ist, besteht die Möglichkeit, die negativen Folgen des Grobkornglühens durch ein Normalglühen *nach* dem Spanen zu beseitigen.

2.2 Werkstoffspezifische Glühverfahren (Glühen II. Art)

2.2.1 Normalglühen

Zweck des Normalglühens ist das Erzeugen eines möglichst feinkörnigen, gleichgewichtsnahen Gefügezustandes, der bei den dafür geeigneten Werkstoffen als *Normal*zustand gilt. Dieses Glühverfahren ist nur bei Eisen-Kohlenstoff-Legierungen mit γ-α-Umwandlung, also vor allem bei den meisten un- und niedriglegierten Stählen anwendbar, weil sein Effekt auf eben dieser Umwandlung beruht.

Wird eine der genannten Legierungen auf eine Temperatur über Ac_1 erwärmt, wandelt sie je nach Zusammensetzung mehr oder weniger vollständig zu Austenit (γ-Mischkristalle) um. Dieser wiedergebildete Austenit ist immer relativ feinkörnig, da die zahlreichen Zementitkristalle des Perlits bei seiner Bildung als Keime wirken, Bild 2.2-1. Auch Ungleichgewichtsgefüge wie Bainit und Martensit führen bei ihrer Rückumwandlung zu sehr feinem Austenit. Wird dieser Austenit anschließend nicht zu rasch – z. B. an ruhender Luft – abgekühlt, entsteht ein entsprechend feines, gleichgewichtsnahes Normalgefüge, dessen Bestandteile mit guter Näherung dem Zustandsschaubild entsprechen.

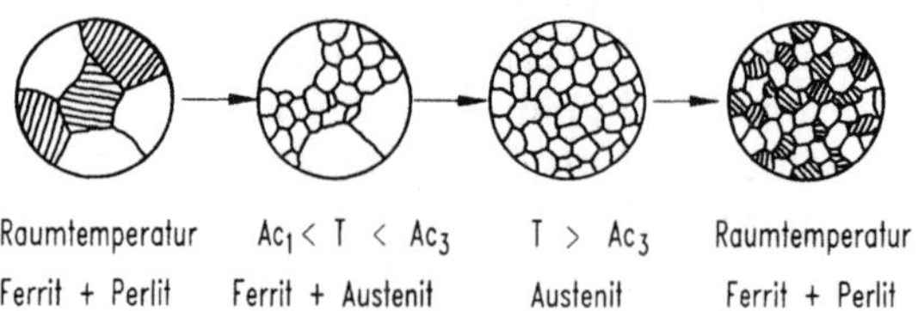

Bild 2.2-1. Schematische Darstellung der Vorgänge im Gefüge beim Normalglühen.

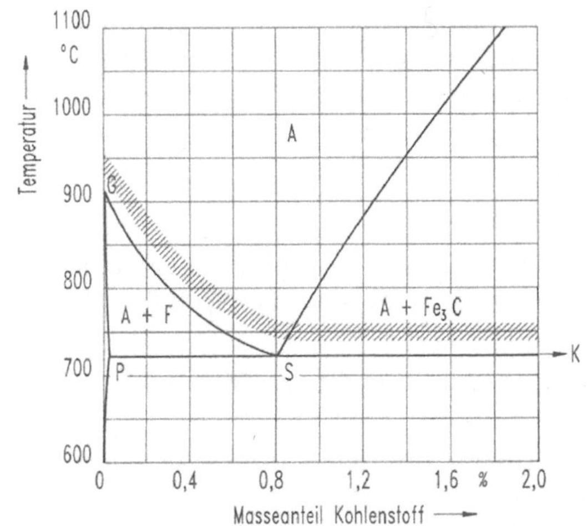

Bild 2.2-2. Bereich der Normal-glüh-Temperaturen für un- und niedriglegierte Stähle.

Die für das Normalglühen zu wählende Temperatur richtet sich nach dem Kohlenstoffgehalt, Bild 2.2-2. Untereutektoidische Stähle werden auf 30 bis 50 °C über Ac$_3$ erwärmt, also vollständig austenitisiert. Übereutektoidische Stähle dagegen werden nur bis über Ac$_1$ erwärmt, da bei höheren Temperaturen die Gefahr einer Kornvergröberung sowie einer Entkohlung besteht. Vor allem aber bietet die tiefere Glühtemperatur den Vorteil, daß ein vorhandenes Netz aus Sekundärzementit durch teilweise Einformung des Zementits unterbrochen wird. Die in Bild 2.2-2 angegebenen Temperaturen gelten als Richtwerte, wobei normale Toleranzen des Kohlenstoffgehalts sowie praxisübliche Meßunsicherheiten bei der Temperaturmessung berücksichtigt sind. Je genauer der Kohlenstoffgehalt bekannt ist und je präziser die Temperaturmessung am Werkstück erfolgen kann, um so mehr kann man sich der unteren Grenztemperatur nähern. Völlig falsch wäre, nach dem Grundsatz „Viel hilft viel" eine besonders hohe Temperatur zu wählen, da dann der gegenteilige Effekt, nämlich eine Kornvergröberung, eintreten kann.

Für die erforderliche Haltezeit gilt: Hat das zu behandelnde Werkstück überall die erforderliche Temperatur angenommen und ist die vollständige bzw. teilweise Austenitisierung erfolgt, kann das Abkühlen sofort folgen. Da diese Regel leider praktisch schwer überprüfbar ist, haben sich Anhaltswerte für Durchwärmzeiten eingebürgert, deren Überprüfung im Einzelfall durchaus sinnvoll im Sinne von Zeitverkürzungen sein kann. So werden in [20] ohne nähere Erläuterung Haltezeiten von ca. 1 Stunde je 25 bis 75 mm Durchmesser bzw.

Wanddicke angegeben. Wahrscheinlich sind diese Angaben vom Ende des *Anwärmens* aus gerechnet, also beziehen das Durchwärmen mit ein. Wenn möglich, sollte das Erwärmen im Temperaturbereich zwischen Ac_1 und Ac_3 rasch erfolgen, da dann besonders feiner Austenit entsteht.

Das Normalglühen kann angewendet werden:

- Nach dem Warmwalzen zur Verringerung der durch die Walztextur bedingten Anisotropie sowie zur Verringerung der Sprödbruchneigung,
- nach dem Schmieden zur Vergleichmäßigung des Warmumformgefüges,
- bei Stahlgußteilen zur Beseitigung des nachteiligen Gußgefüges (grobes Widmannstättengefüge), um Festigkeits- und vor allem Zähigkeitseigenschaften zu verbessern,
- anstelle eines Rekristallisationsglühens, wenn Grobkornbildung sicher ausgeschlossen werden soll,
- an geschweißten Bauteilen, um eine einheitliche Gefügeausbildung von Grundwerkstoff, Wärmeeinflußzone und Schweißgut zu erreichen,
- vor dem Härten, um ein möglichst feinkörniges Härtegefüge zu erhalten.

Der Erfolg des Normalglühens nach dem Warmwalzen ist zum Beispiel bei den unlegierten Baustählen nach DIN EN 10025 (ersetzt DIN 17100) daran erkennbar, daß für die normalgeglühten Sorten tiefere Übergangstemperaturen für eine Kerbschlagarbeit $A_{v(ISO-V)}$ von 27 J gegenüber den nur warmgewalzten Sorten gewährleistet werden. Der nach DIN übliche Kennbuchstabe N ist in DIN EN durch ein alphabetisches Bezeichnungssystem ersetzt worden. Die in DIN EN 10113 (ersetzt DIN 17102) genormten Feinkornbaustähle sind ausnahmslos normalgeglüht, um ihnen eine geringe Sprödbruchneigung und damit gute Schweißeignung zu geben.

Den mit dem Normalglühen erzielbaren Verbesserungen der Werkstoffeigenschaften stehen außer den Verfahrenskosten folgende nachteiligen Nebenwirkungen entgegen:

- relativ starke Verzunderung, wenn nicht mit Schutzgas gearbeitet wird,
- mögliche Deformationen durch Eigengewicht, wenn Werkstücke nicht entsprechend abgestützt werden.

Vor Anwenden des Normalglühens ist also in jedem Einzelfall sorgfältig zu prüfen, ob Aufwand und Nutzen in angemessenem Verhältnis zueinander stehen.

2.2.2 Weichglühen von Stahl

Zweck des Weichglühens ist das Herabmindern der Härte eines Werkstückes unter einen vorgegebenen maximal zulässigen Wert. Dadurch sollen sowohl die plastische Verformbarkeit als auch die Zerspanbarkeit verbessert werden. Obwohl die Bezeichnung dieses Verfahrens sehr allgemein klingt, ist das Weichglühen für die Eisen-Kohlenstofflegierungen eine werkstoffspezifische Wärmebehandlung, deren härtemindernde Wirkung nur bei Stählen mit γ-α-Umwandlung eintritt, also Stählen, in denen *Zementit* entweder nur im Gefügebestandteil Perlit oder zusätzlich als Sekundärzementit vorliegt.

Die Wirkung des Weichglühens beruht darauf, daß die Zementitkristalle das Bestreben haben, sich einer eher kugeligen Form zu nähern, die sich als gleichgewichtsnäherer Zustand geringerer freier Energie bei geeigneten Temperaturen und Behandlungszeiten ergibt. Dieser Vorgang wird als „Einformen" bezeichnet. Es leuchtet ein, daß die Härte einer Eisen-Kohlenstofflegierung um so mehr abnimmt, je mehr sich die festigkeits- und härtesteigernde Kristallart Zementit von der üblichen Lamellen- oder Schichtform einer Kugelform nähert.

Der wirksamste Temperatur-Zeit-Verlauf für das Weichglühen besteht in einem Pendeln um Ac_1/Ar_1. Während der Zeiten oberhalb Ac_1 beginnt sich der Zementit aufzulösen, anschließendes langsames Abkühlen unter Ar_1 stoppt die Auflösung und fördert das Einformen. Als Anhaltswerte für das Pendeln gelten ca. 15 min über und 30 min unter der Umwandlungstemperatur. Die notwendige Anzahl solcher Zyklen hängt von dem zulässigen Härtewert ab. Bei großen Teilen ist das Pendeln wegen der thermischen Trägheit schwer durchführbar. Anstelle des Pendelns ist auch ein mehrstündiges Halten dicht unterhalb der Umwandlungstemperatur, also bei 680 bis 720 °C möglich. Dabei ist jedoch der Gesamtzeitbedarf bei gleicher Härteminderung größer. Gemindert werden kann der Zeitbedarf auch durch anfängliches Überschreiten der Umwandlungstemperatur, also Teilaustenitisierung mit anschließendem, sehr langsamen Abkühlen unter Ar_1. Die möglichen Temperatur-Zeit-Folgen für das Weichglühen sind in Bild 2.2-3 dargestellt.

Der weichgeglühte Zustand (Kennbuchstabe G nach DIN bzw. A nach DIN EN) ist für viele Erzeugnisformen einer ganzen Reihe von

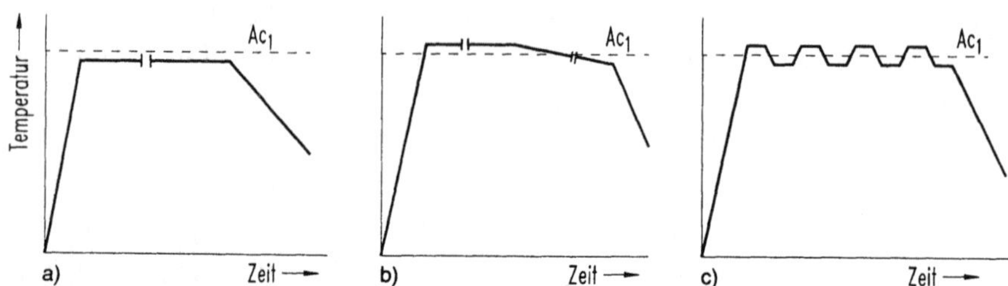

Bild 2.2-3. Schematische Darstellung von Temperatur-Zeitfolgen beim Weichglühen von Stahl.
a) Halten unter Ac_1;
b) Überschreiten von Ac_1 mit sehr langsamem Durchlaufen des Umwandlungstemperaturbereiches;
c) Pendeln um Ac_1.

Stählen ein gängiger Lieferzustand, so zum Beispiel für Einsatz-, Vergütungs-, Wälzlager- und Werkzeugstähle. In den entsprechenden Normen sind zulässige Höchsthärtewerte bzw. Härtebereiche für den weichgeglühten Zustand angegeben.

In der Praxis wird der Name „Weichglühen" leider für fast alle Behandlungen benutzt, die die Härte mindern bzw. die plastische Verformbarkeit verbessern, zum Beispiel für Rekristallisationsglühen, Lösungsbehandeln und Glühen auf kugelige Carbide. Diesem Brauch ist nur schwer zu begegnen, da die feinen Unterschiede nicht ohne weiteres erkennbar sind und schließlich alle Verfahren am gleichen Ergebnis, der Härte, überprüft werden.

2.2.3 Behandeln auf bestimmte Eigenschaften

Neben dem häufig geforderten weichgeglühten Zustand werden für zahlreiche Produkte andere Behandlungszustände gefordert, mit denen gezielt bestimmte Eigenschaften erreicht werden sollen. Prüfkriterium für diese Zustände ist jedoch wie für den weichgeglühten Zustand die einfach zu messende Härte.

Folgende durch Glühen zu erreichende Behandlungszustände und zu ihrer Kennzeichnung dienende Kurzzeichen sind üblich:

Behandelt auf:	Kennbuchstaben
Ferrit-Perlit-Gefüge	BG
bestimmte Zugfestigkeit	BF
Scherbarkeit	C

76

Tabelle 2.2-1. Brinell-Härtewerte in verschiedenen Behandlungszuständen für Einsatzstähle. Nach DIN 17210.

Werkstoff-Kurzeichen	Härte im Behandlungszustand			
	C HB max.	G HB max.	BF[1)] HB	BG[2)] HB
C 10, Ck 10		131		
C 15, Ck 15 Cm 15		143		
17 Cr 13		174		
20 Cr 4 20 CrS 4		197	149...197	145...192
16 MnCr 5 16 MnCrS 5		207	156...207	140...187
20 MnCr 5 20 CrMnS 5	255	217	170...217	152...201
20 MoCr 4 20 MoCrS 4		207	156...207	140...187
22 CrMoS 3 5	255	217	170...217	152...210
21 NiCrMo 2 21 NiCrMoS 2		197	152...201	145...192
15 CrNi 6 17 CrNiMo 6		217 229	170...217 79...229	152...201 159...207

[1)] Für Durchmesser bis etwa 150 mm.
[2)] Für Durchmesser bis etwa 60 mm.

Die Behandlungsfolgen zum Erreichen dieser Zustände unterscheiden sich prinzipiell nicht wesentlich vom Weichglühen, nur wird bei der Wahl von Temperaturen und Zeiten das spezielle Ziel stärker berücksichtigt. Wie Tabelle 2.2-1 beispielhaft zeigt, sind für die Zustände BF und BG Härte*bereiche* angegeben, das bedeutet, daß in diesen Zuständen auch bestimmte *Mindestwerte* nicht unterschritten werden dürfen. Der Grund dafür liegt im Gewährleisten ausreichender Eignung zum Spanen, die bei zu geringer Härte durch „Schmieren" verringert wird.

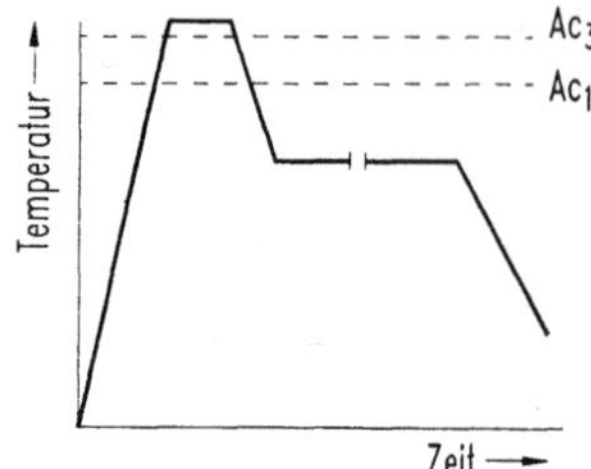

Bild 2.2-4. Schematische Temperatur-Zeitfolge beim Weichglühen kohlenstoffarmer Stähle. Austenitisierung mit beschleunigtem Abkühlen zur Unterdrückung voreutektoider Ferritbildung und isothermischer Umwandlung in der Perlitstufe.

Bei Stählen mit relativ geringem Kohlenstoffgehalt, also entsprechend geringem Perlitanteil, läßt sich durch eine Behandlungsfolge nach Bild 2.2-4 der Perlitanteil vergrößern und damit die Eignung zum Spanen verbessern.

2.2.4 Glühen auf kugelige Carbide

Zweck dieses Glühverfahrens ist, die vorhandenen netz- oder lamellenförmigen Carbide vollständig in eine kugelige Form zu überführen, um dadurch die plastische Verformbarkeit, die Zerspanbarkeit und das Verhalten beim Härten positiv zu beeinflussen.

Das Verfahren wird vor allem für übereutektoidische Stähle angewendet, deren Anteil an Sekundärzementit an den ehemaligen Austenitkorngrenzen ausgeschieden ist und dadurch ein mehr oder weniger zusammenhängendes Netz bildet, Bild 2.2-5 a). Dieser Gefügezustand führt bei den grundsätzlich für ein Härten vorgesehenen Werkstoffen sowohl zu beachtlichen Problemen beim Umformen und Spanen als auch zu einem sehr ungünstigen Ergebnis beim Härten (Rißanfälligkeit, Schlagempfindlichkeit).

Der Effekt des Verfahrens beruht darauf, daß alle vorhandenen Carbide, – also Sekundärzementit und Zementitlamellen des Perlits – restlos eingeformt, das heißt in eine kugelige Form überführt werden, Bild 2.2-5 b). Die nunmehr sehr gleichmäßig in der ferritischen Matrix verteilten Carbide ergeben bestmögliche Kaltumformbarkeit und und gute Eignung zum Spanen, aber vor allem ergibt sich dadurch ein wesentlich günstigerer Ausgangszustand für das spätere Härten, denn die fein verteilten Carbide lösen sich bei Härtetemperatur schneller, und die nach dem Abschrecken verbleibenden Carbide üben aufgrund ihrer Verteilung einen positiven Einfluß auf die Gebrauchseignung der gehärteten Werkstücke aus.

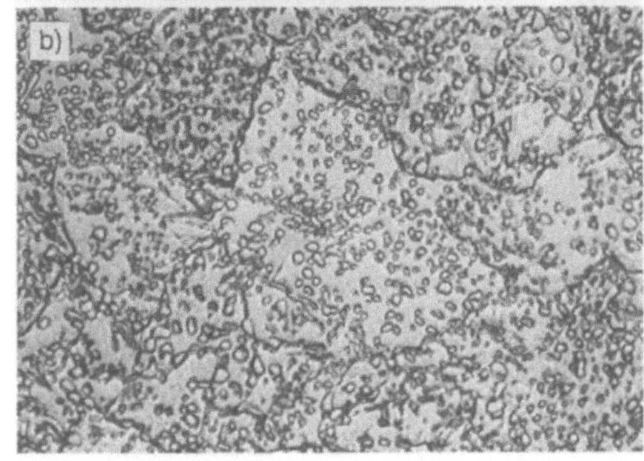

Bild 2.2-5. Schliffbilder übereutektoidischen Stahles.
a) Netz von Sekundärzementit
auf den ehemaligen Austenitkorngrenzen;
b) Eingeformter Zementit
durch Glühen auf kugelige
Carbide. 500:1.

Der Zeit-Temperatur-Verlauf des Glühens auf kugelige Carbide entspricht im wesentlichen dem des Weichglühens mit dem Unterschied,
daß zur Einformung der netzförmigen Carbide grundsätzlich Ac_1
überschritten wird und, daß höhere Spitzentemperaturen beim Pendeln um Ac_1 erforderlich sind. Für un- und niedriglegierte Stähle gelten nach [20] die folgenden Anhaltswerte:

Kohlenstoffgehalt in %	Spitzentemperatur in °C
0,9	730
0,9 bis 1,2	750
1,2 bis 1,6	770

Das Abkühlen nach dem Pendeln bzw. Halten muß hinreichend langsam erfolgen, um unerwünschte Härtungseffekte (vor allem bei legierten Stählen) sowie Entstehen von Eigenspannungen bei größeren
Werkstücken zu vermeiden.

Der auf kugelige Carbide geglühte Zustand (Kennbuchstaben GKZ) wird zwar in den Normen nur selten gefordert, entspricht aber praktisch für Werkzeugstähle dem durch das Weichglühen erreichten Zustand. Die zum Nachweis des Weichglühens bei diesen Stählen geforderten Härtewerte sind ohne weitgehende Einformung aller Carbide nicht erzielbar.

2.2.5 Weichglühen von Gußeisen

Da die im Gefüge ablaufenden Vorgänge beim Weichglühen von Gußeisen anders sind als unter 2.2.2 beschrieben, wird diesem Thema ein eigener Abschnitt eingeräumt.

Das Ziel des Weichglühens ist bei Gußeisen nur das Verbessern der Eignung zum Spanen, denn die plastische Verformbarkeit ist entweder ohnehin so gut wie nicht vorhanden (Gußeisen mit Lamellengraphit) oder wird beim duktilen Gußeisen mit Kugelgraphit nicht für Formgebungsoperationen ausgenutzt.

Die Wirkung des Weichglühens besteht darin, daß die im Gefüge enthaltenen Carbide, insbesondere der Zementit im Perlit, in Ferrit und Graphit umwandeln. Diese Umwandlung ist nur in Gegenwart von Graphit möglich, der ja für das Gefüge von Gußeisen typisch ist. Die Wärmebehandlung wird deshalb auch als *Graphitisieren* bezeichnet. Die Eignung zum Spanen ist am besten, wenn das Gefüge neben dem Graphit nur Ferrit enthält. Je nach Art der vorliegenden Carbide werden nach [17] drei Glühtemperaturbereiche unterschieden:

Weichglühen bei *niedriger* Temperatur dicht unter Ac_1 führt lediglich zum Umwandeln des vorhandenen Perlits in Ferrit und Graphit und wird bei den Sorten angewendet, in denen keine freien Carbide vorliegen. Da die Umwandlungstemperatur Ac_1 zusammensetzungsabhängig ist, beträgt die Glühtemperatur je nach Sorte 700 bis 760 °C. Richtwert für die Haltezeit ist ca. 1 h je 25 mm Wanddicke. Abkühlung soll bis 300 °C mit maximal 55 K/h im Ofen erfolgen.

Weichglühen bei *mittlerer* Temperatur dicht über Ac_1 wird angewendet, wenn außer Perlit auch freie Carbide umgewandelt werden sollen, die oberhalb der eutektoidischen Umwandlungstemperatur entstanden und deshalb bei tieferen Temperaturen beständig sind. Die anzuwendende Temperatur ist um so höher, je mehr carbidstabilisierende Elemente wie Chrom, Mangan, Vanadin und Molybdän im Gußeisen enthalten sind. Die sortenabhängigen Temperaturen betragen 790 bis 900 °C, die Haltezeit etwa 1 h/25 mm Wanddicke, und die Abkühlung muß besonders im Bereich um Ar_1 besonders langsam (10 bis 20 °C/h)

erfolgen, damit die eutektoidische Umwandlung nicht zu Perlitbildung führt.

Weichglühen bei *hoher* Temperatur wesentlich über Ac_1 ist bei Gußeisensorten mit besonders stabilen freien Carbiden erforderlich. Zur
Verkürzung der Behandlungsdauer werden Temperaturen von 900 bis
955 °C bei Haltezeiten von 1 bis 3 h zuzüglich 1 h/25 mm Wanddicke
angewendet. Die Abkühlung hängt vom gewünschten Endgefüge ab:
Ist ein perlitisches Gefüge angestrebt, muß bis etwa 550 °C rasch, das
heißt an Luft, abgekühlt werden. Danach ist zur Vermeidung unzuläs-
siger Eigenspannungen weiter im Ofen abzukühlen. Diese Wärmebehandlung von Gußeisen wird auch als Perlitisieren bezeichnet. Es
kann auch angewendet werden, um ein vorher ferritisches Gefüge in
Perlit umzuwandeln, wobei allerdings Härte und Festigkeit zunehmen. Soll sich ein ferritisches Gefüge einstellen, ist im Umwand-
lungstemperaturbereich bis etwa 680 °C sehr langsam (10 bis 20 K/h)
abzukühlen; danach kann bis 300 °C eine normale Ofenabkühlung mit
etwa 40 bis 50 K/h erfolgen.

Die beschriebenen für alle Gußeisensorten anwendbaren Weichglüh-
methoden führen immer dann auch zu einer Festigkeitsverminderung,
wenn sich ein ferritischer Gefügezustand einstellt. Zu berücksichtigen
sind Einbußen von etwa 10 bis 30 %.

Gußeisen mit Kugelgraphit hat im Gußzustand normalerweise ein gra-
phitisch-perlitisches Gefüge mit relativ hoher Zugfestigkeit aber
geringer Bruchdehnung und entspricht damit je nach Zusammensetzung und Wanddicke den Qualitäten GGG-60 bis GGG-80 nach DIN
1693. Die in der Norm vorgesehenen Sorten höherer Bruchdehnung
bzw. mit gewährleisteter Kerbschlagarbeit erhalten die geforderten
Eigenschaften durch ein zweistufiges Weichglühen, in dessen erster
Stufe zwischen 850 und 920 °C der Perlit und eventuell vorhandene
Carbide in Austenit umwandeln. Nach Ofen- oder Luftabkühlung auf
eine Temperatur im Bereich von Ar_1 (650 bis 740 °C) wird dort etwa
5 bis 10 h gehalten, wobei der Austenit isothermisch unmittelbar in
Ferrit und Graphit umwandelt. Die Länge der Haltezeit wird durch die
Zahl der Sphäroliten pro Flächeneinheit bestimmt: Je größer diese
Zahl, um so kürzer kann die Haltezeit gewählt werden. Nach dem Halten wird rasch (in Wasser) abgekühlt und danach 1 Stunde bei 350 °C
angelassen. Das Endgefüge besteht neben den Sphärolithen vorwiegend aus Ferrit oder aus Ferrit mit wenig Perlit. Die Bilder 2.2-6 bis
2.2-8 zeigen die Gefügeausbildung unterschiedlich behandelter Sorten von Gußeisen mit Kugelgraphit.

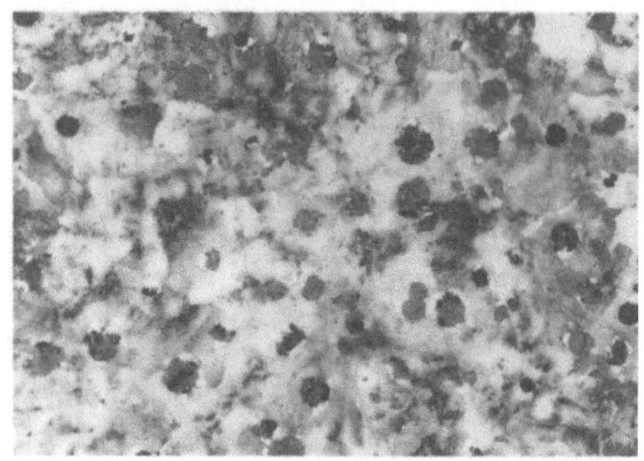

Bild 2.2-6. Gefüge von Gußeisen mit Kugelgraphit im
Gußzustand, entsprechend der
Sorte GGG-60. 200:1. Werkbild Krupp MaK, Kiel.

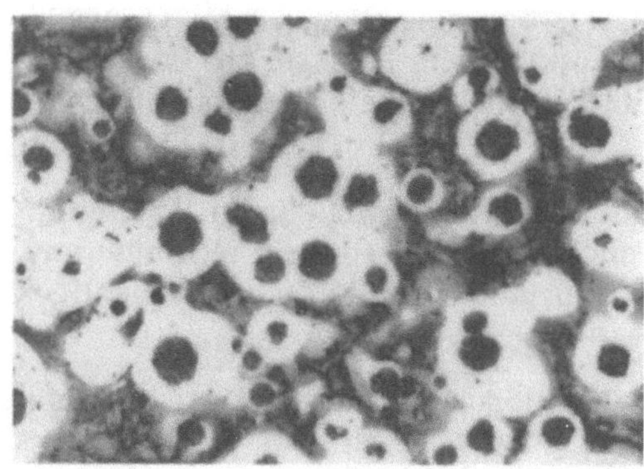

Bild 2.2-7. Gefüge von Gußeisen mit Kugelgraphit nach
Weichglühen, entsprechend
der Sorte GGG-50. 200:1.
Werkbild Krupp MaK, Kiel.

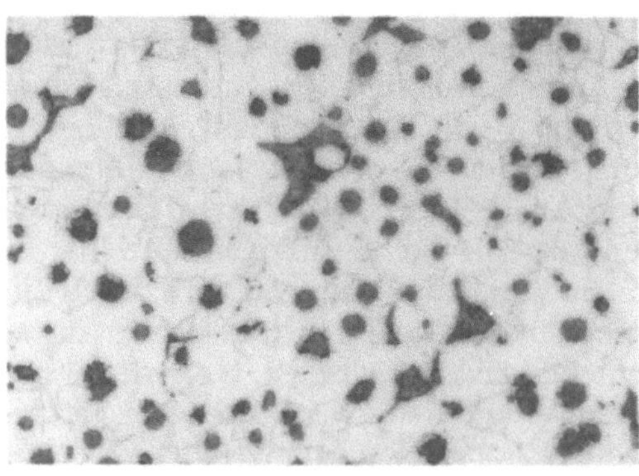

Bild 2.2-8. Gefüge von Gußeisen mit Kugelgraphit nach
Weichglühen, entsprechend
der Sorte GGG-40. 200:1.
Werkbild Krupp MaK, Kiel.

2.2.6 Wärmebehandlung von Temperguß (Tempern)

Tempern hat den Zweck, Werkstücken, die zunächst als weiß (ledeburitisch) erstarrtes Gußeisen (Temperrohguß) vorliegen, durch Entkohlen oder durch Graphitisieren mehr oder weniger stahlähnliche Eigenschaften zu verleihen. Das Verfahren wird ausschließlich auf weiß erstarrtes Gußeisen angewendet und führt bei Entkohlung zum *weißen* Temperguß (GTW) bzw. bei Graphitisierung zum *schwarzen* Temperguß (GTS), DIN 1692.

Der Temperrohguß muß so zusammengestzt sein, daß er bei der vorgesehenen Wanddicke sicher graphitfrei erstarrt; der gesamte Kohlenstoffgehalt muß im Zementit enthalten sein.

Entkohlendes Tempern erfordert ein schwach oxidierend wirkendes Medium, und führt bei den üblichen Glühzeiten bis zu einer Tiefe von etwa 7 mm zu einem rein ferritischen Gefüge mit entsprechenden Eigenschaften. Werkstücke bis zu einer Dicke des doppelten Wertes dieser Tiefe werden demnach völlig entkohlt. Bei größeren Dicken (bzw. bei kürzeren Behandlungszeiten) wird das Innere des Werkstückes nicht entkohlt. Dort zerfällt Fe_3C zu $Fe + C$ und der Kohlenstoff bildet sogenannte *Temperkohlenester* in ferritisch-perlitischer Grundmasse. Der so erzeugte weiße Temperguß erfordert eine Glühtemperatur von etwa 1000 °C. Das schwach oxidierende Medium wird von einem CO-CO_2-Gemisch mit Zusatz von Luft-Wasserdampf gebildet. Die Glühdauer beträgt je nach Wanddicke bis zu 6 Tage, Bild 2.2-9.

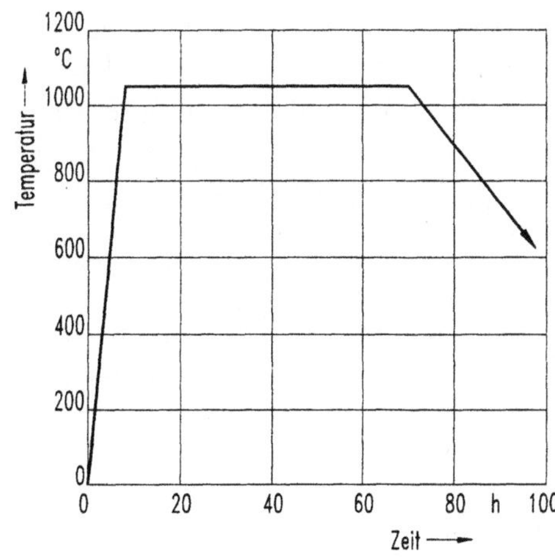

Bild 2.2-9. Schematische Temperatur-Zeitfolge beim Tempern von weißem Temperguß. Nach [27].

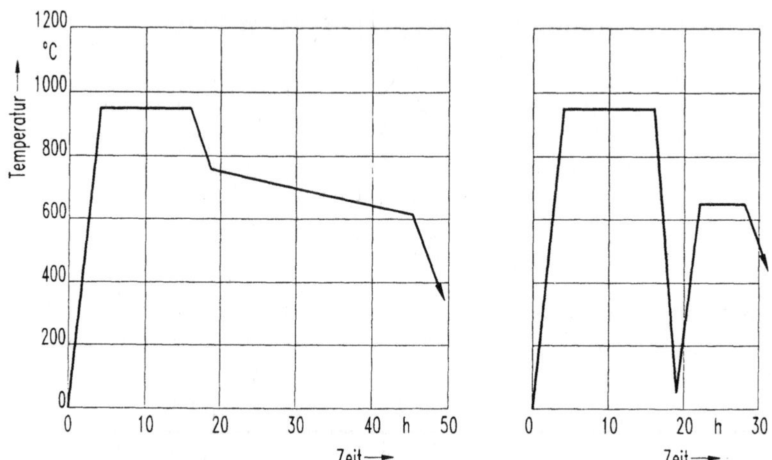

Bild 2.2-10. Schematische Temperatur-Zeitfolge beim Tempern von schwarzem Temperguß. Nach [27].

Graphitisierendes Tempern erfolgt in einem neutralen Medium, so daß die Zusammensetzung des Werkstoffes unverändert bleibt. Der Zementitzerfall findet überall gleichmäßig statt, und das Endgefüge besteht aus Temperkohlenestern in ferritischer oder ferritisch-perlitischer Matrix. Der schwarze Temperguß wird unter Stickstoff als Schutzgas bei etwa 950 °C geglüht, wobei zunächst Ledeburit in Austenit und Graphit zerfällt. In der anschließenden zweiten Behandlungsstufe wird entweder ein ferritisches oder perlitisches Grundgefüge eingestellt. Für ein ferritisches Gefüge wird nach der ersten Glühstufe auf etwa 760 °C abgekühlt und dann mit äußerst niedriger Abkühlgeschwindigkeit der Bereich bis etwa 680 °C durchlaufen. Dabei zerfällt Austenit zu Ferrit und Graphit. Zur Einstellung eines perlitischen Gefüges für höhere Zugfestigkeiten schließt sich an die erste Glühstufe eine Vergütungsbehandlung (vgl. Kapitel 2.3) an, indem nach dem Halten auf 950 °C in Öl oder an Luft abgeschreckt und danach auf eine festigkeitsbestimmende Anlaßtemperatur angelassen wird. Die erforderliche Gesamtbehandlungsdauer ist für ferritisch geglühten schwarzen Temperguß bei gleicher Wanddicke um etwa 25 % kürzer als bei weißem Temperguß, und verkürzt sich beim perlitischen noch weiter, Bild 2.2-10.

Die auf den ersten Blick scheinbar sehr aufwendige Herstellung von Temperguß gewinnt bei näherer Betrachtung, wenn man folgende Faktoren berücksichtigt:

84

– das Gießen der Werkstücke in dem etwa eigenschaftsgleichen Stahlguß ist gießtechnisch aufwendig (hohe Gießtemperatur, teurer
  Formstoff, hohes Schwindmaß),
– die anteiligen Kosten für das Tempern sind um so geringer, je größer
  die gleichzeitig behandelten Stückzahlen sind.

Demnach werden in Temperguß vor allem nicht zu große, kompliziert
gestaltete Werkstücke gefertigt, die einerseits wegen ihrer Form typische Gußstücke sind, und andererseits aufgrund ihrer Abmessungen
die gleichzeitige Behandlung größerer Stückzahlen erlauben. Bekannte typische Beispiele sind Rohrleitungsformteile (Fittings) sowie
Spannarme für Schraubzwingen.

2.2.7 Wärmebehandlung in kontrollierter Atmosphäre

Beim Glühen von Eisenwerkstoffen, aber auch bei anderen Wärmebehandlungsverfahren, müssen oftmals unerwünschte Reaktionen der
Werkstücke mit der Behandlungsatmosphäre vermieden werden. Das
gilt vor allem für Oxidation, Entkohlung oder Aufkohlung. Häufig
muß auch eine bei vorangegangenen Verarbeitungsschritten unvermeidbare Oxidation (Verzunderung) bei der letzten Wärmebehandlung beseitigt werden. Eine unkontrollierte Beandlungsatmosphäre
besteht im allgemeinen aus Luft, das heißt, einem Gemisch aus Sauerstoff, Stickstoff mit Anteilen von Kohlendioxid CO_2 und Wasserdampf H_2O.

Wird ein Eisenwerkstoff bei der Wärmebehandlung dieser unkontrollierten Behandlungsatmosphäre ausgesetzt, kommt es bei höheren
Temperaturen zu einer Oxidation aller beteiligten Elemente. Würden
alle Legierungelemente im gleichen Maße oxidieren, so wären lediglich ein mit Maßänderungen verbundener Werkstoffverlust und ein
unschönes Aussehen die Folge. Da die Oxidation der Elemente aber
nicht gleichmäßig erfolgt, kommt es in der betroffenen Oberflächenschicht zu einer mehr oder weniger starken Veränderung der Zusammensetzung, die bei Stählen vor allem in einer Entkohlung oder Aufkohlung bestehen kann, wodurch die spätere Gebrauchseignung unter
Umständen schwerwiegend beeinträchtigt wird.

Sollen derartige Veränderungen vermieden werden, muß einerseits die
Oxidation verhindert und andererseits dafür gesorgt werden, daß der
Kohlenstoffgehalt unverändert bleibt. Ein Verhindern der Oxidation
allein reicht in der Regel deshalb nicht aus, weil sich die dafür erforderlichen reduzierenden Komponenten wie CO und H_2 dem Kohlen

stoff gegenüber nicht neutral verhalten (vgl. dazu auch Kapitel 2.4.1.4). An eine kontrollierte Behandlungsatmosphäre wird demnach folgender Anspruch gestellt:

– Die Zusammensetzung des zu behandelnden Werkstoffes darf sich im Verlauf der gesamten Wärmebehandlung nicht ungewünscht verändern.

Die Verwirklichung dieses Anspruches ist nicht eben einfach, da die Wirkung eines bestimmten Gasgemisches sowohl vom Werkstoff als auch von der Temperatur abhängig ist. Die einzige prinzipiell sehr einfache Methode ist die Wärmebehandlung im *Vakuum*, die allerdings gerätetechnisch recht aufwendig ist. Dennoch werden in zunehmendem Maße Vakuum-Wärmebehandlungsanlagen verwendet, da das Vakuum mit absoluter Sicherheit jegliche chemische Veränderung ausschließt. Die zu behandelnden Werkstücke müssen allerdings bereits zunderfrei sein, da im Vakuum auch keine reduzierende Wirkung stattfindet.

Kommt eine Behandlung im Vakuum aus wirtschaftlichen oder technischen Gründen nicht in Betracht, werden *Schutzgase* verwendet. Man unterscheidet zwei Gruppen:

– *Inertgase,* die mit dem Werkstück keinerlei chemische Reaktionen ausführen, diesbezüglich also dem Vakuum entsprechen;
– *Aktive Schutzgase,* auch Reaktionsgase genannt, die reaktionsfähige Bestandteile enthalten, welche jedoch nur unter bestimmten Bedingungen nicht mit dem Werkstück reagieren.

Inerte Schutzgase bestehen meist aus Stickstoff mit einem maximalen Gehalt von 5% brennbarer Substanz, so daß das Gemisch nicht explosionsfähig ist. Erzeugt werden derartige Gase durch exotherme Verbrennung brennbarer Gase und anschließende Trocknung (Exogas). Wird einem solchen Gas auch CO_2 entzogen, wird es als Monogas bezeichnet. Vorteil der Inertgase ist ihre Anwendbarkeit in einem großen Temperaturbereich, die Anwendbarkeit für verschiedene Werkstoffe und ihre Gefahrlosigkeit. Erkauft werden die Vorteile mit der Empfindlichkeit dieser Gase gegen Verunreinigungen durch Sauerstoff, CO_2 und H_2O. Schon geringe Mengenanteile dieser Stoffe machen das Inertgas entkohlend. Inertgase können nur schützen, aber keine gewünschten Veränderungen der Zusammensetzung bewirken.

Aktive Schutzgase werden entweder als Exogas oder durch endotherme katalytische Spaltung brennbarer Gase als sog. Endogas er-

Tabelle 2.2-2. Zusammensetzung und Anwendung einiger Schutzgase. Nach [1].

Gasart	Gaszusammensetzung in %						Verwendung
	CO	CO_2	H_2	CH_4	H_2O	N_2	
Exogas 1 Inertgas	0,0…3	< 0,05	0,5…5,0	0,0	0,0	Rest	zunder- und entkohlungsfreies Glühen unlegierter Stähle mit mittlerem und hohem Kohlenstoffgehalt
Exogas 2	8,5…13	< 0,05	8,5…17,5	0,5…1,5	0,0	Rest	
Exogas 3	7…12	2…6	8…16	0,5…1,0	0,8…7	Rest	Blankglühen niedriggekohlter Stähle, Entkohlungsglühen, Blauglühen
Endogas 1 Methan, gespaltet	20	< 0,5	36…40	< 0,5	< 0,3	40…44	zunder- und entkohlungsfreies Glühen, Härten, Aufkohlen und Wiederaufkohlen un- und mittellegierter Stähle (C-Pegel-Regelung durch Zusatz von Kohlenwasserstoffen)
Endogas 2 Propan, gespaltet	23,2	< 0,5	31	< 0,5	< 0,3	45	

zeugt. Sie können außer Stickstoff 15 bis 30% CO, 30 bis 70% H_2 sowie geringe Anteile von CO_2, H_2O und CH_4 enthalten [1]. Aufgrund variabler Zusammensetzung sind die aktiven Schutzgase sehr anpassungsfähig und damit für viele Wärmebehandlungsaufgaben anwendbar. Allerdings muß ihre Zusammensetzung auch wirklich dem Werkstoff und der Behandlungstemperatur entsprechen. Wesentliche Nachteile sind die Explosionsgefahr unterhalb 750 °C sowie die starke Temperaturabhängigkeit ihrer Wirkung. Vorteilhaft kann die kombinierte Anwendung von Inertgas und aktivem Schutzgas sein, indem während der Erwärm- und Abkühlphasen mit dem Inertgas, in der Haltephase bei höchster Temperatur dagegen mit dem aktiven Schutzgas operiert wird. In Tabelle 2.2-2 sind beispielhaft Zusammensetzungen und Anwendungen einiger Schutzgase aufgeführt.

2.3 Vergüten und Bainitisieren

2.3.1 Kurzbeschreibung der Verfahren

Ziel beider Wärmebehandlungsverfahren ist, Bauteilen oder Vormaterial aus Eisenwerkstoffen über dem gesamten Querschnitt sowohl hohe Festigkeitswerte als auch ausreichende Zähigkeit zu verleihen. Die Zähigkeitsanforderungen resultieren vor allem aus dem Wunsch nach erhöhter Dauerfestigkeit. Da mit zunehmender Festigkeit die Zähigkeitseigenschaften abnehmen, stellt das Behandlungsergebnis meist einen zweckbedingten Kompromiß dar.

Die Bezeichnung „Vergüten" ist außerordentlich treffend, denn ausgehend vom vorherigen Guß-, Warmumform- oder Normalglühzustand lassen sich die Werkstoffeigenschaften von Eisen-Kohlenstoff-Legierungen mit γ-α-Umwandlung ganz erheblich verbessern. Der Grund für die Verbesserung ist das Erzeugen von optimaler Größe und Verteilung der für die Eigenschaften entscheidenden Kristallarten

- kohlenstoffarmer, gut plastisch formbarer aber niedrig fester Ferrit und

- kohlenstoffreiches, hochfestes aber sprödes Carbid (Zementit).

Im warmgeformten oder normalgeglühten Ausgangszustand der meist untereutektoidischen Stähle liegt ein Gefüge aus relativ grobem Ferrit und Perlit vor, Bild 2.3-1 a). Das Vergüten bzw. Bainitisieren führt zu einer wesentlich feineren und gleichmäßigeren Verteilung der beiden Kristallarten, Bild 2.3-1 b), wodurch ihre so gegensätzlichen

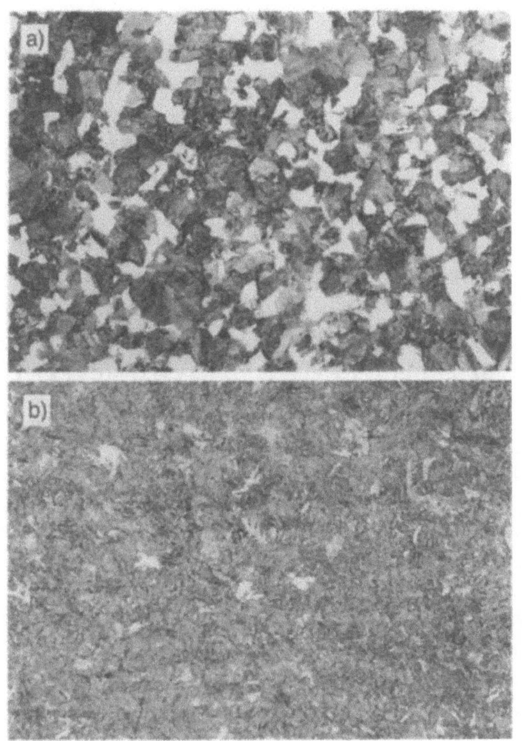

Bild 2.3-1. Gefüge des Stahles 42 CrMo 4. a) normalgeglüht 200:1. b) vergütet. Werkbild Krupp MaK, Kiel.

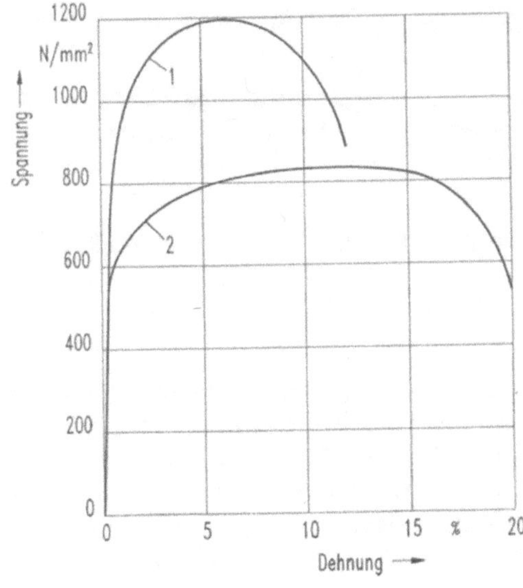

Bild 2.3-2. Spannung-Dehnung-Diagramme für den Stahl 42 CrMo 4 in unterschiedlichen Vergütungszuständen, Vergütungsdurchmesser 60 mm.
Kurve 1: Anlaßtemperatur 550 °C;
Kurve 2: Anlaßtemperatur 650 °C.

Eigenschaften in optimaler Art kombiniert werden. Durch den Verfahrensablauf lassen sich darüber hinaus unterschiedliche Kombinationen der Eigenschaften Festigkeit und Zähigkeit quasi maßgeschneidert der Bauteilanforderung anpassen. Bild 2.3-2 zeigt, wie sich für ein und dieselbe Stahlsorte sehr unterschiedliche Spannung-Dehnung-Diagramme erzielen lassen.

Der Weg zum Ziel ist bei den beiden Verfahren unterschiedlich:

- *Vergüten* besteht aus *Härten,* also Austenitisieren mit nachfolgendem Abschrecken zur möglichst vollständigen Martensitbildung mit nachfolgendem *Anlassen* auf Temperaturen unterhalb Ac_1, wodurch das *Vergütungsgefüge* aus fein verteilten Ferrit- und Carbidkristallen entsteht.

- Das *Bainitisieren* beginnt ebenfalls mit Austenitisieren und Abschrecken, jedoch wird hierbei nur auf eine Temperatur *oberhalb* M_s abgeschreckt, auf dieser Temperatur bis zur *Umwandlung des Austenits in Bainit* gehalten und danach beliebig schnell weiter auf Raumtemperatur abgekühlt.

Das Bainitisieren wurde früher *Zwischenstufenvergüten* genannt, und das historisch ältere Vergüten wurde deshalb lange zur Unterscheidung als *Anlaßvergüten* bezeichnet. Diese Benennungen sollen entsprechend DIN 17022, Teil 1 nicht mehr benutzt werden.

Prüfgrößen für den vergüteten bzw. bainitisierten Zustand sind:

- Die statischen Werkstoffkennwerte $R_{p0,2}$, R_m, A_5 und Z, die mit dem Zugversuch ermittelt werden,
- die Kerbschlagarbeit A_v bzw. KV zur Beurteilung des Zähigkeitsverhaltens bei dynamischer und mehrachsiger Beanspruchung, womit auch vergleichende Aussagen über das Dauerfestigkeitsverhalten möglich sind,
- in bestimmten Fällen bruchmechanische Kennwerte, wie z. B. K_{Ic}.

2.3.2 Verwendete Werkstoffe

Da die Palette der Eisenwerkstoffe, die ihre Gebrauchseigenschaften durch Vergüten bzw. Bainitisieren erhalten, sehr umfangreich ist, sei hier noch einmal die Voraussetzung für die Anwendbarkeit der Verfahren genannt: Nur Eisenwerkstoffe mit γ-α-Umwandlung können vergütet bzw. bainitisiert werden. Zudem setzt ein nennenswerter Vergütungseffekt einen gewissen Mindestgehalt an Kohlenstoff von etwa

90

Tabelle 2.3-1. Vergütungsstähle (Auszug aus DIN EN 10 083). Gewährleistete mechanische Eigenschaften im vergüteten Zustand.

Werkstoff-Kurzzeichen	d: 16 bis 40 mm t: 8 bis 20 mm					d: 40 bis 100 mm t: 20 bis 60 mm				
	$R_{p0,2}$ N/mm²	R_m N/mm²	A_5 %	Z %	KV[1] J	$R_{p0,2}$ N/mm²	R_m N/mm²	A_5 %	Z %	KV[1] J
2 C 25 3 C 25	320	500 bis 650	21	50	45	–	–	–	–	–
2 C 35 3 C 35	380	600 bis 750	19	45	35	320	550 bis 700	20	50	35
2 C 45 3 C 45	430	650 bis 800	16	40	25	370	630 bis 780	17	45	25
2 C 60 3 C 60	520	800 bis 950	13	30	–	450	750 bis 900	14	35	–
28 Mn 6	490	700 bis 850	15	45	40	440	650 bis 800	16	50	40
38 Cr 2 38 CrS 2	450	700 bis 850	15	40	35	350	600 bis 750	17	45	35

[1]) Kerbschlagarbeit, ISO-V-Probe.

(Fortsetzung S. 92)

Tabelle 2.3-1 (Fortsetzung)

Werkstoff-Kurzzeichen	d: 16 bis 40 mm t: 8 bis 20 mm					d: 40 bis 100 mm t: 20 bis 60 mm				
	$Rp_{0,2}$ N/mm²	R_m N/mm²	A_5 %	Z %	KV^1) J	$Rp_{0,2}$ N/mm²	R_m N/mm²	A_5 %	Z %	KV^1) J
41 Cr 4 41 CrS 4	660	900 bis 1100	12	35	35	560	800 bis 950	14	40	35
34 CrMo 4 34 CrMoS 4	650	900 bis 1100	12	50	40	550	800 bis 950	14	55	45
42 CrMo 4 42 CrMoS 4	750	1100 bis 1200	11	45	35	650	900 bis 1100	12	50	35
50 CrMo 4	780	1000 bis 1200	10	45	30	700	900 bis 1100	12	50	30
51 CrV 4	800	1000 bis 1200	10	45	30	700	900 bis 1100	12	50	30
34 CrNiMo 6	900	1100 bis 1300	10	45	45	800	1000 bis 1200	11	50	45
36 NiCrMo 16	1050	1250 bis 1450	9	40	30	900	1100 bis 1200	10	45	35

[1]) Kerbschlagarbeit, ISO-V-Probe.

0,2 % – in einigen Fällen auch noch darunter – voraus. Da bei größeren Werkstückquerschnitten bzw. -wanddicken eine niedrige kritische Abkühlgeschwindigkeit zum Durchvergüten erforderlich ist, ist ein großer Teil der verwendeten Werkstoffe niedrig legiert.

Die bekannteste Gruppe bilden die *Vergütungsstähle* nach DIN EN 10083 (Ersatz für DIN 17200). Tabelle 2.3-1 gibt im Auszug einige Vertreter dieser Gruppe wieder, die insgesamt mehr als 40 Sorten umfaßt. Unter Berücksichtigung der Toleranzen haben diese Stähle Kohlenstoffgehalte zwischen 0,17 und 0,65 %. Die höchstlegierte Sorte 36 NiCrMo 16 liegt mit der Summe der Legierungselemente von ca. 5,8 % schon über der üblichen Grenze von 5 % für die Bezeichnung „niedriglegiert".

Als wesentliches Gütemerkmal der Vergütungsstähle gilt ihre *Härtbarkeit*, nachgewiesen durch den *Stirnabschreckversuch* nach DIN 50191, s. Kapitel 1.4.5. Unterschieden werden Sorten mit normalen Anforderungen an die Härtbarkeit (Kennbuchstabe H) sowie Sorten mit eingeengten oberen und unteren Härtbarkeitsstreubändern, Kennbuchstaben (HH) bzw. (HL). In der Norm sind obere und untere Grenzwerte der Rockwellhärte, abhängig vom Abstand von der abgeschreckten Stirnfläche, festgelegt. Bild 2.3-3 gibt einige Beispiele dafür. Für die Lieferung der Vergütungsstähle im bereits vergüteten Zustand (Q + T) legt die Norm Mindestwerte für mechanische Eigenschaften, abhängig vom Durchmesser d bzw. von der Dicke t fest, s. Tabelle 2.3-1. Weiterhin sind Höchsthärtewerte für die Zustände „behandelt auf Scherbarkeit" (S) und „weichgeglüht" (A) und für die unlegierten Sorten mechanische Eigenschaften für den normalgeglühten Zustand (N) festgelegt. Die nicht mehr gültige Norm DIN 17200 enthält darüber hinaus noch Anhaltsangaben über erreichbare mechanische Eigenschaften in Abhängigkeit von der Anlaßtemperatur, für die Bild 2.3-4 einige Beispiele zeigt. In DIN EN 10083 sind diese nützlichen Diagramme nicht aufgenommen worden, da sie nicht verbindlich sind.

Die 16 *Vergütungsstahlgußsorten* nach SEW 510 (bis 100 mm Wanddicke) und SEW 515 (für Wanddicken über 100 mm) entsprechen in ihrer Zusammensetzung im wesentlichen den Vergütungsstählen nach DIN EN 10083. Als Beispiele seien hier genannt GS-42 CrMo 4 und GS-40 NiCrMo 6 5 6.

Außer den Vergütungsstählen, deren Name auf das Wärmebehandlungsverfahren deutlich hinweist, werden die nachfolgend genannten Stahlsorten im allgemeinen ebenfalls vergütet bzw. bainitisiert:

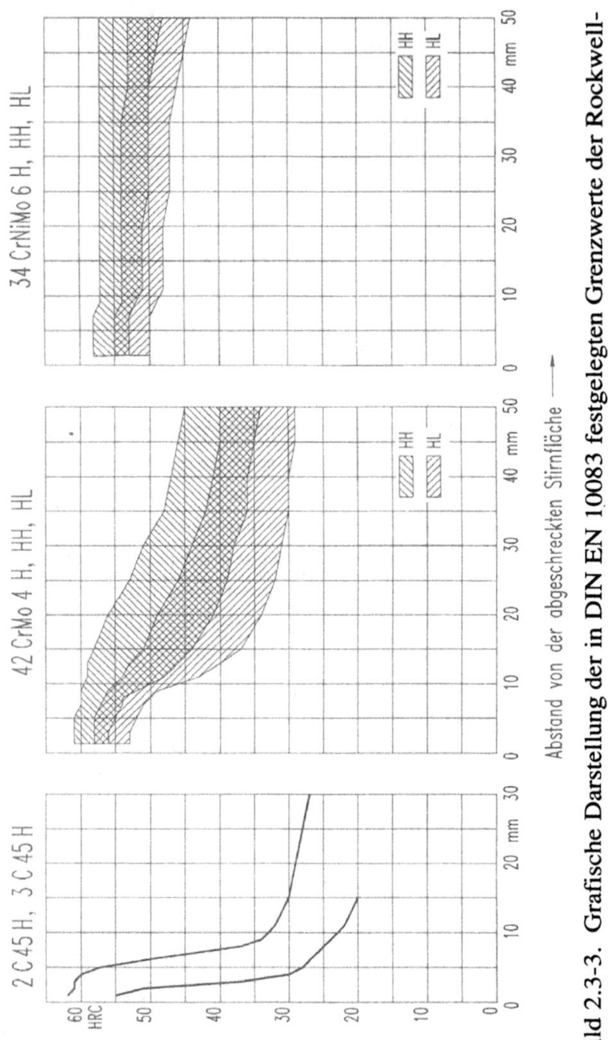

Bild 2.3-3. Grafische Darstellung der in DIN EN 10083 festgelegten Grenzwerte der Rockwell-Härte für drei Vergütungsstähle. Für den unlegierten Stahl sind nur normale Härtbarkeitsanforderungen vorgesehen.

– *Nitrierstähle, DIN 17211,*

– *Stähle für Flamm- und Induktionshärten, DIN 17212.*

Diese Stähle unterscheiden sich von den Vergütungsstählen durch ihre besondere Eignung für die Wärmebehandlungen, die zu ihrer Bezeichnung führen, vgl. Kapitel 2.4.2. bzw. 2.5.

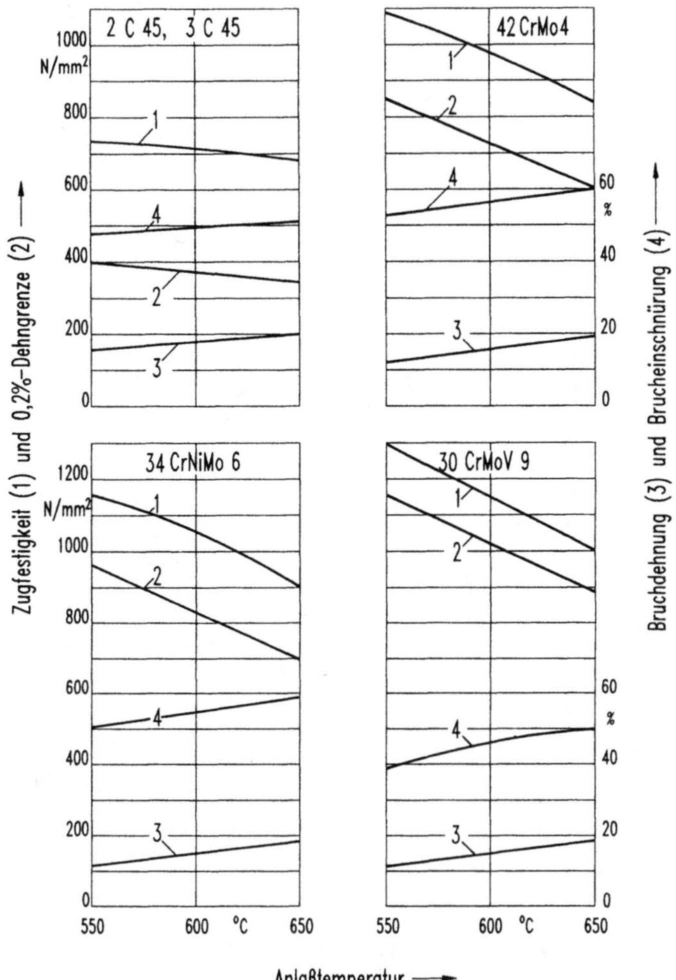

Bild 2.3-4. Der nicht mehr geltenden DIN 17200 entnommene Anhaltsangaben für mechanische Eigenschaften vergüteter Stähle, abhängig von der Anlaßtemperatur, gültig für Durchmesser von 60 mm.

Stähle für große Schmiedestücke (SEW 550, 555 und 640 sowie [11]) sind grundsätzlich auch Vergütungsstähle, da sich bei Durchmessern über 250 mm bzw. entsprechenden Wanddicken nur durch Vergütung wirtschaftliche Bauteilabmessungen bzw. -gewichte verwirklichen lassen. Für die Vergütungsstähle nach DIN EN 10083 sind Eigenschaften nur bis zu Durchmessern von 250 mm gewährleistet, für

Tabelle 2.3-2. Stähle für größere Schmiedestücke (Auszug aus SEW 550 und 555). Gewährleistete mechanische Eigenschaften im vergüteten Zustand A_5, Z und A_v gelten für Längsproben.

Stahlsorte	SEW	Ø-Ber. mm	$R_{p0,2}$ N/mm²	R_m N/mm²	A_5 %	Z %	Kerbschlag-arbeit A_v	
							Probe	J
28 NiCrMo 5 5	555	≤ 750	500	670 bis 820	17	40	ISO-V	55
30 CrNiMo 8	550	≤ 1000	590	780 bis 930	12	–	DVM	45
23 CrNiMo 7 4 7	555	≤ 1000	600	750 bis 900	17	40	ISO-V	47
32 CrMo 12	550	≤ 1250	490	690 bis 840	15	–	DVM	34
30 CrMoNiV 5 11	555	≤ 1500	550	700 bis 850	17	40	ISO-V	31
33 NiCrMo 14 5	550	≤ 2000	685	830 bis 980	14	–	DVM	34

größere Bauteilabmessungen wie z.B. Turbinen- und Generatoranlagen, Schiffswellen sowie Bauteile im Primärkreislauf von Kernenergieanlagen kommen dann die Stahlsorten für große Schmiedestücke zur Anwendung. Tabelle 2.3-2 enthält einige Beispiele.

Höchstfest werden Stahlsorten genannt, deren 0,2%-Dehngrenze über 1200 N/mm² liegt und die außerdem ausreichende Zähigkeit für konstruktive Verwendung besitzen. Diese Eigenschaften werden entweder durch *Vergüten* oder *Martensitaushärten* (vgl. Kap. 2.8.5) erreicht.Die höchstfesten Vergütungsstähle sind gekennzeichnet durch mittleren Kohlenstoffgehalt bei sehr sorgfältig abgestimmten Gehalt an Legierungselementen, die zum Teil den Grenzgehalt für niedriglegier-

Tabelle 2.3-3. Höchstfeste Vergütungsstähle. Kennzeichnende mechanische Eigenschaften im vergüteten Zustand, ermittelt an Proben von 50 mm Durchmesser. Nach [11], S. 226.

Stahlsorte	$R_{p0,2}$ N/mm²	R_m N/mm²	A_5 %	Z %	A_{vDVM} J	Anlaßtemp. °C
38 NiCrMoV 7 3	1550	1850	8	40	35	180...220
41 SiNiCrMoV 7 6	1650	1950	8	40	30	280...320
X 32 NiCoCrMo 8 4	1350	1550	10	50	40	530...570
X 41 CrMoV 5 1	1300	1500	10	50	40	ca. 640
	1600	1900	8	40	30	ca. 550

te Stähle überschreiten. Tabelle 2.3-3 enthält einige Verteter dieser Gruppe mit ihren typischen Anlaßtemperaturen und den sich ergebenden mechanischen Eigenschaften. Bevorzugte Anwendungsgebiete solcher Werkstoffe sind Luft- und Raumfahrt, weil nur bei derart extremen Festigkeitswerten in ausreichendem Maß an Masse gespart werden kann.

Die in DIN 17221 genormten warmgewalzten *Federstähle* sind ausnahmlos vergütbar, Tabelle 2.3-4. Für kaltgewalzte Stahlbänder für Federn nach DIN 17222 kann statt des Zustandes „Gehärtet und angelassen" (H + A) auch „bainitisiert" vereinbart werden. In DIN 17223, Teil. 2 sind Gütevorschriften für runden vergüteten Feder- und Ventilfederdraht aus unlegierten Stählen enthalten.

Auch für die *warmfesten Stähle* 13 CrMo 4 4 und 10 CrMo 9 10 aus DIN 17155 und DIN 17175 ist der vergütete Zustand vorgesehen. Für *warmfeste Schrauben und Muttern* ist in DIN 17240 der vergütete Zustand als ein üblicher Lieferzustand enthalten. Gußteile aus *warmfestem ferritischem Stahlguß* werden nach DIN 17245 mit einer Ausnahme vergütet geliefert. Bei allen warmfesten Stählen muß die Anlaßtemperatur über der höchstzulässigen Betriebstemperatur gewählt werden. Dies gilt besonders für die vergütbaren hochlegierten Ventilkegelstähle X 45 CrSi 9 3 und X 85 CrMoV 18 2 nach DIN 17480.

Für die *kaltzähen Stähle* nach DIN 17280 (Form- und Stabstahl, Schmiedestücke) und DIN 17173/17174 (Rohre), ist der vergütete Zustand teilweise vorgeschrieben, teilweise alternativ zum Zustand

Tabelle 2.3-4. Warmgewalzte Stähle für vergütbare Federn nach DIN 17221. Gewährleistete mechanische Eigenschaften im vergüteten Zustand, gültig für Proben von 10 mm Durchmesser.

Stahlsorte	$R_{p0,2}$ N/mm^2	R_m N/mm^2	A_5 %	Anlaßtemp. °C
38 Si 7	1030	1180…1370	6	350…550
51 Si 7	1130	1320…1570	6	350…550
60 SiCr 7	1130	1320…1570	6	350…550
55 Cr 3	1180	1370…1620	6	350…550
50 CrV 4	1180	1370…1670	6	350…550
51 CrMoV 4	1180	1370…1670	6	350…550

„normalgeglüht und angelassen" (N + A) wählbar. Das Vergüten senkt durch den erzeugten feinkörnigen Gefügezustand die Übergangstemperatur der Kerbschlagarbeit. Für folgende Stahlsorten ist der vergütete Zustand vorgeschrieben bzw. alternativ wählbar: 26 CrMo 4, 14 NiMn 6, 10 Ni 14, 12 Ni 19, X 7 NiMo 6 und X 8 Ni 9. Für die kaltzähen Stahlgußsorten nach SEW 685 ist fast ausnahmslos der vergütete Zustand vorgesehen.

In DIN 1651 sind unter anderen auch drei vergütbare Sorten von *Automatenstählen* genormt: 35 S 20, 45 S 20 und 60 S 20.

Unter den in DIN 17230 genormten *Wälzlagerstählen* befinden sich zwei Gruppen von Stählen, die für ein Vergüten vorgesehen sind: Vier Vergütungsstähle, die den Sorten aus DIN EN 10083 sehr ähnlich sind, sowie die drei warmharten Stähle: 80 MoCrV 42 16, X 82 WMoCrV 6 5 4 und X 75 WCrV 18 4 1.

Die nicht genormten *hochfesten schweißgeeigneten Feinkornbaustähle* StE 540, StE 590, StE 640, StE 690 und StE 885 erreichen durch Vergüten trotz eines auf nur 0,2 % begrenzten Kohlenstoffgehaltes beachtliche Werte der 0,2 %-Dehngrenze bei guter Zähigkeit. Ihre Schweißeignung ist nur dadurch zu gewährleisten, daß beim Schweißen durch kontrolliertes Wärmeeinbringen für eine definierte Abkühlgeschwindigkeit in der Wärmeeinflußzone des Schweißvorganges gesorgt wird. Dort muß ein martensitisch-bainitisches Gefüge entstehen, das dem unbeeinflußten Werkstoff in den Eigenschaften gleicht.

Nach VDG-Merkblatt W 52 sind 5 Sorten von bainitischem *Gußeisen mit Kugelgraphit* üblich, die ihr Gefüge durch Bainitisieren erreichen. Die Zugfestigkeiten der Sorten reichen je nach Umwandlungstemperatur (450 bis 270 °C) von 800 bis 1500 N/mm². Die unterschiedlichen Festigkeitsstufen der höherfesten schwarzen und weißen *Tempergußsorten* (DIN 1692) werden durch Vergüten herbeigeführt.

Darüber hinaus wird das Vergüten z. B. bei Spannbetonstahldraht [11], bei manchen Werkzeugstählen sowie bei einigen martensitischen rostbeständigen Stahlsorten nach DIN 17440 angewendet.

Die umfangreiche und sicher nicht ganz vollständige Auflistung von Werkstoffen, die ihre Gebrauchseigenschaften durch Vergüten erhalten, zeigt die beachtliche Bedeutung dieses Wärmebehandlungsverfahrens. Weil das Verfahren prinzipiell relativ einfach abläuft, entspricht der Umfang seiner Behandlung in der Literatur oft nicht seinem Anwendungsumfang.

2.3.3 Verfahrensablauf

Vergüten

Das Vergüten besteht aus den Teilschritten:

– Austenitisieren,

– Abschrecken,

– Anlassen.

In den meisten Normen und sonstigen Unterlagen für die oben aufgelisteten Werkstoffe sind die empfohlenen Austenitisierungstemperaturen, Abschreckmittel und Anlaßtemperaturbereiche angegeben. Als Beispiel sind in Tabelle 2.3-5 die in DIN EN 10083 empfohlenen Daten zur Wärmebehandlung der Vergütungsstähle aufgeführt.

Allgemein ist die Temperatur für den ersten Teilschritt, das Austenitisieren, für untereutektoidische Stähle ca. 30 bis 50 °C oberhalb Ac_3 zu wählen. Dabei muß sichergestellt sein, daß die zu behandelnden Teile auch wirklich vollständig austenitisiert sind. Für die erforderliche Erwärmdauer, abhängig vom Querschnitt, geben die Bilder 2.3-5 und 2.3-6 Auskunft. Als Anhaltswert für die Haltedauer auf Härtetemperatur gilt 0,5 h. Genauere Informationen über das Umwand-

Tabelle 2.3-5. Anhaltswerte für die Wärmebehandlung der Vergütungsstähle nach DIN EN 10083.

Werkstoff-Kurzzeichen	Härtetemperatur °C[1]	°C[2]	Abschreck-mittel[3]	Anlaßtemp. °C
2 C 22, 3 C 22	–	860…900	Wasser	
2 C 25, 3 C 25	–	860…900	Wasser	
2 C 30, 3 C 30	–	850…890	Wasser	
2 C 35, 3 C 35	870±5	840…880	Wasser/Öl	
2 C 40, 3 C 40	870±5	830…870	Wasser/Öl	550…660
2 C 45, 3 C 45	850±5	820…860	Wasser/Öl	
2 C 50, 3 C 50	850±5	810…850	Öl/Wasser	
2 C 55, 3 C 55	830±5	805…845	Öl/Wasser	
2 C 60, 3 C 60	830±5	800…840	Öl/Wasser	
28 Mn 6		830…870	Wasser/Öl	
38 Cr 2, 38 CrS 2		830…870	Öl/Wasser	
46 Cr 2, 46 CrS 2	850±5	820…860	Öl/Wasser	
34 Cr 4, 34 CrS 4		830…870	Wasser/Öl	
37 Cr 4, 37 CrS 4		825…865	Öl/Wasser	
41 Cr 4, 41 CrS 4		820…860	Öl/Wasser	540…680
25 CrMo 4, 25 CrMoS 4	860±5	840…880	Wasser/Öl	
34 CrMo 4, 34 CrMoS 4	850±5	830…870	Öl/Wasser	
42 CrMo 4, 42 CrMoS 4		820…860	Öl/Wasser	

[1] Für den Stirnabschreckversuch verbindliche Temperatur.
[2] Bei Wasserabschreckung gilt i.a. der tiefere, bei Ölabschreckung der höhere Wert.
[3] Anstelle von Öl kann häufig Wasser mit Zusatz löslicher Polymere verwendet werden.

Tabelle 2.3-5 (Fortsetzung)

Werkstoff-Kurzzeichen	Härtetemperatur °C[1]	°C[2]	Abschreck-mittel[3]	Anlaßtemp. °C
50 CrMo 4	850±5	820...860	Öl	540...680
36 CrNiMo 4		820...850	Öl/Wasser	540...680
34 CrNiMo 6		830...860	Öl	540...660
30 CrNiMo 8		830...860	Öl	540...660
36 NiCrMo 16		865...885	Luft	550...650
51 CrV 4		820...860	Öl	540...680

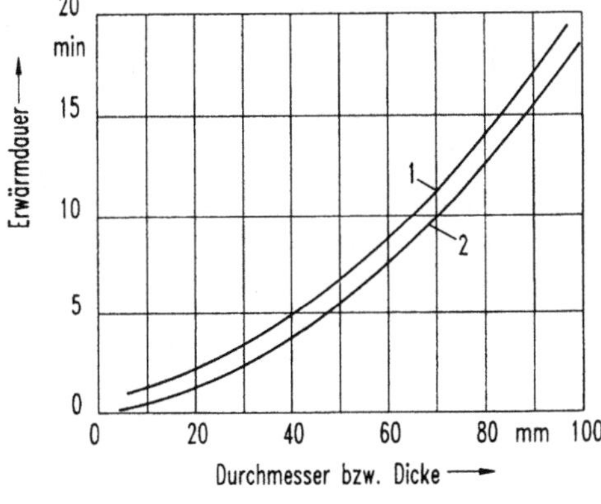

Bild 2.3-5. Erwärmdauer für das Erwärmen runder, quadratischer bzw. rechteckiger Querschnitte in Salzschmelzen.
Kurve 1: Ohne Vorwärmen auf eine Badtemperatur von 850 bzw. 1050 °C;
Kurve 2: Nach Vorwärmen auf 850 °C bis zum Erreichen der Badtemperatur von 1050 °C.
Nach DIN 17022, Teil 1.

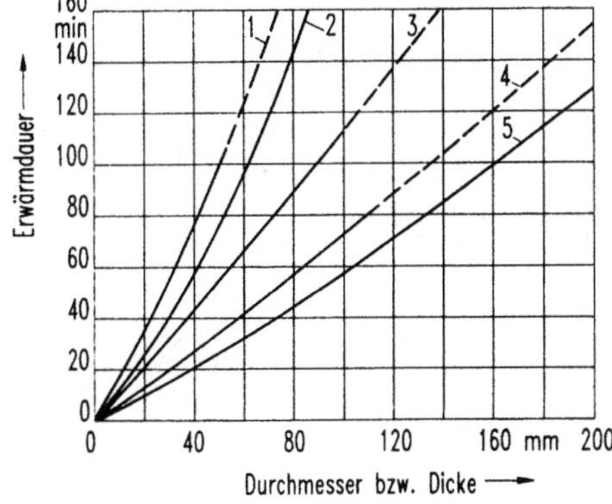

Bild 2.3-6. Erwärmdauer für das Erwärmen runder, quadratischer bzw. rechteckiger Querschnitte in Kammeröfen, ausgehend von Raumtemperatur auf folgende Endtemperaturen:
Kurve 1: 500 °C; Kurve 2: 600 °C;
Kurve 3: 800 °C;
Kurve 4: 850 °C; Kurve 5: 1000 °C.
Nach DIN 17022, Teil 1.

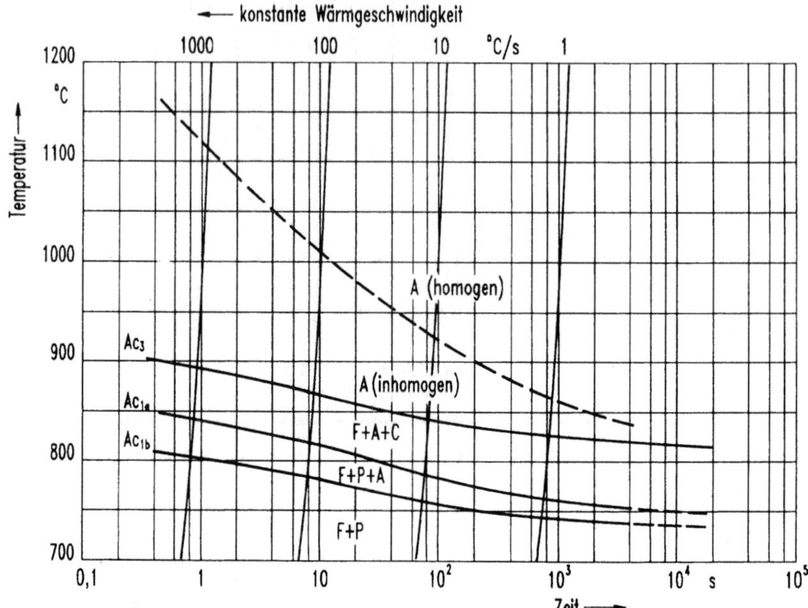

Bild 2.3-7. Zeit-Temperatur-Austenitisierungs (ZTA)-Schaubild für kontinuierliche Erwärmung des Vergütungsstahles 34 CrMo 4. Die Temperaturen Ac_{1b} bzw. Ac_{1e} bedeuten Beginn bzw. Ende der Umwandlung des Perlits zu Austenit. Inhomogener Austenit hat örtlich unterschiedlichen Kohlenstoffgehalt. Nach [11].

lungsverhalten beim Erwärmen sind in Zeit-Temperatur-Austenitisierungs-Schaubildern zu entnehmen [28]. Bild 2.3-7 stellt beispielhaft das Umwandlungsverhalten eines legierten Vergütungsstahles dar, für das die verzögerte Auflösung der Carbide typisch ist. Deren vollständige Auflösung ist für das Vergüten nicht unbedingt erforderlich, jedoch darf sich auf keinen Fall mehr Ferrit im Gefüge befinden. Übereutektoidische Stähle werden, wie bereits im Kapitel 1.4.3 dargelegt, grundsätzlich nicht völlig austenitisiert, sondern bei Temperaturen dicht oberhalb Ac_1 in einen Zustand aus Austenit und Carbid gebracht. Entsprechendes gilt für Gußeisen.

Die Wärmmittel und -einrichtungen sind je nach Größe, Form und Stückzahl zu wählen und demgemäß vielseitig. Alle Arten von Öfen mit gasförmigem Wärmmittel, Salzbäder, Widerstands- und induktive Erwärmung kommen zur Anwendung. Einige Hinweise dazu sind in DIN 17022, Teil 1 zu finden.

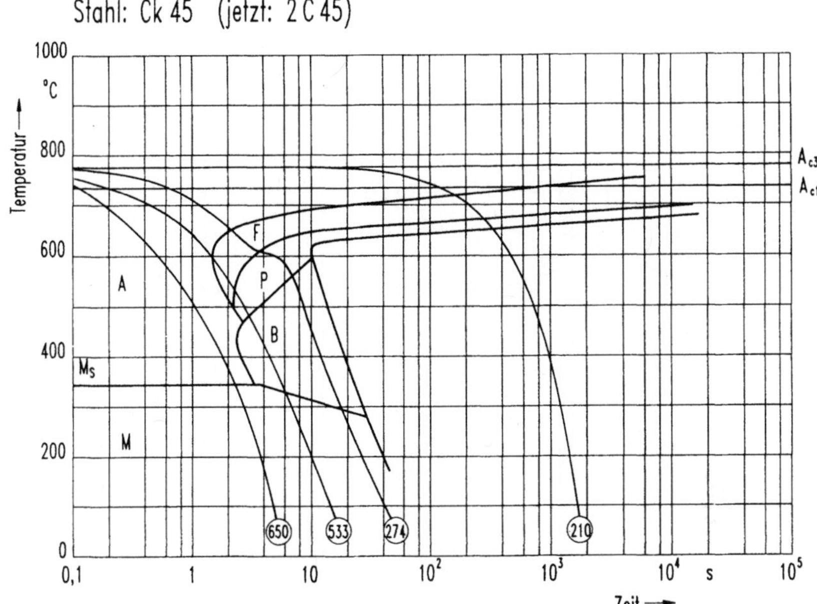

Bild 2.3-8. ZTU-Schaubild für kontinuierliche Abkühlung des Stahles Ck 45 (jetzt 2 C 45) mit der Zusammensetzung: $w_C = 0,44\%$, $w_{Si} = 0,22\%$, $w_{Mn} = 0,66\%$, $w_{Cr} = 0,15\%$; Austenitisierungstemperatur 880 °C. A: Austenit, F: Ferrit, P: Perlit, B: Bainit, M: Martensit, M_s: Martensit-bildungs-Starttemperatur. Die Zahlen am Ende der Abkühlkurven geben die Vickers-Härte an. Nach [9].

Das dem Austenitisieren folgende Abschrecken soll im allgemeinen im gesamten Querschnitt des Behandlungsgutes zur Bildung von Martensit führen. Die dafür erforderlichen Abkühlzeiten können prinzipiell aus Zeit-Temperatur-Umwandlungs (ZTU)-Schaubildern entnommen werden, wie sie in Kapitel 1.4.2 beschrieben sind. Die Bilder 2.3-8 und 2.3-9 zeigen als Beispiele die ZTU-Schaubilder zweier viel verwendeter Vergütungsstähle. Das Verwirklichen einer bestimmten Abkühldauer im Kern eines Halbzeugs oder Bauteils ist dagegen nur auf Grundlage von Erfahrung möglich. Auf Bild 2.3-10 ist der Zusammenhang zwischen der aus dem Härtevergleich ermittelten Abschreckwirkung in Stirnabschreckproben mit der in gehärteten Rundproben dargestellt. Die darin enthaltenen Streubereiche resultieren aus Meßunsicherheiten der Härtemessung einerseits und aus den unterschiedlichen Wärmeleitfähigkeiten der verwendeten Werkstoffe

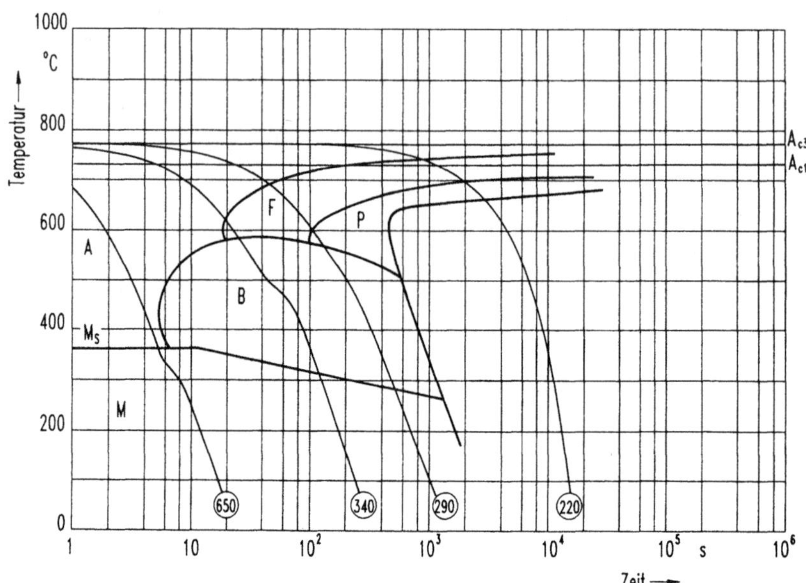

Bild 2.3-9. ZTU-Schaubild für kontinuierliche Abkühlung des Stahles 42 CrMo 4 mit der Zusammensetzung: $w_C = 0,38\%$, $w_{Si} = 0,23\%$, $w_{Mn} = 0,64\%$, $w_{Cr} = 0,99\%$, $w_{Cu} = 0,17\%$, $w_{Mo} = 0,16\%$, $w_{Ni} = 0,08\%$, $w_V < 0,01\%$; Austenitisierungstemperatur 850 °C. A: Austenit, F: Ferrit, P: Perlit, B: Bainit, M: Martensit, M_s: Martensitbildungs-Starttemperatur. Die Zahlen am Ende der Abkühlkurven geben die Vickers-Härte an. Nach [9].

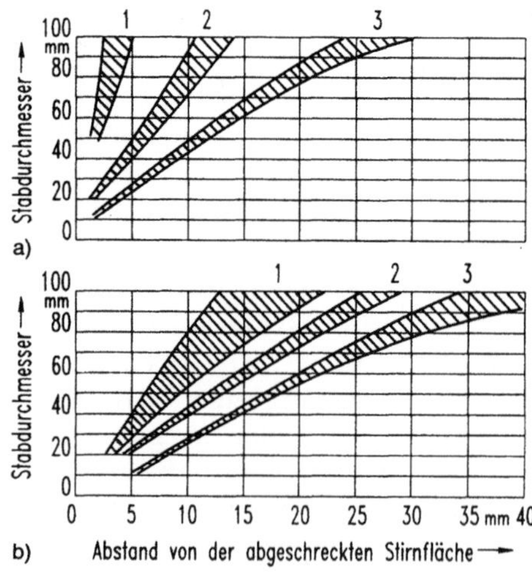

Bild 2.3-10. Zusammenhang zwischen der Abkühlwirkung in Stirnabschreckproben und in gehärteten Rundstäben, abhängig von deren Durchmesser.

a) Abschreckung in mäßig bewegtem Wasser,

b) Abschreckung in mäßig bewegtem Öl.

Bereich 1: Oberfläche; Bereich 2: 3/4 des Radius; Bereich 3: Mitte des Rundstabes. Nach DIN EN 10083, Anhang A.

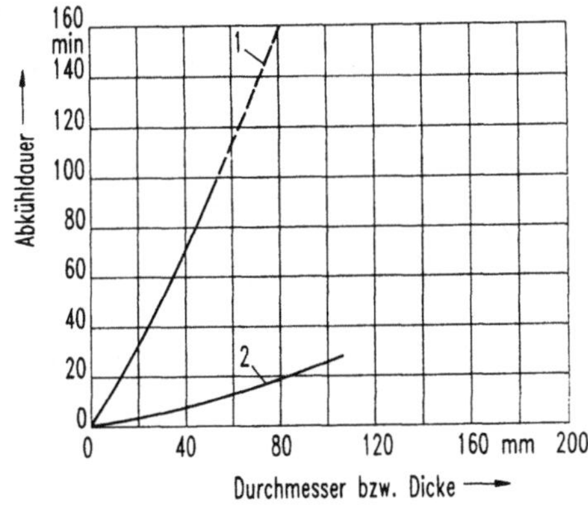

Bild 2.3-11. Anhaltswerte für die Abkühldauer im Kern.
Kurve 1: Abühlung an ruhender Luft (bzw. Stickstoff);
Kurve 2: Abkühlung im Warmbad von 180 °C. Nach DIN 17022, Teil 1.

andererseits. Für Abkühlung an Luft oder in einer Salzschmelze enthält Bild 2.3-11 Anhaltswerte.

Das Übertragen von Wärmebehandlungsdaten, die für Rundproben angegeben sind, auf Rechteck-Querschnitte ist mit Hilfe von Bild 2.3-12 möglich. Danach entspricht z.B. die Abkühlung in einem Rechteck-Querschnitt von 40 mm × 100 mm einem maßgeblichen Wärmebehandlungsdurchmesser von 60 mm.

Abgeschreckt wird je nach Werkstoff und Werkstückdicke bzw. -durchmesser in Wasser, Wasser mit Zusatz von löslichen Polymeren, Öl oder Luft. Auch die Werkstückgestalt und die davon abhängige mögliche Verzugs- und Rißgefahr muß bei der Wahl des Abschreckmittels berücksichtigt werden. Zum Vermeiden von Spannungen und Verzug kann ein *gestuftes* Abschrecken zweckmäßig sein, sofern der Werkstoff keine zu hohe kritische Abkühlgeschwindigkeit besitzt. Dabei wird in einer ersten Stufe in einem Warmbad bis dicht oberhalb der Martensitbildungstemperatur M_S abgeschreckt, bis zum Temperaturausgleich im Teil gehalten und danach an Luft, in Öl oder Wasser auf Raumtemperatur abgekühlt. Voraussetzung dafür ist, daß der Werkstoff beim Halten oberhalb M_S nicht umwandelt. Die Eignung dafür ist dem ZTU-Schaubild für isothermische Umwandlung zu entnehmen. Zur Abwendung von Rißgefahr kann es auch zweckmäßig sein, nicht bis auf Raumtemperatur abzuschrecken, da Martensit mit sinkender Bildungstemperatur stärker rißanfällig ist; in einem solchen Fall ist ein auf ca. 70 °C vorgewärmtes Abschreckmittel zu benutzen, und das Anlassen muß sofort anschließend vorgenommen werden. Über die zweckmäßig anzuwendenden Abschreckmittel sind meist in den Normen oder sonstigen Unterlagen Empfehlungen enthalten.

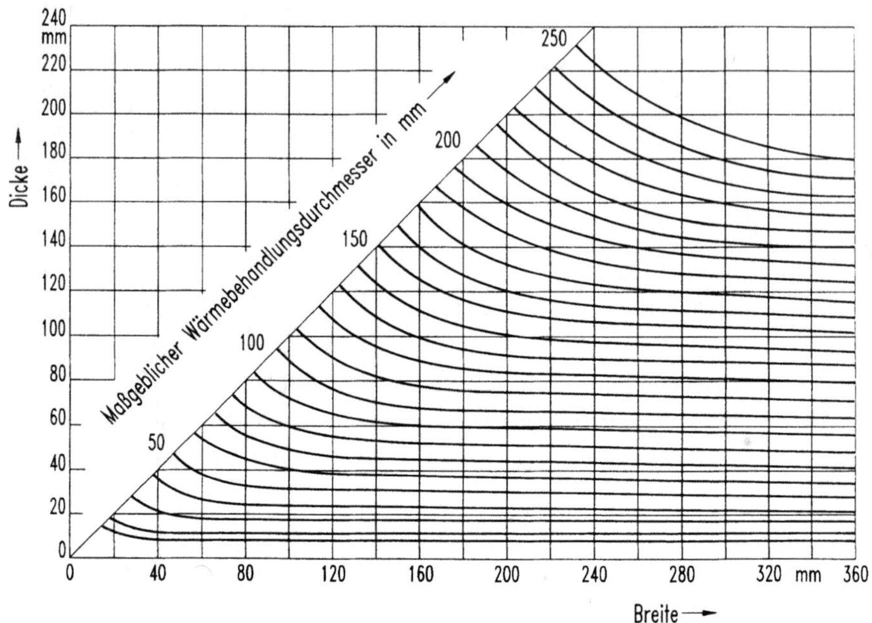

Bild 2.3-12. Maßgeblicher Wärmebehandlungsdurchmesser quadratischer und rechteckiger Querschnitte. Nach DIN EN 10083, Anhang A.

Wenn im Kern der Werkstücke nicht nur Martensit, sondern daneben noch Bainit oder unter Umständen sogar feiner Perlit entsteht, so sollte das beim Vergüten nicht unbedingt negativ überbewertet werden, da ja durch das nachfolgende Anlassen ohnehin ein dem Bainit sehr ähnliches Gefüge entsteht, und da der Werkstückkern im allgemeinen nicht die höchste Beanspruchung erfährt.

Das *Anlassen* des Martensits ist der Arbeitsschritt beim Vergüten, der das endgültige Gefüge und damit auch die Werkstückeigenschaften bestimmt. Wie bereits in Kap. 1.4.4 ausgeführt, nimmt bei Temperaturen oberhalb von etwa 200 °C die Diffusionsfähigkeit des im tetragonal verzerrten Martensitgitter zwangsgelösten Kohlenstoffs langsam wieder zu, und es beginnt die Ausscheidung von feinsten Carbiden in der ferritischen Grundmasse (Matrix).

Mit zunehmender Anlaßtemperatur werden die Zementitausscheidungen gröber, bleiben aber immer noch erheblich feiner als die üblichen Zementitlamellen des Perlits und sind vor allem völlig gleichmäßig verteilt, Bild 2.3-1 b). Oberhalb von etwa 500 °C beginnen sie, kugelige Gestalt anzunehmen. Sind in dem Stahl Carbidbildner wie Cr, Mo, V, Ti oder Nb enthalten, so entstehen außer Zementit auch Sondercarbide der Legierungselemente, die immer sehr fein verteilt sind. Das Vorhandensein der Carbidbildner verlagert die festigkeitsmindernde Wirkung des Anlassens zu höheren Temperaturen; man spricht auch von *erhöhter Anlaßbeständigkeit*.

Die Anlaßtemperaturen liegen je nach Werkstoff und gewünschtem Vergütungsergebnis im allgemeinen zwischen etwa 540 und 680 °C. Ausnahmen bilden einige höchstfeste Stähle sowie Federstähle, vgl. Tabellen 2.3-3 und 2.3-4. Auch für die Anlaßtemperaturen sind in den Normen Hinweise enthalten, die sich in der Regel auf eine *Anlaßdauer von einer Stunde* beziehen. Die Wirkung unterschiedlicher Anlaßtemperaturen ist beispielhaft auf Bild 2.3-4, S. 95 zu sehen.

Bei Anlaßtemperaturen von etwa 300 °C und etwa 500 °C kann es – besonders bei nur mit Mn, Ni bzw. Cr legierten Stählen zur sogenannten *Anlaßversprödung* kommen, wenn bei diesen Temperaturen zu lange verweilt wird. Molybdän wirkt dieser Versprödungsneigung entgegen und ist deshalb in den meisten legierten Vergütungsstählen enthalten. Vor allem kann ihr aber wirksam gegengesteuert werden, indem längeres Verweilen bei diesen Temperaturen – auch beim Abkühlen nach dem Anlassen – vermieden wird. Ein Abkühlen an ruhender bzw. bewegter Luft oder auch in Wasser ist dann empfehlenswert.

Für das Anlassen werden Salzschmelzen, Wirbelbett oder Luft-Umwälzöfen verwendet, wobei gegebenenfalls dafür gesorgt werden muß, daß sich an der Werkstückoberfläche keine unerwünschten chemischen Reaktionen (innere Oxidation, Aufstickung) ergeben.

Läßt sich die Wärmgeschwindigkeit gegenüber den genannten Wärmmitteln auf Werte von etwa 150 K/s steigern, z.B. durch induktives oder Widerstandserwärmen, kann durch *Kurzzeitanlassen* bei etwa 100 bis 150 K höheren Anlaßtemperaturen derselbe Effekt wie beim üblichen Anlassen in kürzeren Zeiten erreicht werden [29]. Voraussetzung dafür sind entsprechend gestaltete Werkstücke, wie z. B. Stab- oder Drahtform.

Bainitisieren

Das Bainitisieren ist vom prinzipiellen Ablauf her recht einfach, denn es führt zum gewünschten Endgefüge unmittelbar durch Umwandlung des Austenits beim Halten nach Abschrecken auf die Umwand-

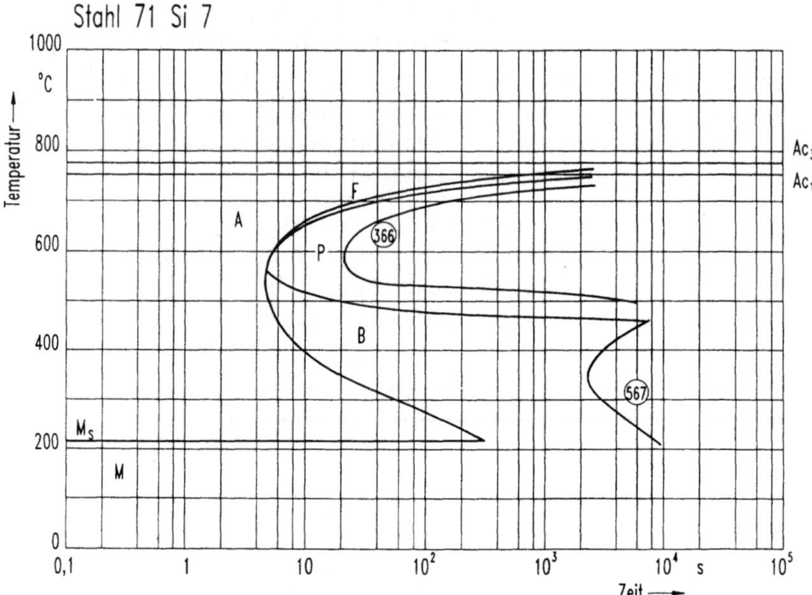

Bild 2.3-13. ZTU-Schaubild für isothermische Umwandlung des Stahles 71 Si 7 mit der Zusammensetzung: $w_C = 0,73\%$, $w_{Si} = 1,62\%$, $w_{Mn} = 0,73\%$, $w_{Cr} = 0,10\%$, $w_{Cu} = 0,19\%$, $w_{Ni} = 0,12\%$, $w_V = 0,01\%$; Austenitisierungstemperatur 845 °C. A: Austenit, F: Ferrit, P: Perlit, B: Bainit, M: Martensit, M_s: Martensitbildungs-Starttemperatur. Die Zahlen am Ende der Umwandlung geben die Vickers-Härte an. Nach [9].

lungstemperatur oberhalb von M_s. Seine Durchführbarkeit ist allerdings sowohl werkstofftechnisch als auch werkstück- und verfahrensbedingt an bestimmte Voraussetzungen geknüpft, die seltener erfüllt sind als das beim Vergüten der Fall ist.

Da das Bainitisieren aus einem isothermischen Umwandeln des unterkühlten Austenits besteht, ist die wichtigste Beurteilungsgrundlage für das Verhalten des Werkstoffes sein ZTU-Schaubild für isothermische Umwandlung, Bild 2.3-13. Aus dem Schaubild geht hervor:

– Temperaturbereich der Bainitbildung,

– Umwandlungsdauer beim isothermischen Umwandeln,

– Härte nach Abschluß der Umwandlung.

Die Benutzung des Schaubildes setzt allerdings voraus, daß Austenit ohne vorherige Umwandlung die jeweilige Haltetemperatur erreicht hat. Um beurteilen zu können, in welcher Zeit der Austenit auf die Haltetemperatur abgekühlt werden muß, ohne vorher bereits mit der Umwandlung zu beginnen, muß man zusätzlich das ZTU-Schaubild für kontinuierliches Abkühlen befragen. Das benutzte Abschreckmittel, das sich ja auf der vorgesehenen Haltetemperatur befindet, muß sicherstellen, daß das Werkstück – auch im Inneren – in der geforderten Zeit die Haltetemperatur erreicht, ohne daß der Austenit begonnen hat, umzuwandeln. Voraussetzung für das Bainitisieren ist also wie beim Vergüten eine um so niedrigere kritische Abkühlgeschwindigkeit, je größer Durchmesser bzw. Dicke der zu behandelnden Werkstücke sind. Wegen der im allgemeinen geringeren Abschreckwirkung der verwendeten Abschreckmittel sind also die diesbezüglichen werkstofftechnischen Anforderungen beim Bainitisieren höher als beim Vergüten.

Weiterhin ist die aus dem ZTU-Schaubild für isothermisches Umwandeln zu entnehmende Dauer der Umwandlung für die praktische Anwendung wichtig. Ist die Umwandlungsdauer, die zu einem gewünschten Endergebnis führen würde, zu groß, kann das Verfahren unwirtschaftlich werden. Anders gesagt: Die Freiheit in der Wahl der Haltetemperatur und damit der Endeigenschaften ist durch die temperaturabhängige Umwandlungsdauer eingeschränkt.

Dazu kommt, daß das Werkstoffverhalten und damit das ZTU-Schaubild stark von der Zusammensetzung innerhalb der technischen Toleranzen und von der Höhe der Austenitisierungstemperatur abhängig ist. Gleichmäßige Ergebnisse setzen also gleichmäßige Zusammensetzung und in engen Grenzen von ± 5 °C eingehaltene Austenitisierungstemperatur voraus. Beim Wechsel der Werkstoff-Charge sind Vorversuche unerläßlich.

Das Vergüten läßt sich also keinesfalls allgemein durch das Bainitisieren ersetzen, denn

– nicht alle Eigenschaftskombinationen sind einstellbar, da Bainit im allgemeinen einem eher niedrig angelassenen Martensit entspricht,
– manche vergütbare Werkstoffe sind für das Bainitisieren bei gegebenen Werkstückabmessungen aus den oben ausgeführten Gründen nicht geeignet.

Etwas verallgemeinernd kann gesagt werden, daß Bainitisieren vor allem für Werkstücke oder Vormaterial nicht zu großer Querschnittsabmessungen geeignet ist, wenn größere Mengen aus derselben Charge herzustellen sind. Die geforderte Festigkeits-Zähigkeits-Kombination soll etwa der niedrig angelassenen Martensits entsprechen, also etwa im Bereich von $Rp_{0,2}$ um 1000 N/mm^2 angesiedelt sein. Typische Anwendungsfälle stammen besonders aus dem Bereich Federn.

Wie beim Vergüten ist der erste Arbeitsschritt für das Bainitisieren das Austenitisieren. Für untereutektoidische Stähle liegt die Temperatur dafür im Bereich von 30 bis 50 °C oberhalb Ac_3, ist jedoch werkstoff- und chargenbedingt in engeren Grenzen einzuhalten. Die warmharten Wälzlagerstähle erfordern höhere Temperaturen. Im Zweifelsfall sind in den Normen , Werkstoffblättern oder Herstellerunterlagen Angaben dazu enthalten.

Dem Austenitisieren folgt das Abschrecken in einem Warmbad auf eine zweckmäßig gewählte Temperatur oberhalb M_s mit anschließendem Halten bis zum Ende der isothermischen Umwandlung des Austenits in Bainit. Die Höhe der Umwandlungstemperatur richtet sich zum einen nach dem Werkstoff, zum anderen nach dem gewünschten Ergebnis. Ähnlich der Anlaßtemperatur beim Vergüten führen höhere Umwandlungstemperaturen zu niedrigeren Festigkeitswerten bei hoher Zähigkeit und tiefere Umwandlungstemperaturen zu hoher Festigkeit bei geringerer Zähigkeit. Anhaltswerte liefert das zugehörige ZTU-Schaubild für isothermische Umwandlung.

Das hinreichend schnelle Abkühlen *auf eine definierte Temperatur* läßt sich am einfachsten durch entsprechend temperierte Salz- oder Metallschmelzen erreichen. Im Anschluß an das Halten wird an Luft abgekühlt.

Beispielhaft sei hier der Stahl 71 Si 7 nach DIN 17222 genannt, dessen isothermisches ZTU-Schaubild auf Bild 2.3-13 dargestellt ist. Aus seinem (nicht abgebildeten) ZTU-Schaubild für kontinuierliche Abkühlung geht hervor, daß er von Austenitisierungstemperatur 845°C bis 350°C innerhalb von etwa 15 s abgekühlt werden muß, um den Austenit unterkühlt zu erhalten. Ein isothermisches Halten auf dieser Temperatur führt nach etwa $2 \cdot 10^3$ s $\approx$ 33 min zur völligen Bainit-Umwandlung und damit zu einer Härte von etwa 500 HV10. Die zugehörige Zugfestigkeit beträgt nach DIN 50150 1630 N/mm^2.

Für das Bainitisieren von *Gußeisen mit Kugelgraphit* werden bei geringen Wanddicken unlegierte, bei größeren Wanddicken niedrig mit Molybdän und Nickel oder Kupfer legierte Sorten verwendet. Die erreichbaren Eigenschaften hängen von der gewählten Höhe der Austenitisierungstemperatur und vor allem von der Umwandlungstemperatur und Dauer ab. Zur Erzielung hoher Zugfestigkeit, Härte und

Tabelle 2.3-6. Bainitisches Gußeisen mit Kugelgraphit, Richtwerte der mechanischen Eigenschaften für Gußstücke bis 100 mm Wanddicke. Nach VDG-Merkblatt W 52.

Sorte	$R_{p0,2}$ N/mm²	R_m N/mm²	A_5 %	Härte	
				HB	HRC
GGG- 80 B	500	800	6…15	250…310	
GGG- 90 B	600	900	5…12	270…340	
GGG-120 B	950	1200	2…5	330…390	
GGG-140 B	1200	1400	1…2	–	43…47
GGG-150 B	–	1500	–	–	45…51

Verschleißbeständigkeit sind Austenitisierungstemperaturen an der oberen Grenze und relativ niedrige Umwandlungstemperaturen anzuwenden. Dabei ergeben sich natürlich recht niedrige Zähigkeitswerte. Übliche Austenitisierungstemperaturen betragen 850 bis 930 °C; die Umwandlungstemperaturen liegen je nach gewünschtem Ergebnis zwischen 230 und 400 °C bei Umwandlungszeiten zwischen 1,5 und 4 h [30]. Wird die vollständige Umwandlung des Austenits zu Bainit nicht abgewartet, wandelt ein Teil des Austenits zu Martensit um, wodurch Härte und Verschleißbeständigkeit stark erhöht werden. Die nach VDG-Merkblatt W 52 üblichen Sorten enthält Tabelle 2.3-6.

Im Rahmen seiner Anwendbarkeit hat das Bainitisieren gegenüber dem Vergüten folgende Vorteile:

– Wegfall von Verzugs- und Rißgefahr, da kein Martensit gebildet wird,
– der Arbeitsgang „Anlassen" entfällt,
– in einigen Fällen ergibt sich bei gleicher Zugfestigkeit gegenüber dem Vergüten eine höhere Zähigkeit.

Patentieren

Vom Ablauf her dem Bainitisieren sehr ähnlich ist das *Patentieren* eine Wärmebehandlung mit dem Ziel, dem Werkstoff durch Einstellen eines *rein perlitischen* Gefüges bestmögliche Voraussetzungen für das anschließende Kaltumformen durch Strangziehen zu geben. Da das Patentieren wegen seiner Zweckbestimmung ausschließlich in der Halbzeugherstellung, vor allem von Federstahldraht angewendet wird, soll es hier nur kurz besprochen werden.

Die dafür verwendeten Stahlsorten, z.B. nach DIN 17223, Teil 1 „Patentiert-gezogener Federdraht aus unlegierten Stählen" haben Kohlenstoffgehalte von 0,4 bis 1%, 0,35% Silizium und zwischen 0,35 und 1,5% Mangan. Nach dem Austenitisieren werden die Erzeugnisse entsprechend dem ZTU-Schaubild für isothermische Umwandlung auf Temperaturen der Perlitbildung (etwa 450 bis 600 °C) abgeschreckt und bis zum Ende der Umwandlung auf der Temperatur gehalten. Als Abschreckmedien werden Salz- oder Metallschmelzen verwendet. Bis zum Durchmesser von etwa 8 mm werden kontinuierliche Verfahren mit Ofen- oder Widerstandserwärmung angewendet, bei größeren Durchmessern werden die Drahtbunde satzweise behandelt [1]. Die nach dem anschließenden Kaltziehen erreichten Zugfestigkeiten liegen je nach Werkstoff und Durchmesser zwischen etwa 1000 und 3000 N/mm².

2.4 Thermochemische Oberflächenhärteverfahren

2.4.1 Einsatzhärten

2.4.1.1 Kurzbeschreibung des Einsatzhärtens

Ziel des Einsatzhärtens ist eine Verbesserung der Bauteileigenschaften derart, daß:

– eine harte, verschleißbeständige Oberfläche entsteht,

– die Dauerfestigkeit erhöht wird,

- im Bauteilkern bei ausreichender Zähigkeit die Streckgrenze erhöht wird.

Je nach den Anforderungen an das Bauteil steht von diesen möglichen drei Zielen schwerpunktmäßig das eine oder das andere mehr im Vordergund. Alle drei Ziele zugleich optimal zu erreichen, gelingt nur in Ausnahmefällen.

Für das Einsatzhärten werden relativ niedrig kohlenstoffhaltige Stähle ($w_{C\,max} = 0,24\%$) verwendet, die durch *Aufkohlen* in ihrer oberflächennahen Schicht einen bis auf ca. 0,8% erhöhten Kohlenstoffgehalt erhalten. Beim anschließenden *durchgreifenden* Härten ergibt sich im Rand die höchsterreichbare Martensithärte; im Kern dagegen wird durch Härtung vor allem die Streckgrenze erhöht. Der Kern behält aufgrund seines geringen Kohlenstoffgehaltes selbst bei vollständiger Umwandlung zu Martensit genügend Zähigkeit. Anstelle des Aufkohlens kann auch das Carbonitrieren treten, bei dem neben Kohlenstoff auch in nennenswertem Umfang Stickstoff eindiffundiert.

Der Name Einsatzhärten ist zurückzuführen auf den dafür typischen Aufkohlungsvorgang, der in den Anfängen dieses alten Verfahrens mit „Einsetzen" bezeichnet wurde.

Die durch Einsatzhärten erzielbaren Bauteileigenschaften hängen vor allem ab von:

- Abmessungen und Form des Bauteils,
- gewähltem Werkstoff,
- Rand-Kohlenstoffgehalt und Aufkohlungstiefe (Kohlenstoffver-laufskurve),
- Aufstickungstiefe (nach Carbonitrieren),
- Temperatur-Zeit-Verlauf bei der Durchführung des Einsatzhärtens.

2.4.1.2 Werkstoffe für das Einsatzhärten

Die für dieses Wärmebehandlungsverfahren vorgesehenen Stahlsorten heißen Einsatzstähle: Genormte Sorten sind in DIN 17210 enthalten, Tabelle 2.4-1. Außerdem sind unter den Automatenstählen nach DIN 1651 sowie unter den Wälzlagerstählen nach DIN 17230 Einsatzstähle. Gemeinsam ist den Einsatzstählen ihr niedriger Gehalt an Kohlenstoff, der je nach Sorte unter Berücksichtigung der Toleranzen zwischen 0,07 und 0,24 % liegen kann.

Unterschieden werden unlegierte und niedriglegierte Sorten. Die Zusammensetzung der Einsatzstähle ist vor allem für die späteren Kerneigenschaften der Bauteile maßgebend. So bestimmt der Kohlenstoffgehalt im wesentlichen die Höhe der im Kern erreichbaren Streckgrenze. Die Legierungselemente bestimmen vor allem die Einhärtbarkeit und sind damit bestimmend für die Querschnittsabmessungen der Bauteile, für die sich durch Einsatzhärten die gewünschte Streckgrenzenerhöhung noch erreichen läßt.

Als Abnahmeversuch für die Einsatzstähle ist nach DIN 17210 der Stirnabschreckversuch vorgesehen (vgl. Kapitel 1.4.5). Mit Ausnahme der unlegierten müssen die Einsatzstähle bestimmten Anforderungen an ihre Härteverlaufskurven genügen, Bild 2.4-1. Der Anwender kann daraus mit Hilfe der Umwertungstafeln Härte - Zugfestigkeit in DIN 50150 näherungsweise die nach dem Härten zu erwartenden

Tabelle 2.4-1. Einsatzstähle nach DIN 17210. Anhaltswerte für Härtetemperaturen sowie für erreichbare Werte der Streckgrenze.

Werkstoff-Kurzeichen	Härtetemperaturen		Mindest-Streckgrenze nach[1] Blindhärten bei Durchmesser:		
	Kern	Rand[2]	11 mm N/mm^2	30 mm N/mm^2	63 mm N/mm^2
C 10, Ck 10	880…920		≈ 400	≈ 300	–
C 15, Ck 15 Cm 15			≈ 450	≈ 360	
17 Cr 3	860…900	770…820	≈ 520	≈ 450	–
20 Cr 4 20 CrS 4					
16 MnCr 5 16 MnCrS 5			≈ 650	≈ 600	≈ 450
20 MnCr 5 20 CrMnS 5			≈ 750	≈ 700	≈ 550
20 MoCr 4 20 MoCrS 4			≈ 650	≈ 600	–
22 CrMoS 3 5					
21 NiCrMo 2 21 NiCrMoS 2					
15 CrNi 6	830…870		≈ 700	≈ 650	≈ 550
17 CrNiMo 6			≈ 850	≈ 800	≈ 700

[1] Die Angaben entstammen der Vorläufernorm, Ausgabe 12. 69, und sind in der aktuellen Folgeausgabe 09. 86 nicht enthalten, vgl. Erläuterungen in DIN 17210.

[2] Nach Aufkohlung.

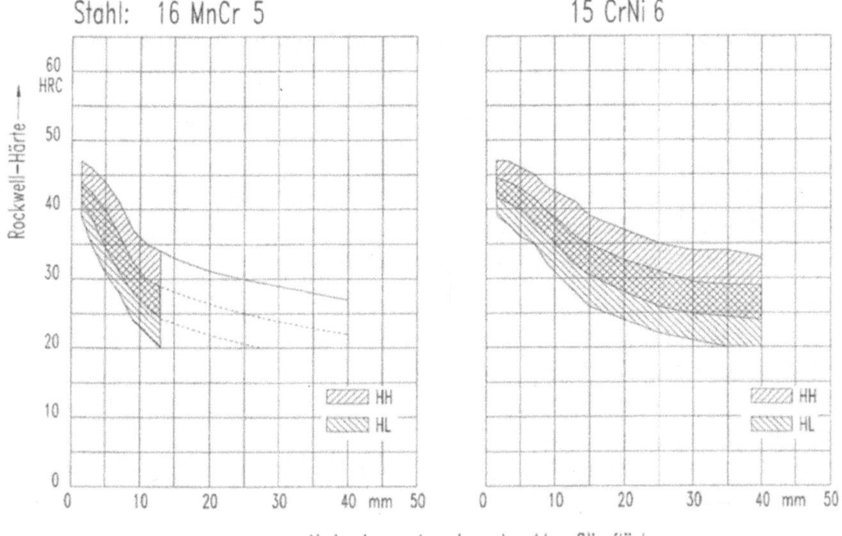

Bild 2.4-1. Streubänder der Rockwellhärte nach Stirnabschreckversuch für zwei Einsatzstähle nach DIN 17210. HH: Eingeengter Bereich zur oberen Grenzkurve; HL: Eingeengter Bereich zur unteren Grenzkurve.

Festigkeitseigenschaften abschätzen, (vgl. Tabelle 1.4-1). Insbesondere kann er beurteilen, welcher Einsatzstahl bei Teilen größerer Querschnittsabmessungen durch entsprechende Einhärtung im Kern die gewünschten Festigkeitseigenschaften erwarten läßt.

2.4.1.3 Kenngrößen einsatzgehärteter Werkstücke

Der Erfolg der Wärmebehandlung Einsatzhärten wird durch folgende Kenngrößen beschrieben, die mehr oder weniger einfach zu prüfen sind:

— Oberflächenhärte, relativ leicht prüfbar,

— Einsatzhärtungstiefe, zerstörende Prüfung nach DIN 50190; zerstörungsfreie Vergleichsprüfung mit Wirbelstromverfahren,

— mechanische Eigenschaften des Kerns, nur durch Zerstören blindgehärteter Proben möglich,

— Dauerfestigkeitseigenschaften, sinnvoll nur an fertigen Bauteilen prüfbar (Gestaltfestigkeitsuntersuchung).

Die Oberflächenhärte, die im allgemeinen vom Konstrukteur aufgrund der zu erwartenden Verschleißbeanspruchung gefordert wird, bedarf keiner besonderen Definition. Beim Prüfen der Oberflächenhärte ist allerdings zu berücksichtigen, daß je nach der Tiefe der aufgekohlten Schicht ein mehr oder weniger steiler Härteabfall von der Oberfläche zum Werkstückinneren zu erwarten ist. In DIN 6773 sind für das Vickers- sowie für die Varianten des Rockwell-Härteprüfverfahrens die anwendbaren höchsten Laststufen in Abhängigkeit von erwarteter Oberflächenhärte und Einsatzhärtungstiefe angegeben.

Als *Einsatzhärtungstiefe* Eht ist nach DIN 50190, Teil 1 derjenige senkrechte Randabstand definiert, bei dem ein bestimmter Grenzwert der Härte erreicht wird. Im allgemeinen ist als Grenzwert 550 HV 1 festgelegt. Da dieser Wert jedoch bei hohen Oberflächenhärtewerten keine befriedigende Beschreibung des gewünschten Härte-Randabstandsverlaufs ermöglicht, können bei Bedarf andere Grenzwerte verwendet werden, Tabelle 2.4-2.

Die Einsatzhärtungstiefe wird entweder zeichnerisch aus der an einem Querschliff gemessenen Härteverlaufskurve (Eht – A) oder rechnerisch aus zwei in verschiedenen Randabständen gemessenen Härtewerten (Eht – B) ermittelt. Die Meßwerte für Eht – B werden entweder an einem Querschliff oder nach entsprechendem Anschleifen zweier

Tabelle 2.4-2. Empfohlene Werte der Grenzhärte für Fälle, in denen 550 HV 1 unzweckmäßig ist. Nach DIN 50190, Teil 1.

Oberflächenhärte		Empfohlene Grenzhärte
HV	HRC	HV
840		675
	65	675
800	64	650
780		625
	63	625
760		600
	62	600
740		600
720	61	575
700		550
	60	550

116

Ebenen parallel zur Oberfläche genommen. Der Abstand der beiden Meßorte wird so gewählt, daß die erwartete Eht in der Mitte dazwischen liegt und soll 0,3 mm nicht überschreiten, vgl. auch S. 174. Auf jeden Fall erfordert die Ermittelung der Einsatzhärtungstiefe das Zerstören eines werkstückgleich behandelten Probestückes. Eine zerstörungsfreie Vergleichsprüfung ist auch nach dem Wirbelstromverfahren möglich, die allerdings ein richtig behandeltes Musterstück voraussetzt, an dem das Meßgerät kalibriert wird.

Die interessierenden mechanischen Eigenschaften des Kerns bzw. der nicht aufgekohlten Bereiche einsatzgehärteter Werkstücke sind:

– Streckgrenze

– Zugfestigkeit

– Bruchdehnung

– Brucheinschnürung.

Da das Einsatzhärten eine durchgreifende Wärmebehandlung ist, werden diese Eigenschaften gegenüber dem Lieferzustand u. U. erheblich verändert. Das Ausmaß der Veränderung der Kerneigenschaften wird bestimmt von der *Härtbarkeit* des Einsatzstahles im nicht aufgekohlten Zustand und von den für die Wärmebehandlung wesentlichen Abmessungen des Werkstückes Durchmesser oder Dicke. Folglich ist der *Stirnabschreckversuch* die vorgesehene Prüfmethode, um mittelbar über die erreichbare Einhärtung Auskunft über die Zugfestigkeit im Inneren einsatzgehärteter Teile zu erhalten. So sieht es auch DIN 17210 „Einsatzstähle" vor.

Im Vorläufer dieser Norm waren zur Beschreibung erreichbarer Kerneigenschaften noch für blindgehärtete Querschnitte Mindestwerte von Streckgrenze, Zugfestigkeit, Bruchdehnung und Brucheinschnürung, abhängig vom Durchmesser, angegeben, vgl. auch Tabelle 2.4-1. Darin bedeutet „blindgehärtet" ohne Aufkohlung gehärtet. Wegen des relativ hohen Aufwandes für Zugversuche an blindgehärteten Proben ist nunmehr zur Qualitätsüberwachung der weniger aufwendige, aber auch weniger aussagefähige Stirnabschreckversuch vorgesehen. Die für Festigkeitsberechnungen erforderliche Streckgrenze sowie jegliche Aussage über Verformbarkeitseigenschaften kann der Stirnabschreckversuch nicht liefern. In Anwendungsfällen, bei denen den Kerneigenschaften besondere Bedeutung zukommt, kann es also nach wie vor zweckmäßig sein, an blindgehärteten Proben mit bauteilentsprechendem Durchmesser bzw. Dicke die zu erwartenden Kerneigenschaften durch Zugversuche zu ermitteln. Bild 2.4-2 zeigt,

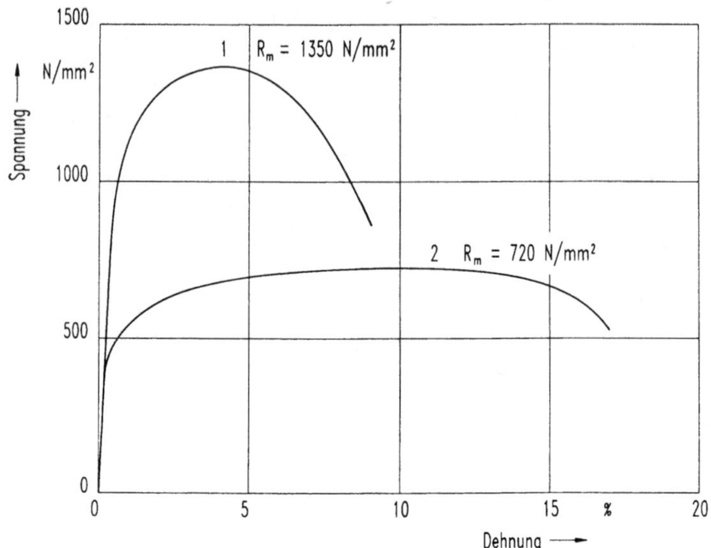

Bild 2.4-2. Spannung-Dehnung-Diagramme von Zugproben ($d_o = 10$ mm) aus dem Einsatzstahl 16MnCr5 in verschiedenen Behandlungszuständen; Kurve 1: blindgehärtet, Kurve 2: Lieferzustand = warmgewalzt, kalt nachgezogen.

welchen starken Einfluß das Blindhärten im Vergleich zum Lieferzustand hat.

Der positive Einfluß des Einsatzhärtens auf die *Dauerfestigkeit* läßt sich durch folgende Merkmale erklären:

— die für die Dauerfestigkeit maßgeblichen Spannungsspitzen befinden sich bei Biege- und Torsionsbeanspruchung an der Oberfläche des Bauteils.

— die Bauteiloberfläche besteht nach dem Einsatzhärten aus nicht nur hartem, sondern auch hochfesten Martensit, dessen Zugfestigkeit etwa 2000 N/mm² beträgt.

— bei geeigneter Durchführung entstehen beim Einsatzhärten in der Randschicht aus hochkohlenstoffhaltigem Martensit durch dessen Volumenzunahme *Druckeigenspannungen,* die die Zugbetriebsspannungsspitzen verringern, (vgl. Bild 1.6-3, Kurve 5),

— nicht zuletzt hat auch der allmähliche Gefügeübergang vom Rand zum Kern einen positiven Einfluß, besonders, wenn auch der Kern gehärtet ist.

Wegen seines Einflusses auf die Dauerfestigkeit kann das Einsatzhärten auch für solche Bauteile vorgesehen werden, die gar keine Verschleißbeanspruchung erfahren, wie z. B. Drehstabfedern oder Wellen, die in Wälzlagern gelagert sind.

Die Ermittelung von Dauerfestigkeitseigenschaften ist naturgemäß recht aufwendig und daher in der Regel auf Neuentwicklungen beschränkt. Grundsätzliches dazu ist in der Literatur zu finden, z. B. [31], [32].

2.4.1.4 Aufkohlen

Der für das Einsatzhärten charakteristische thermochemische Vorgang des Aufkohlens läuft darauf hinaus, daß der Bauteiloberfläche bei richtiger Temperatur für ausreichend lange Zeit Kohlenstoff in atomarer Form angeboten wird, der durch Diffusion eindringt. Die für das Aufkohlen verwendeten Medien werden nach ihrem Aggregatzustand in drei Grupenn eingeteilt:

- feste Aufkohlungsmittel (Pulver oder Granulat),
- flüssige Aufkohlungsmittel (Salzschmelzen),
- gasförmige Aufkohlungsmittel (z. B. CO-CO_2-Gemische, Methanol, Propan).

Unabhängig vom Aggregatzustand des Mediums erfolgt jedoch die entscheidende Grenzflächenreaktion am Werkstück immer mit gasförmigem Kohlenmonoxid CO bei Temperaturen oberhalb Ac_3 des Einsatzstahles. Grund für diese Temperatur ist die ausreichende Löslichkeit des dann vorliegenden Austenits für Kohlenstoff. Die im Ferrit deutlich höhere Diffusionsgeschwindigkeit kann wegen seiner zu geringen Löslichkeit für Kohlenstoff nicht ausgenutzt werden.

Bevor auf Einzelheiten der Aufkohlungsmittel und ihrer Anwendung eingegangen wird, soll zunächst das Ergebnis des Aufkohlens, der Kohlenstoffgehalt in Abhänigkeit vom Randabstand, erörtert werden.

Grundsätzlich typische Merkmale dieser Abhängigkeit, die üblicherweise als *Kohlenstoffverlaufskurve* graphisch dargestellt wird, zeigt Bild 2.4-3. Danach fällt der Kohlenstoffgehalt von einem Höchstwert am Rand C_R zunächst näherungsweise linear nach innen ab und geht dann stetig in den Kern-Kohlenstoffgehalt C_K über, der dem verwendeten Einsatzstahl entspricht. Zunehmende Aufkohlungsdauer führt zu einer zunehmenden Eindringtiefe, ohne den Charakter der

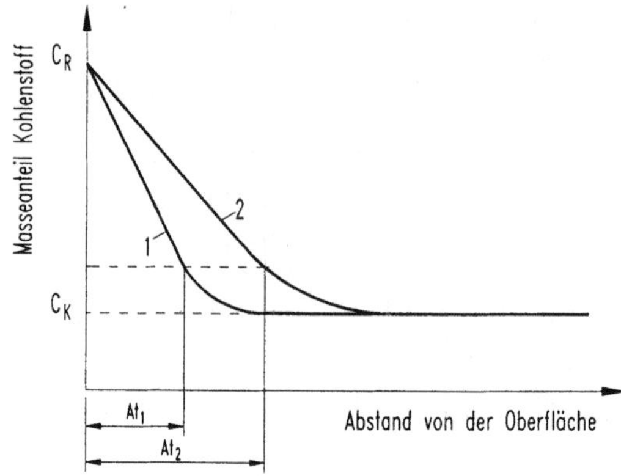

Bild 2.4-3. Beispiele typischer Kohlenstoffverlaufskurven für Kohlungsmittel mit hoher Übergangszahl β.
Kurve 1: Kurze Aufkohlungsdauer und geringe Aufkohlungstiefe At_1; Kurve 2: Längere Aufkohlungsdauer und größere Aufkohlungstiefe At_2.

Kurve zu ändern. Die Kohlenstoffverlaufskurve läßt sich im wesentlichen durch zwei markante Punkte beschreiben:

- Randabstand $x = 0$: Rand-Kohlenstoffgehalt C_R, vor allem vom Aufkohlungmedium und u.U. von der Dauer abhängig,

- Randabstand $x = At$: Aufkohlungstiefe = Randabstand, bei dem ein vereinbarter Kohlenstoffgehalt, üblicherweise $w_C = 0,35\%$, erreicht ist,

- zwischen diesen Punkten kann mit ausreichender Näherung linear interpoliert werden.

Ist die Kohlenstoffverlaufskurve bekannt, läßt sich aus ihr der erwartete Härteverlauf nach dem Härten unter optimalen Behandlungsbedingungen mit den Werten von Bild 2.4-4 konstruieren. Insbesondere kann der Anwender die einer geforderten Einsatzhärtungstiefe zugeordnete Kohlenstoffverlaufskurve festlegen. So muß z.B. für eine Eht 650 = 1 mm in 1 mm Randabstand dort ein Kohlenstoffgehalt von 0,6% vorliegen; bei einem angenommenen $C_R = 0,9\%$ ergäbe sich eine angenäherte Kohlenstoffverlaufskurve nach Bild 2.4-5. Mit Hilfe von Näherungsbeziehungen zwischen den Kenndaten der Kohlungsmittel und der Aufkohlungsdauer einerseits und der Aufkohlungstiefe andererseits läßt sich überschläglich die erforderliche Kohlungsdauer berechnen. Dies ist um so bedeutsamer, als die erforderliche Aufkohlungsdauer etwa quadratisch mit der Aufkohlungstiefe zunimmt!

Die wichtigsten Kenndaten von Aufkohlungsmedien sind nach DIN 17014, Teil 1:

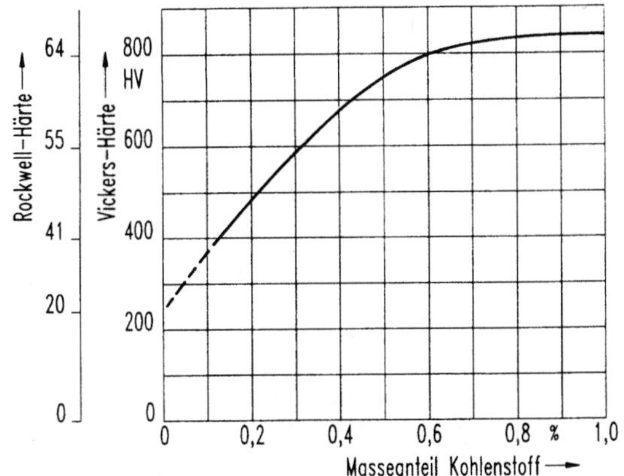

Bild 2.4-4. Durch Härten und Anlassen unter technisch üblichen Bedingungen erreichbare Höchsthärte, abhängig vom Kohlenstoffgehalt. Nach [11].

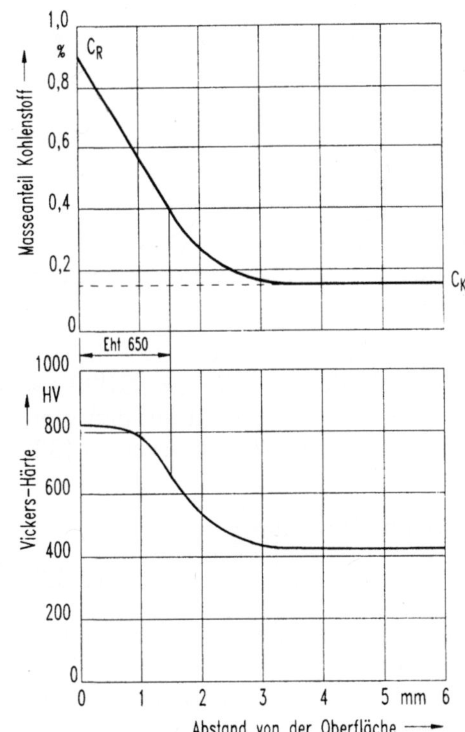

Bild 2.4-5. Beispiel einer Kohlenstoffverlaufskurve und daraus mit Hilfe von Bild 2.4-4 konstruierter zugehöriger Härteverlaufskurve für optimale Härtung in Rand und Kern. Kohlenstoffgehalte über 0,6% führen praktisch zu keinem weiteren Härteanstieg.

– *Kohlenstoffpegel, C-Pegel* C_p: Kohlenstoffgehalt innerhalb der Löslichkeit des Austenits für C, den eine Reineisenfolie bei vollständiger Aufkohlung bei bestimmter Temperatur im Gleichgewicht mit dem umgebenden Aufkohlungsmittel aufnimmt,

– *Kohlenstoffübergangszahl β*: je Zeit- und Flächeneinheit aus dem Aufkohlungsmittel in die Werkstückoberfläche eindringende Kohlenstoffmenge, bezogen auf die Differenz zwischen C-Pegel und C_R,

– *Kohlenstoffverfügbarkeit*: Kohlenstoffmasse, die von 1 Nm³ Gas bei bestimmter Temperatur an die Werkstückoberfläche geliefert werden kann, wenn der C-Pegel von 1,0 auf 0,9 sinkt.

Geht man z.B. von konstanten Kenndaten bei ausreichend hoher Kohlenstoffübergangszahl β sowie konstanter Temperatur während der Aufkohlungsdauer aus, so ist der Eindringvorgang im wesentlichen nur von der Diffusionsgeschwindigkeit des Kohlenstoffs im Werkstück abhängig. Es gilt dann für den Kohlenstoffgehalt in Abhängigkeit von Randabstand x und Zeit t:

$$C(x) - C_K = [1 - \Phi(x/\sqrt{D \cdot t})] \cdot (C_R - C_K) \qquad (2.4.1)$$

Darin bedeuten:

$C(x)$: Kohlenstoffgehalt beim Randabstand x,
C_K: Kohlenstoffgehalt des Einsatzstahles,
C_R: Rand-Kohlenstoffgehalt $\approx$ C-Pegel des Mediums,
$\Phi(u)$: Wert des Gaußschen Fehlerintegrals mit $u = x/\sqrt{D \cdot t}$,
D: Diffusionskoeffizient des Einsatzstahles bei Aufkohlungstemperatur.

Die Kohlenstoffverlaufskurve auf Bild 2.4-6 ist mit $D = 4 \cdot 10^{-5}$ mm²/s, $C_R = 1\%$ und den Werten der Tabelle 2.4-3 für $t = 10\,000$ s $\approx$ 2,8 h berechnet worden. Sie stimmt mit experimentell unter den gleichen Voraussetzungen ermittelten Kohlenstoffverlaufskurven in [33] befriedigend überein.

Für praktische Zwecke stellt die einfache Beziehung

$$At = k\sqrt{t} \qquad (2.4.2)$$

eine brauchbare Näherung für den nahezu linearen Teil der Kohlenstoffverlaufskurve dar. Darin ist k ein empirisch ermittelter Faktor, der vom Kohlungsmittel, vom C-Pegel und besonders stark von der Temperatur abhängig ist. Für das Aufkohlen in einem bestimmten Salzbad

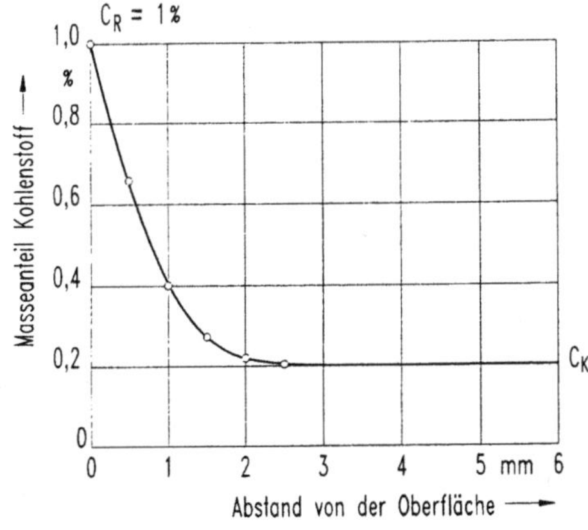

Bild 2.4-6. Nach Gleichung (2.4.1) berechnete Kohlenstoffverlaufskurve; benutzte Daten siehe Text.

Tabelle 2.4-3. Werte des Gaußschen Fehlerintegrals Φ(u).

u	Φ	u	Φ	u	Φ
0,0	0,0000	1,0	0,8427	2,0	0,9953
0,1	0,1125	1,1	0,8802	2,1	0,9970
0,2	0,2227	1,2	0,9103	2,2	0,9981
0,3	0,3286	1,3	0,9340	2,3	0,9987
0,4	0,4284	1,4	0,9523	2,4	0,9993
0,5	0,5210	1,5	0,9661	2,5	0,9996
0,6	0,6039	1,6	0,9764	2,6	0,9998
0,7	0,6778	1,7	0,9838	2,7	0,9999
0,8	0,7421	1,8	0,9891	2,8	0,9999
0,9	0,7969	1,9	0,9928	2,9	$\approx$ 1,0000

ist in [33] für k folgende Beziehung angegeben, die – auf $At_{0,35}$ umgerechnet – für Abschätzungen gute Dienste leistet:

$$\lg k = 2{,}553 - 3475/T \qquad (2.4.3)$$

mit k in mm/$\sqrt{h}$ und T in K.

Die Kohlenstoffverlaufskurve stellt sowohl für das technische Ergebnis als auch für die wirtschaftliche Anwendung des Einsatzhärtens eine wichtige Grundlage dar. Die *ideale* Kohlenstoffverlaufskurve hat allerdings einen anderen Verlauf als die in Bild 2.4-3 und 2.4-5 dargestellten. Nach Bild 2.4-4 wird die Maximalhärte des Martensits bereits bei einem Kohlenstoffgehalt von etwa 0,6 bis 0,7 % im Werkstück erzielt. Um eine ausreichende Schichtdicke mit dieser Härte zu erzeu-

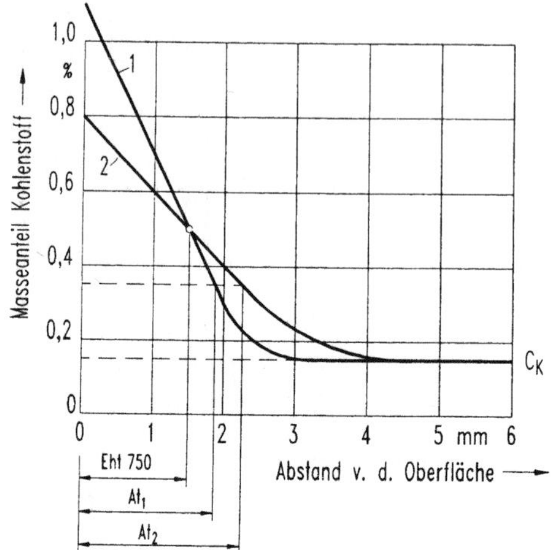

Bild 2.4-7. Beispiel zweier Kohlenstoffverlaufskurven, die, von unterschiedlich hohen Rand-C-Gehalten ausgehend, zur gleichen Einsatzhärtungstiefe führen, aber verschieden große Aufkohlungstiefen erfordern.

gen, muß der zugehörige Kohlenstoffgehalt in einem bestimmten Abstand von der Oberfläche erzeugt werden. Kurven vom Charakter der Bilder 2.4-3 und 2.4-5 haben also den grundsätzlichen Nachteil, daß der Rand-Kohlenstoffgehalt unnötig hoch ist, und das um so mehr, je höher man ihn wählt, um dadurch zu geringeren Aufkohlungstiefen und damit zu kürzeren Aufkohlungszeiten zu kommen, Bild 2.4-7. Der absolute Höchstwert für den Rand-C-Gehalt liegt beim Sättigungswert des Austenits für Kohlenstoff bei der jeweiligen Kohlungstemperatur, d. h. für 950 °C bei ca. 1,3 %. Ein zu hoher Rand-Kohlenstoffgehalt führt beim Härten jedoch zum Problem von Restaustenit bzw. Korngrenzenzementit und sollte deshalb vermieden werden (vgl. Kapitel 1.4.4).

Der Idealfall einer Kohlenstoffverlaufskurve ist schematisch in Bild 2.4-8 dargestellt: Der Rand-Kohlenstoffgehalt liegt mit ca. 0,7 % ausreichend hoch, um maximale Martensithärte dort und *im geforderten Abstand* vom Rand zu erreichen. Derartige Kohlenstoffverlaufskurven können durch Aufkohlen mit veränderlichem C-Pegel verwirklicht werden.

Aufkohlen in festem Medium

Bei dieser historisch ältesten Art des Aufkohlens werden feste Aufkohlungsmittel in Form von Pulver bzw. Granulat verwendet, deren Hauptbestandteil mit etwa 60 bis 80 % Holzkohle ist. Als aktivitätserhöhende Bestandteile werden Karbonate der Alkalien bzw. Erdalka-

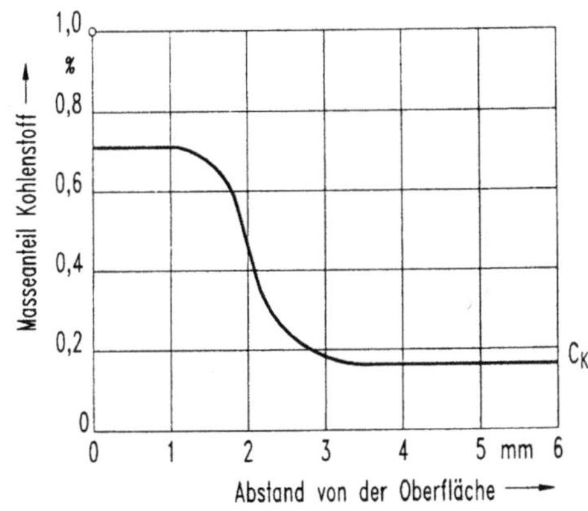

Bild 2.4-8. Beispiel einer idealen Kohlenstoffverlaufskurve.

lien wie z. B. $BaCO_3$ zugesetzt. Als Streckmittel kann Koks enthalten sein.

Die zu behandelnden Werkstücke werden in Aufkohlungskästen vollständig in ausreichenden Mengen des Mittels eingepackt, die Kästen werden mit einem passenden übergreifenden Deckel verschlossen, abgedichtet und in den Ofen gestellt.

Für den bei der gewählten Aufkohlungstemperatur oberhalb Ac_3, also z. B. bei etwa 900 °C ablaufenden chemischen Prozeß sind folgende Reaktionsgleichgewichte maßgebend:

$$2\,C + O_2 \rightleftharpoons 2\,CO \text{ (mit eingeschlossener bzw.}$$
$$\text{adsorbierter Luft)} \tag{2.4.4}$$

$$2\,CO \rightleftharpoons C + CO_2 \text{ (sog. BOUDOUARD-Reaktion)} \tag{2.4.5}$$

$$BaCO_3 + C \rightleftharpoons 2\,CO + BaO \text{ (als Beispiel)} \tag{2.4.6}$$

$$2\,CO + \gamma\text{-Fe} \rightleftharpoons C + CO_2 \text{ (C im } \gamma\text{-Fe gelöst)} \tag{2.4.7}$$

Die drei ersten Reaktionsgleichgewichte beschreiben das Entstehen von CO sowie seine Rückbildung zu CO_2; die dritte Gleichung ist die für den eigentlichen Aufkohlungsvorgang entscheidende, denn sie beschreibt die Aufnahme von Kohlenstoff im γ-Mischkristall (Austenit) aus CO. Grundlegende Bedeutung für das Vorhandensein des für die Aufkohlung notwendigen Kohlenmonoxids hat dabei die BOUDOUARD-Reaktion, deren Temperaturabhängigkeit im abgeschlossenen System, d.h. in Gegenwart von (glühender) Kohle, Bild 2.4-9a zeigt. Daraus wird deutlich, daß steigende Temperatur die Bildung von CO, sinkende Temperatur dagegen die Bildung von CO_2 begün-

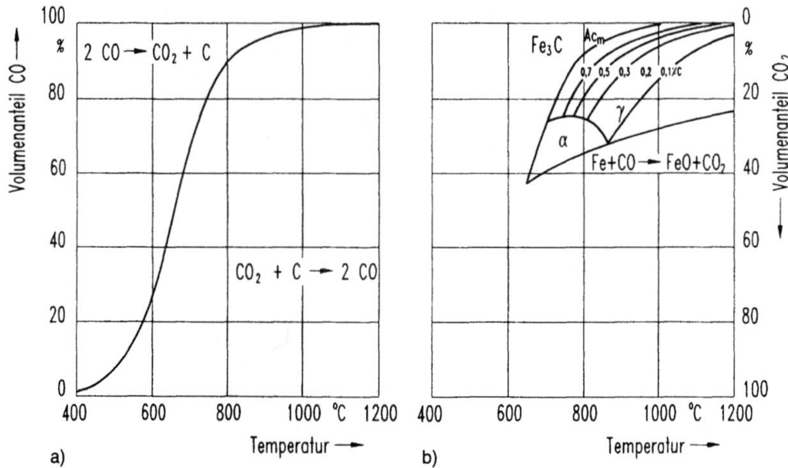

Bild 2.4-9. a) Temperaturabhängigkeit der Reaktion 2 CO $\rightleftharpoons$ CO$_2$ + C (Bou-
douard-Gleichgewicht).
b) Temperaturabhängigkeit auf- oder entkohlender Reaktionen von
CO-CO$_2$-Gemischen mit austenitisiertem Stahl unterschiedlichen
Kohlenstoffgehaltes. Nach [34].

stigt. In Gegenwart von Stahl bedeutet Tendenz zur CO$_2$-Bildung Entkohlung.

Bild 2.4-9 b stellt die Reaktionsgleichgewichte zwischen Austenit
und einem CO/CO$_2$-Gemisch dar, die je nach dem Kohlenstoffgehalt
des Austenits unterschiedliche Abhängigkeiten aufweisen. So wäre
z. B. für eine Aufkohlung auf einen Rand-Kohlenstoffgehalt von 0,8 %
bei 900 °C ein CO-Anteil von etwa 95 % erforderlich; bei nur 90 % CO
würde sich maximal ein Kohlenstoffgehalt von etwa 0,4 % einstellen.
Ein so geringer CO-Anteil wäre für die gewünschte Aufkohlung nicht
ausreichend.

Maßgebend für das Aufkohlungsverhalten der festen Aufkohlungsmittel ist ihre relativ niedrige Kohlenstoffübergangszahl β, die dazu führt,
daß der Kohlenstoff im Stahl rascher durch Diffusion abtransportiert
wird als er aus dem Aufkohlungsmittel nachgeliefert werden kann.
Trotz eines hohen fiktiven C-Pegels würde sich der entsprechende
Wert deshalb als Rand-Kohlenstoffgehalt erst nach unrealistisch langen Behandlungszeiten einstellen. Das bedeutet praktisch, daß der
Rand-Kohlenstoffgehalt von der Behandlungsdauer abhängt, bzw. daß
Rand-Kohlenstoffgehalt und Aufkohlungstiefe nicht unabhängig von-

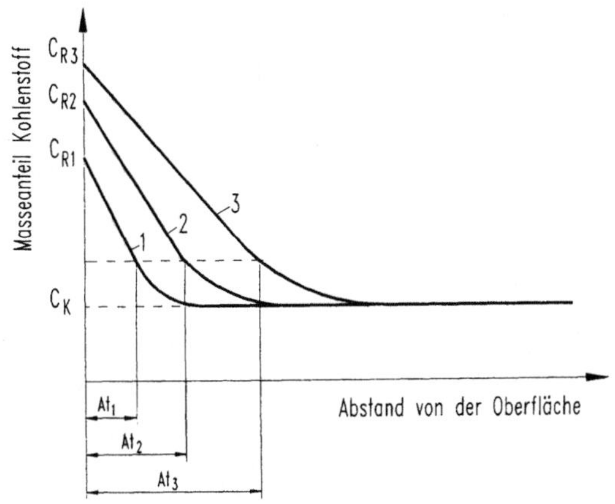

Bild 2.4-10. Schematische Kohlenstoffverlaufskurven für das Aufkohlen in festen Kohlungsmitteln: Rand-C-Gehalt und Aufkohlungstiefe sind voneinander abhängig.

einander wählbar sind, Bild 2.4-10. Begrenzte Einflußmöglichkeit auf Rand-Kohlenstoffgehalt und Aufkohlungstiefe besteht über die Wahl eines mehr oder weniger stark aktivierten Kohlungsmittels. Eine weitere Folge der niedrigen Kohlenstoffübergangszahl ist, daß scharfe Ecken und Kanten sowie dünne Querschnitte stärker aufgekohlt werden als flächige Partien des Werkstückes.

Die aufzuwendenden Aufkohlungszeiten hängen sowohl mit dem niedrigen β als auch mit der Wärmekapazität von Kasten und Pulver zusammen. Die mit Gl. (2.4.2) angegebene Näherungsbeziehung trifft hier nicht zu. Als grober Richtwert für die Aufkohlungsdauer gilt aufgrund von Erfahrung etwa 0,1 mm Aufkohlungstiefe je Stunde bei der üblichen Temperatur von 900 °C.

Die Überprüfung des Aufkohlungsergebnisses ist nur durch mitaufgekohlte Proben möglich. Dabei ist besonders zu berücksichtigen, daß das Aufkohlungsverhalten auch vom Werkstoff in nicht unerheblichem Maße beeinflußt wird.

Als wesentliche Nachteile des Aufkohlens mit festen Mitteln gelten:

— relativ lange Aufkohlungszeiten, dadurch u.U. Grobkorngefahr,

— C-Pegel weder fest einstell- noch regelbar,

— mäßige Reproduzierbarkeit der Ergebnisse,

— schlechte Energieausnutzung durch Miterwärmen von Kasten und Kohlungsmittel,

— Direkthärten (s. S. 140) nicht anwendbar,

— praktisch nicht mechanisierbar geschweige denn automatisierbar,

– ungünstige Arbeitsbedingungen beim Umgang mit dem Granulat bzw. Pulver (Schmutz, Wärme).

Den aufgeführten Nachteilen steht ein gewichtiger Vorteil gegenüber:

– jeder beliebige Ofen ausreichender Größe, Wärmeleistung und Temperatur kann für das Aufkohlen mit festen Mitteln benutzt werden.

Das Aufkohlen mit festen Mitteln ist also trotz seiner Nachteile nicht völlig vom Markt verschwunden, sondern wird dann angewendet, wenn sein einziger Vorteil schwerer wiegt als die Nachteile: Das kann z.B. der Fall sein beim Einsatzhärten geringer Stückzahlen großer Einzelstücke sowie beim sporadischen Anfallen einsatzzuhärtender Werkstücke, besonders in kleineren und mittleren Betrieben.

Aufkohlen in flüssigem Medium

Nach DIN 17022, Teil 3 „Einsatzhärten" bestehen Salzschmelzen für das Aufkohlen aus aktivierenden Erdalkalichloriden mit Zusätzen an Alkalichlorid und Alkalicyanid und enthalten als Reaktionsprodukte Alkalicyanat und -carbonat.

Beispiele:

– Erdalkalichloride: $BaCl_2$, $SrCl_2$
– Alkalichlorid: $NaCl$
– Alkalicyanide: $NaCN$, KCN
– Alkalicyanat: $NaCNO$
– Alkalicarbonat: Na_2CO_3.

Für die Wirkung der Salzschmelzen wesentlich ist ihr bei den üblichen Aufkohlungstemperaturen vorliegender dissoziierter Zustand. Folgende Gleichungen beschreiben beispielhaft in derartigen Salzbädern ablaufende temperaturabhängige Reaktionen:

$$NaCN \rightleftharpoons Na^+ + CN^- \text{ (Dissoziation des Cyanids)} \qquad (2.4.8)$$

$$2\,NaCN + O_2 \rightleftharpoons 2\,NaCNO \qquad (2.4.9)$$

$$2\,NaCNO + O_2 \rightleftharpoons Na_2CO3 + CO + 2\,N \qquad (2.4.10)$$

$$BaCl_2 + Na_2CO_3 \rightleftharpoons BaCO_3 + 2\,NaCl \qquad (2.4.11)$$

$$BaCO_3 \rightleftharpoons BaO + CO_2 \qquad (2.4.12)$$

$$CO_2 + C \rightleftharpoons 2\,CO \qquad (2.4.5)$$

$$2\,CO + \gamma\text{-}Fe \rightleftharpoons C + CO_2 \text{ (Aufkohlungreaktion)} \qquad (2.4.7)$$

Je nach Zusammensetzung der Salzbäder lassen sich ihre Aufkohlungskenndaten beeinflussen, insbesondere sind sie auf konstanten C-Pegel von 0,5 bis 1,1% abstimmbar. Die aktivierten Aufkohlungsbäder müssen im Betrieb durch eine Graphit- oder Kohledecke abgedeckt sein, um Oxidation durch Luftsauerstoff sowie Wärmeabstrahlung zu verhindern. Die Kohlungswirkung der Salzschmelzen mit Ausnahme der auf konstanten C-Pegel eingestellten ist im Betrieb regelmäßig zu überwachen. Dazu sind folgende Methoden üblich:

Folienprobe: Eine Stahlfolie mit $w_C = 0,1\%$ der Dicke 0,05 mm wird aufgrund ihrer geringen Dicke in kurzer Zeit durch und durch aufgekohlt. Sie wird analysiert und gibt durch ihren C-Gehalt Auskunft über den C-Pegel des Bades.

Prüfen aufgekohlter zylindrischer Probestücke: *Analyse* des C-Gehaltes an der Oberfläche führt nach schichtweisem Abdrehen zur Ermittelung der Kohlenstoffverlaufskurve.

Titrieren: Dem Salzbad wird eine Probe entnommen, nach dem Erstarren im Mörser zerkleinert und daraus unter Zugabe weiterer Substanzen (z.B. Na_2CO_3, Murexid und NaCl) eine Salzlösung definierter Konzentration hergestellt. Der Titriervorgang besteht darin, daß die dieser Lösung bis zu einem deutlichen Farbumschlag zugefügte Menge Nickelsulfatlösung ein Maß für den Zyanidgealt des Salzes darstellt. Das Titrieren ist von angelerntem Personal ohne chemisches Labor durchführbar.

Je nach dem Ergebnis der Überprüfung ist das Salzbad mit dem Kohlenstoffträger Cyanid (Zweisalzbad) oder mit dem Originalsalz (Einsalzbad) nachzufüllen. Bei Verwendung cyanidfreier Regeneratoren, bei denen das Cyanid erst nach der Zugabe zur Salzschmelze entsteht, entfällt zudem das sonst erforderliche Abschöpfen und Entsorgen des Altsalzes [35].

Aufkohlungstemperaturen und -Zeiten für das Aufkohlen in Salzschmelzen

Aus den schon auf S. 119 genannten Gründen ist als Aufkohlungstemperatur ein Wert oberhalb Ac_3 des verwendeten Einsatzstahles zu verwenden. Überwiegend werden Temperaturen von 900 bis 950°C gewählt. Höhere Temperaturen bis maximal 1000°C, die grundsätzlich zur Verkürzung der Aufkohlungszeit führen, erfordern speziell angepaßte Salzbäder und sind nur bei Verwendung von Feinkornstählen unschädlich in bezug auf Kornvergröberung.

Tabelle 2.4-4. Herstellerangaben für Aufkohlungstiefen in mm bis auf $w_C =$ 0,3%, abhängig von Temperatur und Zeit. Gültig für eine Salzschmelze mit konstantem C-Pegel von 0,8%. Nach [35]

Temperatur	Zeit in h				
°C	1	2	4	6	8
950	0,4...0,6	0,6...0,7	0,8...1,1	1,1...1,3	1,3...1,5
930	0,3...0,5	0,5...0,6	0,7...0,9	0,9...1,1	1,1...1,5
900	0,2...0,4	0,4...0,5	0,6...0,8	0,8...1,0	0,9...1,1
860	0,1...0,2	0,2...0,3	0,4...0,5	0,6...0,7	0,7...0,9

Die erforderliche Aufkohlungsdauer richtet sich nach der gewünschten Aufkohlungstiefe und hängt vom jeweiligen Salzbad und von der Aufkohlungstemperatur ab. Bei Salzschmelzen mit hinreichend hoher Kohlenstoffübergangszahl β, bei denen die Diffusion im Stahl die zeitbestimmende Größe ist, gilt hinreichend genau Gleichung (2.4.2):

$$At = k \cdot \sqrt{t}$$

in der Konstanten k verbirgt sich der Einfluß von Salzschmelze und Temperatur. Sie kann überschläglich nach Gl. (2.4.3) berechnet werden, die allerdings nur für eine bestimmte Salzbadsorte gültig ist. Tabelle 2.4-4 gibt beispielhaft Herstellerangaben zu den erreichbaren Aufkohlungstiefen in Abhängigkeit von der Aufkohlungstemperatur.

Nahezu ideale Kohlenstoffverlaufskurven lassen sich durch zweistufiges Aufkohlen erzielen: Im ersten Aufkohlungsbad wird ein relativ hoher Rand-Kohlenstoffgehalt von z. B. 1,2% erzeugt; im anschließenden Bad mit niedrigerem C-Pegel von z. B. 0,7% ergibt sich dann durch Diffusion ein Absinken des Rand-C-Gehaltes auf härtetechnisch günstigere Werte und die Kohlenstoffverlaufskurve entspricht prinzipiell Bild 2.4-8, [36].

Einbringen der Teile

Die aufzukohlenden Werkstücke sind vor dem Einbringen in das Salzbad von Spänen, Schleifmittelresten sowie Kühl-Schmiermittelresten durch Waschen zu befreien. Zum Einhängen dienen je nach Gestalt und Größe der Werkstücke Draht, Haken, Gestelle und weitere zweckentsprechende Vorrichtungen, bei kleinen Massenteilen auch Körbe aus Draht oder gelochtem Blech. Diese Einhängehilfen aus kohlenstoffarmem Stahl werden zwangsweise mit aufgekohlt; sie dürfen auf keinen Fall mit gehärtet werden. Punktweises Berühren der Teile untereinander sowie der Teile mit der Vorrichtung stört den Aufkohlungsvorgang nicht. Flächiges Berühren muß natürlich verhindert werden.

Die Werkstücke müssen vor dem Einbringen absolut trocken sein, da es sonst zu explosionsartiger Wasserverdampfung und Herausschleudern der Salzschmelze kommen kann. Zum Trocknen werden die Werkstücke auf 300 bis 400 °C in Vorwärmkammern vorgewärmt. Das Vorwärmen vermindert gleichzeitig die sonst leicht zu Verzug führende große Temperaturdifferenz, die beim Einbringen der kalten Werkstücke vorläge.

Wirtschaftliches Betreiben von Salzbädern bedeutet möglichst vollständiges räumliches und zeitliches Ausnutzen des Bades, denn die aktiven Substanzen des Bades verbrauchen sich auch bei leer oder teilgefüllt betriebenem Bad. Unvermeidbare Salzverluste sind die sogenannten Ausschleppverluste, die mit den herausgenommenen Werkstücken verloren gehen. Ausgeschlepptes Salz muß mit dem jeweils im Arbeitsablauf nachfolgenden Medium (zweites Aufkohlungsbad, Abkühl- oder Abschreckbad) unbedingt verträglich sein, um schädliche Reaktionen bzw. Verunreinigungen zu vermeiden.

Sicherheitsvorschriften

Da das in allen Aufkohlungsbädern enthaltene Cyanid ein äußerst wirksames Gift ist, gelten für den Betrieb von Salzbadhärtereien umfangreiche Sicherheitsvorschriften [35].

So müssen die Räume bestimmte Mindestgrößen aufweisen, gut belüftet sein und sich gut reinigen lassen. Cyanidhaltige Dämpfe sind abzusaugen und unschädlich abzuleiten. Das Aufbewahren cyanidhaltiger Ausgangsstoffe unterliegt besonders strengen Regeln der Lagerung, des Bestandsnachweises sowie der Unzugänglichkeit für Unbefugte.

Spritzer, die entweder durch feuchte Werkstücke oder unsachgemäßes Anheizen auftreten, müssen vermieden werden. Die Werker haben Schutzkleidung, insbesondere Gesichtsschutz zu tragen. Die in der Härterei beschäftigten Personen sind auf die möglichen Gefahren hinzuweisen, insbesondere dürfen sie in der Härterei weder rauchen noch Speisen und Getränke einnehmen. Gründliches Händewaschen vor dem Essen und Rauchen ist vorgeschrieben.

Cyanidhaltige Wasch- bzw. Abschreckwässer dürfen unter keinen Umständen in die Kanalisation gelangen. Früher übliche chemische Entgiftungsverfahren sind ersetzt durch Abwasserverdunster, bei denen feste Rückstände entweder wiederverwendet werden können oder als Altsalz entsorgt werden.

Vorteile des Aufkohlens in Salzschmelzen

- gegenüber Aufkohlung in festem Medium kürzere Aufkohlungszeiten,

- gute Temperaturkontrolle, da Werkstücktemperatur = Badtemperatur,

- Direkthärten (s. S. 140) ist möglich,

- bei mehrstufigem Aufkohlen ideale Kohlenstoffverlaufskurve erreichbar.

Nachteile

- ungeeignet für sehr große Teile bzw. Lose durch begrente Badgrößen,

- gegenüber Aufkohlung in festem Mittel erheblicher Einrichtungsaufwand erforderlich,

- Mechanisierung schwierig bzw. sehr aufwendig,

- aufwendige Arbeitssicherheits- und Umweltschutzmaßnahmen erforderlich,

- Abdecken von Bereichen, die nicht aufgekohlt werden sollen, nicht möglich.

Aufkohlen in gasförmigem Medium

Da der eigentliche Vorgang der Kohlenstoffaufnahme durch das Werkstück ohnehin über die Gasphase erfolgt, ist es naheliegend, gasförmige Aufkohlungsmittel zu verwenden. Aufkohlungsgase können auf folgende Arten erzeugt werden:

- Unvollständiges Verbrennen oder Spalten von Kohlenwasserstoffen bzw. C–O–H-Verbindungen in einem eigenen Generator, der innerhalb oder außerhalb des Ofens liegen kann (Generatorgas, Trägergas, Endogas), mit Zugabe von Kohlenwasserstoffen im Ofen,

- Einleiten geeigneter Gemische aus Stickstoff bzw. Luft, Propan, Methan, Wasserdampf, CO, CO_2 in den Ofen (Direktbegasen),

– Vergasen flüssiger C–O–H-Verbindungen im Ofen (Tropfgas),

– Vergasen fester Stoffe im Ofen (Granulatvergasung).

Folgende Reaktionsgleichgewichte beschreiben beispielhaft das Verhalten der Bestandteile von Aufkohlungsgasen:

$$2\,CO \;\rightleftharpoons\; C + CO_2 \quad \text{(BOUDOUARD-Reaktion)} \tag{2.4.5}$$

$$CO + H_2O \;\rightleftharpoons\; CO_2 + H_2 \quad \text{(Wassergasreaktion)} \tag{2.4.13}$$

$$CH_4 \;\rightleftharpoons\; C + 2\,H_2 \quad \text{(Methanreaktion)} \tag{2.4.14}$$

$$C_3H_8 \;\rightleftharpoons\; 2\,CH_4 + C \tag{2.4.15}$$

Die wichtigsten Reaktionsgleichungen für den Aufkohlungsvorgang lauten:

$$2\,CO + \gamma\text{-Fe} \;\rightleftharpoons\; (C) + CO_2 \tag{2.4.7}$$

$$CO + H_2 + \gamma\text{-Fe} \;\rightleftharpoons\; (C) + H_2O \tag{2.4.16}$$

$$CO + \gamma\text{-Fe} \;\rightleftharpoons\; (C) + 1/2\,O_2 \tag{2.4.17}$$

Die für den Aufkohlungsvorgang wesentlichen Kenngrößen C-Pegel C_P und Kohlenstoffübergangszahl β hängen in ausgeprägtem Maß von der Gaszusammensetzung ab. Wegen der Verschiedenartigkeit der Aufkohlungsgase sind allgemeine Aussagen über die Kohlenstoffübergangszahl β nur schwer möglich. Beispielhaft mögen die Bilder 2.4-11 und 2.4-12 etwas über die Zusammenhänge aussagen.

Zur Bestimmung ihres tatsächlichen Kohlungsverhaltens muß die Gaszusammensetzung bekannt sein und bei Bedarf entsprechend den Erfordernissen eingestellt werden. Als Methoden zur Ermittelung der Gaszusammensetzung kommen zum Beispiel in Frage:

– Taupunktbestimmung; der Taupunkt ist die Temperatur, bei der in einem wasserdampfhaltigen Gasgemisch der Wasserdampf zu kondensieren beginnt. Zwischen Taupunkt und Wasserdampfanteil besteht eine feste Beziehung, aus der auch auf den CO_2-Anteil geschlossen werden kann.

– Ermittelung der Gasbestandteile mit Hilfe von Gas-Analysatoren, die mittels selektiver optisch-pneumatischer Infrarot-Strahlungsempfänger den Gasanteilen proportionale elektrische Signale erzeugen, die auch zu Regelzwecken genutzt werden können.

Zu den Gleichungen (2.4.7), (2.4.16) und (2.4.17) ergeben sich nach dem Massenwirkungsgesetz mit den von der Arbeitgemeinschaft Wärmebehandlung und Werkstofftechnik (AWT) festgelegten Mas-

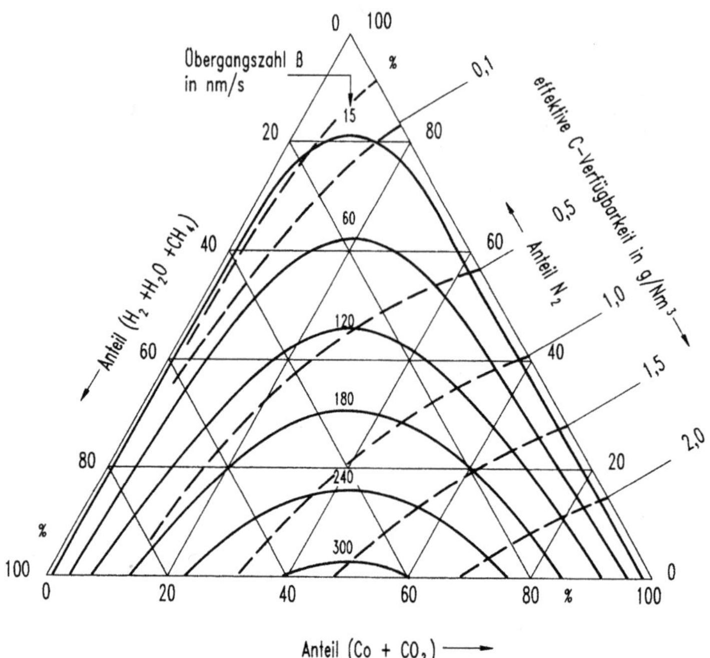

Anteil $(CO + CO_2)$ ⟶

Bild 2.4-11. Kohlenstoffübergangszahl β und Kohlenstoffverfügbarkeit, abhängig von der Gaszusammensetzung. Nach [1].

senwirkungskonstanten folgende Kohlenstoffaktivitäten der Gasgemische, (s. DIN 17022, Teil 3, Anhang 2):

$$\lg a_{cG} = \lg\left(\frac{P_{CO}^2}{P_{CO_2}}\right) + \frac{8817}{T} - 9{,}071 \qquad (2.4.18)$$

$$\lg a_{cG} = \lg\left(\frac{P_{H_2} \cdot P_{CO}}{P_{H_2O}}\right) + \frac{7100}{T} - 7{,}496 \qquad (2.4.19)$$

$$\lg a_{cG} = \lg\left(\frac{P_{CH_4}}{P_{H_2}^2}\right) + \frac{4791}{T} + 5{,}789 \qquad (2.4.20)$$

$$\lg a_{cG} = \lg\left(\frac{P_{CO}}{\sqrt{P_{O_2}}}\right) + \frac{5927}{T} - 4{,}545 \qquad (2.4.21)$$

Darin bedeutet P_{xy} den Partialdruck des betreffenden Anteils am Gasgemisch, und T die absolute Temperatur.

134

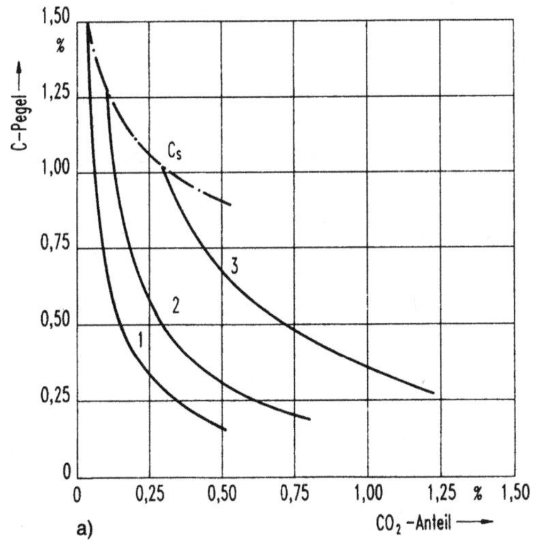

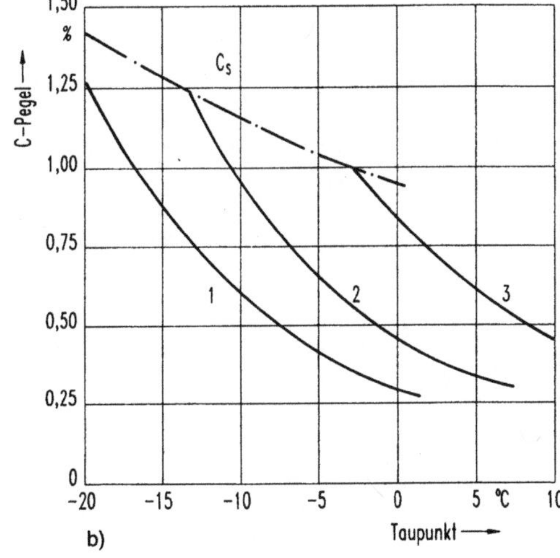

Bild 2.4-12. Zusammenhang zwischen C-Pegel einerseits und CO_2-Anteil a) bzw. Taupunkt b) andererseits für ein Kohlungsgas mit 31% H_2 und 23% CO (endothermes Trägergas aus Propan). Kurve 1: 1000 °C; Kurve 2: 930 °C; Kurve 3: 850 °C. Nach [1].

Den Zusammenhang zwischen Kohlenstoffaktivität a_{cG} des Gasgemisches und seinem C-Pegel beschreibt vereinfacht die Beziehung:

$$\lg a_{cG} = 2300/T - 2{,}21 + 0{,}15\, Cp + \lg Cp \tag{2.4.22}$$

Für aufkohlende Wirkung muß die Kohlenstoffaktivität des Gases a_{cG} größer oder mindestens gleich der Kohlenstoffaktivität des Stahles a_{cST} sein, die als Verhältnis des Partialdruckes des im Austenit gelö-

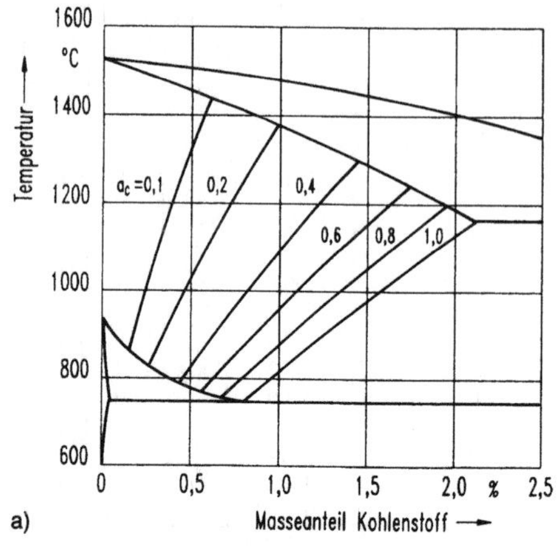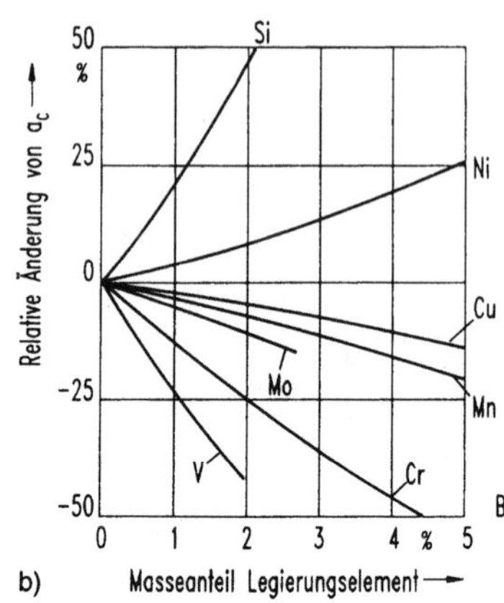

Bild 2.4-13. a) Kohlenstoffaktivität des Austenits, abhängig von Kohlenstoffgehalt und Temperatur. Die Grenzlinie a = 1 ist identisch mit der Linie ES im Zustandsschaubild Eisen-Kohlenstoff.
b) Einfluß von Legierungselementen auf die Kohlenstoffaktivität des Austenits. Nach [5].

sten Kohlenstoffes zu dem des reinen Graphits definiert ist. Werte dafür können **Bild 2.4-13** entnommen werden.

Durch Gleichsetzen der Gln. (2.4.18), (2.4.19) und (2.4.21) mit Gl. (2.4.22) ergeben sich:

$$\lg P_{CO_2} = \frac{6517}{T} + \lg P_{CO}^2 - 6,861 - 0,15\,Cp - \lg Cp \qquad (2.4.23)$$

$$\lg P_{H_2O} = \frac{4800}{T} + \lg (P_{H_2O} \cdot P_{CO}) - 5,286 - 0,15\,Cp - \lg Cp \qquad (2.4.24)$$

$$\lg P_{O_2} = \frac{16454}{T} + 2\lg P_{CO} - 13,51 - 0,3\,Cp - 2\lg Cp \qquad (2.4.25)$$

Mit Gl. (2.4.22) kann der für eine gewünschte Kohlenstoffaktivität erforderliche C-Pegel ermittelt werden. Mit den Gln. (2.4.23), (2.4.24) bzw. (2.4.25) kann dann der zugehörige Partialdruck von CO_2, H_2O bzw. O_2 berechnet werden. Umgekehrt läßt sich mit den *gemessenen* Partialdrücken der vorhandene C-Pegel eines Gasgemischs ermitteln und bei Bedarf korrigieren.

Die Aufkohlungswirkung von Gasen läßt sich mit den oben genannten Methoden im Vergleich zum Aufkohlen in flüssigem bzw. in festem

136

Medium sowohl leicht bestimmen als auch beeinflussen. So kann für die Aufkohlungswirkung von Gasen auch eine selbsttätige Regelung vorgesehen werden, die Voraussetzung für eine weitgehend mechanisierte oder automatisierte Fertigung darstellt. Die Werkstücke bleiben beim Gasaufkohlen völlig sauber, sofern die Gaszusammensetzung in Ordnung ist.

Sowohl die Art der Erzeugung des Aufkohlungsgases als auch die Art der für das Aufkohlen verwendeten Ofenarten hängen ab von:

— Größe der Werkstücke,

— Losgröße der Werkstücke,

— Verfahrensablauf.

Angaben dazu sind in [1], S. 456 zu finden.

Carbonitrieren

Nach DIN 17014, Teil 1 ist Carbonitrieren das thermochemische Behandeln eines Werkstückes oberhalb Ac_1 zum Anreichern der Randschicht mit Kohlenstoff und Stickstoff. Beide Elemente befinden sich danach *im Austenit in fester Lösung.* Damit entspricht es vom inneren Mechanismus einem Aufkohlen und es kann sinnvoll nur dann vom Carbonitrieren gesprochen werden, wenn diese Behandlung eine Teilbehandlung im Rahmen des Einsatzhärtens darstellt. Von Carbonitrieren sollte gemäß der Definition in DIN 17014 nur dann gesprochen werden, wenn der mit Kohlenstoff und Stickstoff angereicherte Randbereich anschließend durch Abschrecken in Martensit umgewandelt werden soll. Im älteren Schrifttum ist das nicht der Fall; dort werden auch solche Behandlungen dem Carbonitrieren zugerechnet, bei denen außer Martensit eine oberflächliche Nitridschicht (Verbindungsschicht) gebildet wird. Diese Verfahren sollen nach DIN 17014 als *Nitrocarburieren* bezeichnet werden (vgl. Kapitel 2.4.2).

Stickstoff hat als austenitstabilisierendes Element positiven Einfluß auf die Härtbarkeit: Die kritische Abkühlgeschwindigkeit wird gesenkt; allerdings sinken auch die Martensittemperaturen M_s und M_f, womit die Gefahr für das Verbleiben von Restaustenit zunimmt, wenn nach einem Abschrecken auf Raumtemperatur nicht tiefgekühlt wird. Außerdem verschieben sich durch gleichzeitige Aufnahme von Kohlenstoff und Stickstoff die Umwandlungstemperaturen A_3 und A_1 stark zu tieferen Werten, Bild 2.4-14. Aus diesem Grund sind für das Carbonitrieren grundsätzlich tiefere Temperaturen als für das Aufkoh-

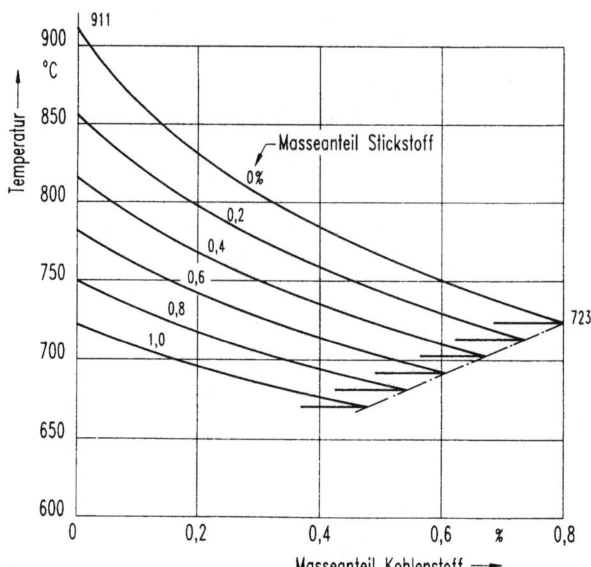

Bild 2.4-14. Beeinflussung der A_3- und der A_1-Temperaturen von unlegiertem Stahl durch Stickstoff. Die Daten wurden durch lineares Interpolieren aus den Zustandsschaubildern Fe-C und Fe-N gewonnen.

len ausreichend. Das gleichzeitige Eindiffundieren von Kohlenstoff und Stickstoff erfordert im Vergleich zum reinen Aufkohlen längere Zeiten für gleiche Einwirktiefe, so daß im allgemeinen nicht tiefer als bis etwa 0,7 mm Tiefe carbonitriert wird.

Da die Aufnahme von Kohlenstoff und Stickstoff und damit auch das Härtungsergebnis deutlich von der Carbonitriertemperatur abhängen, werden zwei Bereiche unterschieden:

– oberhalb Ac_3 des Ausgangswerkstoffzustandes (max. 930 °C),

– zwischen Ac_1 und Ac_3 des Ausgangswerkstoffzustandes.

Je niedriger die Behandlungstemperatur, um so stärker wird die aufstickende auf Kosten der aufkohlenden Wirkung. Beim Carbonitrieren über Ac_3 werden je nach Ausgangswerkstoff Rand-Kohlenstoffgehalte von 0,5 bis 0,8 % und Rand-Stickstoffgehalte von 0,4 bis 0,2 % eingestellt. Die Summe von C + N sollte etwa 1 % nicht überschreiten, da sonst die Gefahr der Bildung unerwünschter Carbide besteht. Ein zu hohes Stickstoffangebot kann zu Poren in der äußersten Oberflächenschicht führen.

138

Bei Temperaturen zwischen A_1 und A_3 des Ausgangswerkstoffes ist zu beachten, daß der in seiner Zusammensetzung nicht bzw. nur unwesentlich veränderte Kern des Werkstückes nicht völlig austenitisiert wird. In der Randschicht dagegen sinkt mit zunehmendem Gehalt an Kohlenstoff und Stickstoff die A_3-Temperatur, so daß dort ein rein austenitischer Zustand vorliegt. Erhöhen sich bei einem Stahl mit dem Ausgangs-Kohlenstoffgehalt von 0,2 % z. B. bei einer Temperatur von nur 730 °C in der Randschicht der Kohlenstoffgehalt auf 0,5 % und der Stickstoffgehalt auf 0,4 %, so ist er dort völlig austenitisiert, Bild 2.4-14. Bei den tiefstüblichen Temperaturen von etwa 700 °C wird der Kern der Werkstücke überhaupt nicht umgewandelt.

Das Carbonitrieren kann entweder in Salzschmelzen oder in Gasen erfolgen. Die Salzschmelzen unterscheiden sich prinzipiell nicht von denen für das Aufkohlen, sind jedoch weniger aktiviert, also weniger stark aufkohlend, und sie dürfen nicht mit Graphit abgedeckt werden, damit durch Zutritt von Luftsauerstoff die Cyanatbildung verstärkt wird, vgl. auch Gln. (2.4.8 bis 2.4.10)

Gase für das Carbonitrieren entsprechen ebenfalls den für das Aufkohlen verwendeten; ihnen wird zur Stickstoffabgabe Ammoniak NH_3 zugesetzt. Der bei der Dissoziation des Ammoniak entsprechend Gl. (2.4.26) in Gegenwart von Eisen als Katalysator freiwerdende atomare Stickstoff diffundiert in den Stahl.

$$2\,NH_3 \;==\; 2(N) + 3\,H_2 \qquad\qquad (2.4.26)$$

Vorteile des Carbonitrierens gegenüber dem Aufkohlen:

- Niedrigere Behandlungstemperaturen in Verbindung mit verbesserter Härtbarkeit ermöglichen milderes Abschrecken und führen zu geringerem Verzug, besonders wenn auf Härtung des Kerns verzichtet wird,
- bei Verzicht auf Kernhärtung relativ preiswerte Werkstoffe verwendbar.

Nachteile:

- Für größere Behandlungstiefen nicht geeignet,
- obige Vorteile nur bei Verzicht auf Kernhärtung ausnutzbar.

2.4.1.5 Temperatur-Zeit-Verläufe beim Einsatzhärten

Nach der richtigen Werkstoffwahl sowie der optimalen Festlegung der Kohlenstoffverlaufskurve kommt dem gesamten Temperatur-Zeit-

Verlauf des Aufkohlens und des anschließenden Härtens für ein best-
mögliches Ergebnis besondere Bedeutung zu.

Es gibt keine allgemeingültige Regel für den anzuwendenden Temperatur-Zeit-Verlauf, weil es für das in seiner Randschicht aufgekohlte
Werkstück prinzipiell zwei unterschiedliche Härtetemperaturen gibt:

– der relativ kohlenstoffreiche Rand erfordert für optimale Härtung
  eine Temperatur nahe oberhalb Ac_1, d.h. praktisch etwa 750 °C,
  (vgl. Kapitel 1.4.3);
– der relativ kohlenstoffarme Kern dagegen müßte für eine bestmögliche Härtung von einer Härtetemperatur kurz oberhalb Ac_3, also
  etwa 900 °C, abgeschreckt werden.

Da das Werkstück für eine durchgreifende Behandlung nur auf *eine*
Temperatur gebracht werden kann, muß beim Einsatzhärten grundsätzlich entschieden werden, welchem Bauteilbereich man diesbezüglich Vorrang einräumen will. Diese Entscheidung hängt vom Bauteil
und seiner späteren Betriebsbeanspruchung ab.

Aus diesen Gründen haben sich in der Praxis einige typische Temperatur-Zeit-Verläufe mit bestimmten Benennungen entwickelt, die im
folgenden näher erläutert werden.

Direkthärten

Diese Temperatur-Zeit-Folge besteht darin, daß die Werkstücke
unmittelbar anschließend an das Aufkohlen abgeschreckt werden,
Bild 2.4-15. Da das Aufkohlen immer bei einer Temperatur über Ac_3
des Kerns stattfindet, ist dies ein Härten von Kern-Härtetemperatur.
Das bedeutet, daß im Kern eine vollständige Martensitbildung erfolgt,
sofern überall die kritische Abkühlgeschwindigkeit überschritten

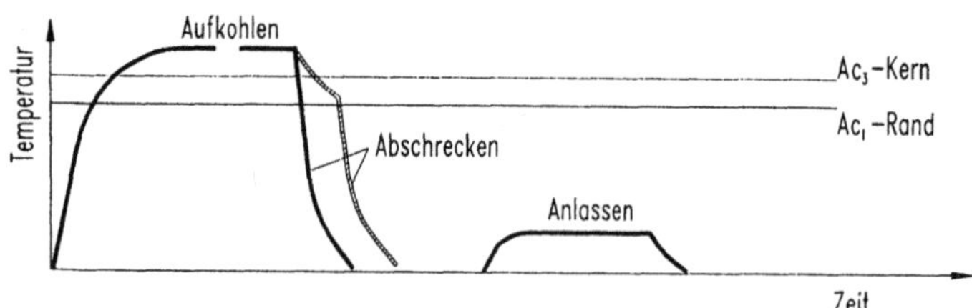

Bild 2.4-15. Schematische Zeit-Temperatur-Folge für das Direkthärten. Die
schraffierte Kurve gilt für ein Vorabkühlen auf die Härtetemperatur
des Randes.

140

wird. Für den Rand ist die Aufkohlungstemperatur keine optimale Härtetemperatur, da der gesamte Rand-Kohlenstoffgehalt im Austenit gelöst zu einer niedrigen Martensitbildungs-Endtemperatur führt und somit die Gefahr des Verbleibens von Rest-Austenit besteht, wenn die Werkstücke nicht tiefgekühlt werden. Ob Rest-Austenit beim Anlassen noch in Martensit umwandelt, hängt von seiner Menge sowie von der gewählten Anlaßtemperatur ab.

Die genannten Nachteile für den Rand lassen sich dadurch verringern, daß die Temperatur der Werkstücke nach dem Aufkohlen zunächst hinreichend langsam auf die niedrigere Härtetemperatur des Randes abgesenkt und dann erst abgeschreckt wird. Das hat jedoch für den Kern zur Folge, daß er von einer für ihn zu niedrigen Härtetemperatur abgeschreckt wird, bei der er bereits zum Teil aus Ferrit besteht. Dementsprechend ist im Kern nicht der höchstmögliche Gewinn an Festigkeit zu erreichen. Erfahrene Praktiker nutzen den Effekt, daß der Rand zuerst abkühlt und somit der Kern auf einer höheren Temperatur verbleibt, indem sie die Zeit für das Absenken der Randtemperatur nicht zu lange ausdehnen.

Hauptvorteil des Direkthärtens ist seine Wirtschaftlichkeit, da ein erneutes Erwärmen zum Härten nicht erforderlich ist. Nachteilig kann eine Grobkornbildung sein, wenn Stahlsorten benutzt werden, die bei langen Aufkohlungszeiten zu Kornwachstum neigen. Nicht praktikabel ist das Direkthärten nach Aufkohlung in festen Medien (Pulver- bzw. Granulataufkohlung), da die Werkstücke zweckmäßig erst nach dem Abühlen ausgepackt werden können.

Das Direkthärten wird grundsätzlich nach einem Carbonitrieren angewendet, um unkontrolliertes Bilden von Nitriden und Carbonitriden bei langsamem Abkühlen zu vermeiden.

Einfachhärten

Beim Einfachhärten kühlen die Werkstücke nach dem Aufkohlen langsam (ruhende Luft) ab, so daß zum Härten ein Wiedererwärmen erforderlich ist, Bild 2.4-16. Der wirtschaftliche Nachteil des Wiedererwärmens wird für viele Anwendungen dadurch ausgeglichen, daß mit dem Wiedererwärmen eine kornverfeinernde Umkörnung, vergleichbar mit der des Normalglühens, verbunden ist.

Für die Wahl der Härtetemperatur steht man wieder vor dem Grundsatzdilemma: Härten von Rand-Härtetemperatur führt zu bestmöglicher Randhärtung bei mäßiger Festigkeitssteigerung im Kern; Här-

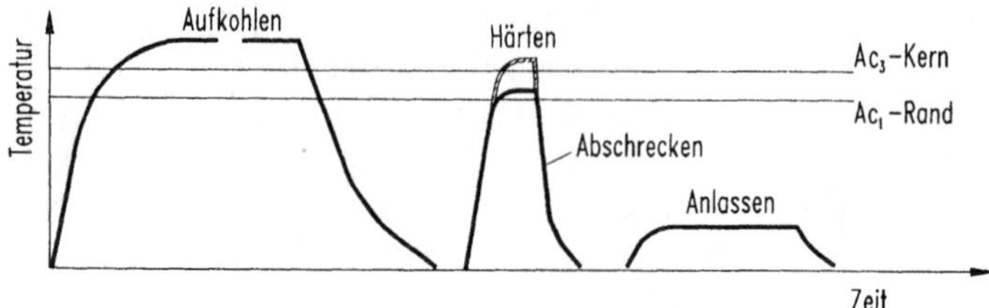

Bild 2.4-16. Schematische Zeit-Temperatur-Folge für das Einfachhärten. Die schraffierte Kurve gilt für Härten von Kernhärtetemperatur die ausgezogene für Härten von Randhärtetemperatur.

ten von Kern-Härtetemperatur ergibt höchstmögliche Festigkeitserhöhung des Kerns bei Restaustenitproblemen im Rand. Wegen dieser Probleme werden häufig Kompromiß-Härtetemperaturen gewählt, die zwischen der des Kerns und der des Randes liegen. Die in DIN 17210 angegebenen Temperaturen lassen diesen Kompromiß erkennen, Tabelle 2.4-1.

Einfachhärten muß nach Aufkohlung in festen Medien angewendet werden. Die Verwendung von Vorrichtungen, Quetten, Härtedornen und dergleichen zum Abschrecken zwingt ebenfalls im allgemeinen zum Einfachhärten. Desgleichen, wenn das Werkstück nach dem Aufkohlen spanend bearbeitet werden soll, um örtlich die harte Oberfläche zu vermeiden. In solchen Fällen ist oft ein Zwischenglühen bei ca. 650 °C mit dem Effekt eines Weichglühens angebracht.

Einfachhärten nach isothermischem Umwandeln

Wird die Werkstücktemperatur nach dem Aufkohlen hinreichend schnell auf eine Temperatur unter Ar_1 gesenkt und dort genügend lange gehalten, so findet eine isothermische Umwandlung statt. Das Ergebnis dieser Umwandlung hängt von der Haltetemperatur ab. Im Anschluß an das isothermische Umwandeln wird auf die Härtetemperatur des Randes erwärmt und anschließend abgeschreckt, Bild 2.4-17. Das Wiedererwärmen soll dabei das Ergebnis der isothermischen Umwandlung im Kern möglichst wenig verändern, weshalb ein langzeitiges Durchwärmen nach Möglichkeit vermieden werden sollte. Auch sollte das durch Umwandlung im Kern entstandene Gefüge nicht zu empfindlich gegen Wiedererwärmung sein. Deshalb werden in der Regel Temperaturen von etwa 550 bis 650 °C für das isothermische Umwandeln angewendet, die zu feinem Perlit bzw. oberem Bainit führen. Zum Durchführen des isothermischen Umwandelns eignen sich am besten entsprechend temperierte Salzschmelzen.

142

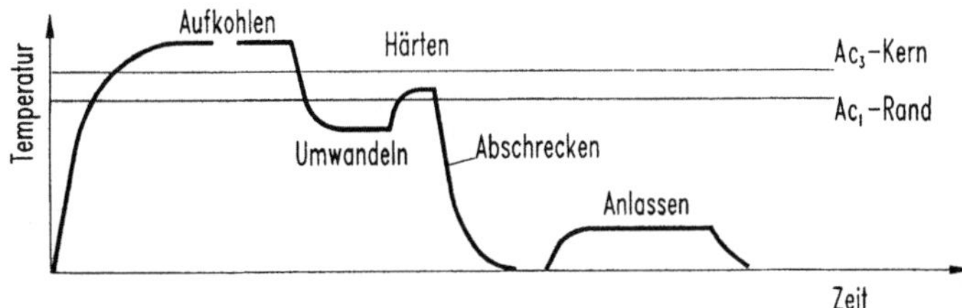

Bild 2.4-17. Schematische Zeit-Temperatur-Folge für das Härten von Randhärtetemperatur nach isothermischem Umwandeln.

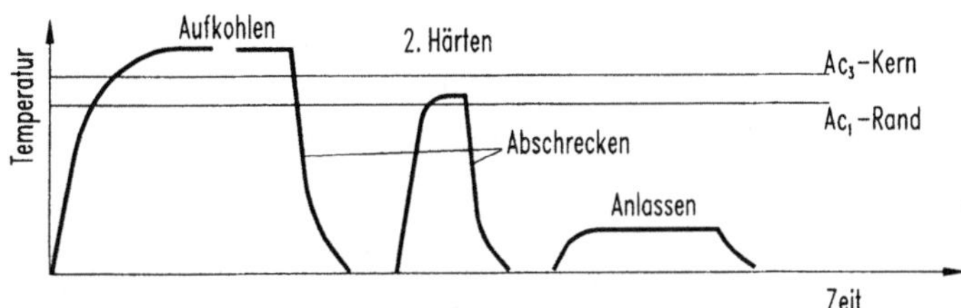

Bild 2.4-18. Schematische Zeit-Temperatur-Folge für das Doppelhärten. Das erste Härten ist ein Direkthärten von Kernhärtetemperatur; das zweite Härten erfolgt von Randhärtetemperatur.

Doppelhärten

Diese Behandlung besteht im allgemeinen aus einem ersten Direkthärten von der Härtetemperatur des Kerns, wobei der Kern bestmöglich gehärtet wird. Anschließend wird das Werkstück auf die für den Rand optimale niedrigere Härtetemperatur erwärmt und abgeschreckt, Bild 2.4-18. Auch hierbei sollte der Kern beim Wiedererwärmen möglichst wenig erwärmt werden, so daß er nicht zu hoch angelassen oder gar in Ferrit und Austenit umgewandelt wird. Für das Wiedererwärmen eignet sich ein Salzbad entsprechender Temperatur am besten, in dem das Werkstück nur so lange verweilt, bis die aufgekohlte Randschicht die ausreichende Temperatur hat. Auch ein induktives Erwärmen ist anwendbar.

Wenngleich mit dieser Art der Behandlung bestmögliche Eigenschaften für Kern und Rand erzielbar sind, wird das Doppelhärten wegen des höheren Aufwandes und vor allem wegen des besonders starken Verzuges relativ selten angewendet.

143

Abschrecken beim Einsatzhärten

Für das Abschrecken gilt, wie allgemein beim Härten: So schnell wie
nötig, so langsam wie möglich. Da die aufgekohlte Randschicht
immer unmittelbar mit dem Abschreckmittel in Berührung kommt und
im allgemeinen nicht sehr dick ist, erfordert sie selbst kein besonders
intensiv wirkendes Abschreckmittel. Die Auswahl des Abschreckmittels richtet sich meist nach den Anforderungen des Kerns und damit
nach den härtungstechnisch wesentlichen Abmessungen des Werkstückes. Folgende Tendenz gilt: Je größer die durchzuhärtende Dicke
bzw. der Durchmesser ist, um so intensiver muß das Abschreckmittel
wirken, um auch im Werkstücksinneren noch die kritische Abkühlgeschwindigkeit zu erreichen. Spielen die Kerneigenschaften eine unter-
geordnete Rolle, richtet sich das Abschreckmittel nur nach dem Rand
und kann dann im allgemeinen recht mild gewählt werden, z.B. Öl
oder Warmbad.

Nach Salzbadaufkohlung ist darauf zu achten, daß anhaftendes Salz
sich mit dem Abschreckmittel verträgt, was nicht selbstverständlich
ist.

Tiefkühlen

Da die Martensitbildungs-Endtemperatur M_f je nach dem im Austenit
gelösten Kohlenstoffgehalt mehr oder weniger weit unter der Raumtemperatur liegt (Bild 1.4-9), verbleibt unter Umständen Restaustenit
im Randgefüge. Durch weiteres Absenken der Temperatur bis M_f läßt
sich der Restaustenit in Martensit umwandeln. Die Abkühlgeschwindigkeit spielt dabei keine Rolle, da der Kohlenstoff unterhalb Raumtemperatur ohnehin nicht mehr diffusionsfähig ist. Allerdings darf das
Tiefkühlen nicht nach einem zu langen Lagern der Werkstücke erfolgen, da sich der Restaustenit mit zunehmender Zeit stabilisiert. Zum
Tiefkühlen eignen sich übliche Haushaltstiefkühltruhen (bis ca.
$-50\,°C$), Mischungen aus Trocken-CO_2 und Aceton sowie Kältether-
mostaten.

Anlassen

Allgemeines zum Anlassen ist schon in Kap. 1.4.4 ausgeführt worden.
Nicht ganz selbstverständlich ist, daß sich durch Anlassen der Rest-
austenitanteil verringert. Das Verbleiben von Restaustenit hat den
Grund, daß die bei der Martensitbildung auftretende Volumenzu-
nahme die weitere Bildung von Martensit zunächst behindert und
Austenit nur dann umwandelt, wenn er weiter unterkühlt wird. Wird

144

ein Gefüge aus Martensit und Restaustenit angelassen, so vermindert sich mit der extremen Verzerrung des zwangsübersättigten α-Mischkristalls auch dessen Volumen etwas, so daß ein Grund für die Entstehung weiterer Martensits wegfällt: Der unterkühlte Restaustenit wandelt in Martensit um.

Wegen seiner allgemein positiven – vor allem entspannenden – Wirkung wird grundsätzlich nach dem Einsatzhärten angelassen. Übliche Anlaßtemperaturen liegen zwischen 180 und 250 °C, die Anlaßzeiten betragen 0,5 bis 2 Stunden. Das Anlassen kann in Öl, Warmbädern, warmer Luft oder im Wirbelbett vorgenommen werden.

2.4.2 Nitrieren und verwandte Verfahren

2.4.2.1 Übersicht

Wegen der zahlreichen Varianten, die es außer den „klassischen" Nitrierverfahren gibt, ist eine ordnende Übersicht zweckmäßig. Naturgemäß hinkt ein systematisches Ordnen von Verfahren ihrer Entwicklung und Benennung zeitlich hinterher. Dadurch kann es auch leicht zu Mißverständnissen kommen. Den in DIN 17014 benutzten Benennungen liegt die folgende Sytematik zugrunde.

Zu den Nitrierverfahren zählen nur diejenigen thermochemischen Behandlungen, die *unterhalb* der Umwandlungstemperatur A_1 von Eisen-Kohlenstofflegierungen mit γ-α-Umwandlung vor allem durch die Anreicherung der Randschicht mit Stickstoff gekennzeichnet sind. Dabei ist unerheblich, welche weiteren Elemente zugeführt werden und ob nach dem eigentlichen Nitrieren abgeschreckt wird oder nicht. Im Sinne dieser Ordnung gehören zu den Nitrierverfahren:

– Gas - und Plasmanitrieren,

– Sulfonitrieren,

– Nitrocarburieren in Gas, Salzbad, Pulver oder Plasma,

– Sulfonitrocarburieren.

Das *Carbonitrieren* (vgl. Kapitel 2.4.1.4) gehört im Sinne dieser systematischen Ordnung *nicht* zum Nitrieren, obwohl seine Benennung das vermuten läßt. Nicht mehr zulässig ist außerdem, vom Salzbad*nitrieren* zu sprechen, weil dieses Verfahren immer durch gleichzeitige Aufnahme von Stickstoff *und* Kohlenstoff gekennzeichnet ist, und deshalb als *Nitrocarburieren* zu bezeichnen ist.

2.4.2.2 Kurzbeschreibung des Nitrierens

Nach DIN 17014, T.1 ist Nitrieren ein thermochemisches Behandeln zum Anreichern der Randschicht von Werkstücken mit Stickstoff. Dabei entsteht je nach den Behandlungsbedingungen und der Werkstoffzusammensetzung entweder nur eine Diffusionsschicht oder eine Verbindungs- mit darunterliegender Diffusionsschicht. Die Verbindungsschicht besteht aus Nitriden und gegebenenfalls Carbonitriden; in der Diffusionsschicht wird Stickstoff zunächst im α-Mischkristall gelöst. Der strukturelle Aufbau der erzeugten Schichten sowie ihre Dicke sind entscheidend für die erzielbaren Eigenschaften.

Im Gegensatz zum Einsatzhärten, bei dem nur der Teilprozeß Aufkohlen thermochemischer Natur ist, ist das Nitrieren ein rein thermochemischer Vorgang. Das Nitrieren findet immer unterhalb der Umwandlungstemperatur der Eisen-Kohlenstoff-Legierungen mit γ-α-Umwandlung statt, so daß bei Nitriertemperatur vorliegende gleichgewichtsnahe Zustände nicht verändert werden. Ein Abschrecken nach dem Nitrieren ist im allgemeinen nicht erforderlich, kann aber in bestimmten Fällen zweckmäßig sein.

Ziel des Nitrierens ist das Erzeugen einer Randschicht mit:

– hoher Verschleißbeständigkeit, vor allem bei Gleitreibung,
– geringer Neigung zur Adhäsion (Fressen),
– niedrigem Reibungsbeiwert,
– verbesserter Korrosionsbeständigkeit,
– positivem Einfluß auf die Dauerfestigeit,
– Anlaßbeständigkeit bis etwa 500 °C.

2.4.2.3 Werkstoffe für das Nitrieren

Zum Nitrieren eignen sich grundsätzlich alle Eisenwerkstoffe, jedoch ist das Ergebnis sehr stark von Art und Gehalt der Legierungselemente abhängig.

Als *Nitrierstähle* sind in DIN 17211 vergütbare Stähle bezeichnet, die aufgrund ihrer Gehalte an nitridbildenden Elementen wie Al, Cr, Mo und V durch Nitrieren besonders hohe Oberflächenhärtewerte erreichen, Tabelle 2.4-5 a). In Tabelle 2.4-5 b) sind die für die Wärmebehandlung Vergüten und Nitrieren wesentlichen Daten zusammengestellt. Außer den Nitrierstählen werden jedoch auch viele andere Eisenwerkstoffe wie z.B. Einsatz-, Bau- und Vergütungsstähle, Ven-

Tabelle 2.4-5a. Mechanische Eigenschaften der Nitrierstähle im vergüteten Zustand nach DIN 17211.

Werkstoff-Kurzzeichen	Durchmesser mm	$R_{p0,2}$ N/mm²	Rm N/mm²	A_5 %	KV J	Härte[1] HV 1
31 CrMo 1 2	≤ 100	800	1000...1200	11	35	800
	100...250	700	900...1100	12	45	
31 CrMoV 9	≤ 100	800	1000...1200	11	35	800
	100...250	700	900...1100	12	45	
15 CrMov 5 9	≤ 100	750	900...1100	10	30	800
	100...250	700	850...1050	12	35	
34 CrAlMo 5	≤ 70	600	800...1000	14	35	950
34 CrAlNi 7	≤ 100	650	850...1050	12	30	950
	100...250	600	800...1000	13	35	

[1] Anhaltswerte nach Nitrieren bzw. Nitrocarburieren.

Tabelle 2.4-5b. Anhaltsangaben zur Wärmebehandlung der Nitrierstähle nach DIN 17211.

Werkstoff-Kurzzeichen	Härte-Temp. °C	Abschreck-Medium	Anlaß-Temp. °C	Gas- u. Plasma-Nitrier. °C	Nitrocarburieren Gas/Salzbad °C	Nitrocarburieren Pulver/Plasma °C
31 CrMo 1 2	870...910	Öl	570...700	500 bis 520	570 bis 580	≤ 580
31 CrMoV 9	840...880	Öl/Wasser	570...680			
15 CrMoV 5 9	940...980	Öl/Wasser	600...700			
34 CrAlMo 5	900...940	Öl/Wasser	570...650			
34 CrAlNi 7	850...890	Öl	570...660			

tilstähle, Werkzeugstähle, Schnellarbeitsstähle, hochfeste und nichtrostende Stähle sowie auch Gußeisen mit Erfolg nitriert.

2.4.2.4 Entstehung und Struktur der Nitrierschichten

Für das Verhalten des reinen Eisens gegenüber Stickstoff bietet das
Zustandsschaubild Fe-N, Bild 2.4-19, die Grundlage zum Verständnis des Entstehens der unterschiedlichen Schichten. Auch wenn die
wahren Verhältnisse durch dieses Bild nicht genau wiedergegeben
werden können, da es für reine Eisen-Stickstofflegierungen gilt, zeigt
es, daß α-Eisen bei 590 °C mit 0,1 % seine maximale Löslichkeit für
Stickstoff hat. Höhere Stickstoff-Gehalte führen demnach zur Bildung
von Eisen-Nitriden. Damit verhält sich das Eisen gegenüber Stickstoff
sehr ähnlich wie gegenüber Kohlenstoff. Die immer vorhandenen
Legierungselemente des Eisens, insbesondere der Kohlenstoff, beeinflussen natürlich die *Daten* des Zustandsschaubildes, nicht jedoch das
grundsätzliche Verhalten. Wird einem Stahl an der Oberfläche unterhalb der eutektoidischen Temperatur von 590 °C Stickstoff in atomarer Form angeboten, so reichert sich der vorliegende Ferrit durch
Diffusion bis zur Sättigung mit ca. 0,1 % Stickstoff an. Weiteres ausreichendes Stickstoffangebot führt dann an der Oberfläche zunächst
zur Entstehung des kubisch-flächenzentrierten (kfz) γ'-Nitrides Fe_4N

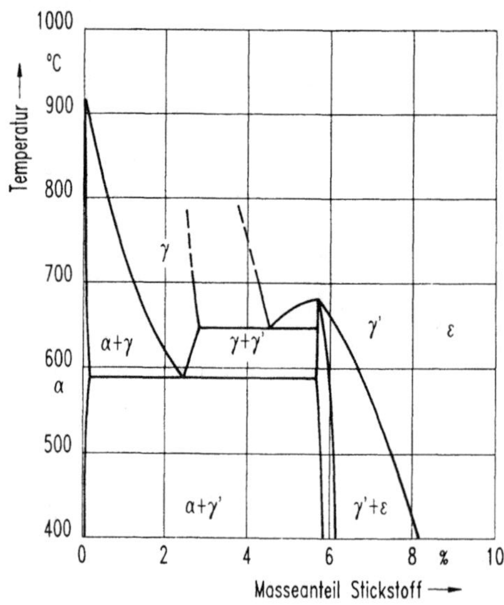

Bild 2.4-19. Eisen-Seite des Zustandsschaubildes Eisen-Stickstoff. Nach [37], S. 63.

148

und bei entsprechendem weiteren hohen Stickstoff-Angebot zur Bildung des hexagonal dichtest gepackten (hdp) ε-Nitrides $Fe_{2-3}N$. Diese intermediären Kristallarten werden im allgemeinen Sprachgebrauch als *Verbindungen* bezeichnet, obwohl es keine chemischen Verbindungen sind (vgl. Kapitel 1.3.1).

Die Diffusionsgeschwindigkeit innerhalb der sich bildenden Nitridschicht ist sehr gering, so daß die Schicht auch bei langen Behandlungszeiten sehr dünn bleibt. In der nach innen anschließenden ferritischen Zone kann der Stickstoff relativ gut diffundieren; sie nimmt ständig Stickstoff bis zur Maximallöslichkeit auf und wird dadurch im Vergleich zur Nitridschicht recht dick. Die entstehende Nitridschicht wird als *Verbindungsschicht*, die nach innen anschließende Zone erhöhten Stickstoff-Gehaltes als *Diffusionsschicht* bezeichnet. Im metallografischen Schliffbild erscheint die Verbindungsschicht wegen ihrer Beständigkeit gegenüber üblichen Ätzmitteln meist weiß. Ihre Dicke beträgt je nach Behandlungsdauer etwa 5 bis 25 µm. In der Verbindungsschicht treten praktisch immer Poren auf, die entweder einen außen verlaufenden Porensaum bilden oder vereinzelt sind. Als wahrscheinlich Ursache der Poren gilt die Rekombination von Stickstoffatomen zu -Molekülen bei hohem Stickstoffangebot des Nitriermediums. Die weiter innen liegende Diffusionsschicht ist im Schliffbild nicht erkennbar, wenn durch schnelles Abkühlen von Nitriertemperatur der Stickstoff im Ferrit gelöst bleibt. Wird dagegen langsam abgekühlt oder nach schneller Abkühlung angelassen auf ca. 300 °C, kommt es zu äußerst feinen Nitridausscheidungen aus dem Ferrit, dessen Löslichkeit für Stickstoff ja nur bei erhöhter Temperatur etwa 0,1 % beträgt. Anhand dieser Auscheidungen ist die Diffusionsschicht erst nachweisbar, Bild 2.4-20.

Bild 2.4-20. Gefüge eines gasnitrierten Werkstückes aus dem Stahl 31 CrMoV 9. 100 : 1. Werkbild Krupp MaK, Kiel. Die Verbindungsschicht erscheint weiß; die darunterliegende Diffusionsschicht von etwa 0,4 mm Dicke ist gut zu erkennen.

In den meisten Anwendungsfällen sind die Eigenschaften der *Verbindungsschicht* für das erzielbare Bauteilverhalten entscheidend. Ohne besondere Maßnahmen besteht diese Schicht aus γ'- und ε-Nitrid, von denen das γ'-Nitrid weniger hart, aber auch weniger spröde ist. In relativ dicken Schichten aus beiden Nitriden kann es aufgrund von Eigenspannungen zu Mikrorissen kommen, die sich vor allem auf das Dauerfestigkeitsverhalten negativ auswirken. Günstiger verhalten sich einphasige Schichten, die entweder nur aus γ'-Nitrid oder nur aus ε-Nitrid bestehen. Einphasige γ'-Nitridschichten sind durch schwach dosiertes Stickstoffangebot (z.B. beim Plasmanitrieren) erzielbar. Einphasige ε-Nitridschichten ergeben sich durch zusätzliches Eindiffundieren von Kohlenstoff (Nitrocarburieren).

2.4.2.5 Eigenschaften und Prüfgrößen nitrierter Werkstücke

Wenn auch die durch Nitrieren entstandene Härte keinen unmittelbaren Aufschluß über die sich ergebende Gebrauchseignung, z.B. bei Verschleiß- oder Dauerschwingbeanspruchung gibt, stellt sie doch die einzige Prüfgröße dar, mit deren Hilfe sich der Behandlungserfolg einigermaßen wirtschaftlich überprüfen läßt. In diesem Sinne gelten als Prüfgrößen für nitrierte Teile:

- Oberflächenhärte,

- Nitrierhärtetiefe Nht.

Die Oberflächenhärte bedarf keiner besonderen Definition; auf Probleme ihrer zuverlässigen Messung wird weiter unten hingewiesen. Das Ermitteln der *Nitrierhärtetiefe* erfordert entsprechend DIN 50190, Teil 3 die Zerstörung eines nitrierten Werk- oder Probestückes, da an einem *Querschliff* mindestens eine Härteverlaufskurve aufzunehmen ist. Als Nitrierhärtetiefe ist derjenige senkrechte Abstand vom Rand definiert, bei dem die Härte um 50 HV über dem Istwert der Kernhärte liegt, Bild 2.4-21. Im Regelfall ist HV 0,5 zu messen; nach Vereinbarung sind minimal HV 0,3 und maximal HV 2 zulässig. Als Istwert der Kernhärte wird die Härte angesehen, die im Abstand von etwa dem Dreifachen der erwarteten Nitrierhärtetiefe gemessen wird. Normgerechte Schreibweisen für die Nitrierhärtetiefe sind zum Beispiel:

Nht 350 = 0,3 mm oder kurz 0,3 Nht 350.

Das Ermitteln der Nitrierhärtetiefe ist wegen des genormten Verfahrens nicht problematisch, wenn man einmal vom Aufwand für das Herstellen des Querschliffes mit hinreichend glatter Prüffläche ab-

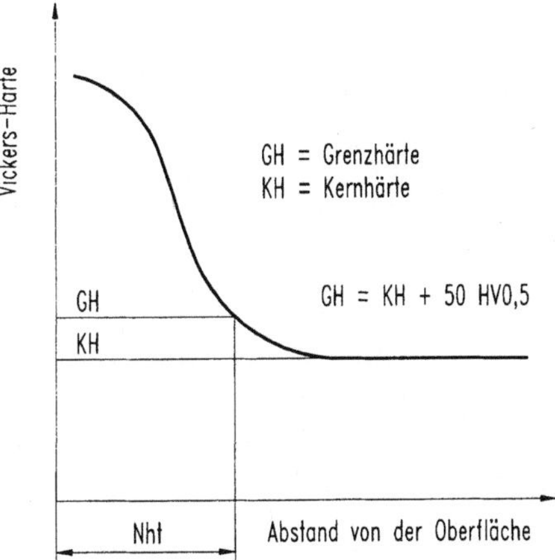

Bild 2.4-21. Definition der Nitrier-härtetiefe Nht, ermittelt aus einer Härteverlaufskurve an einem Querschliff. Nach DIN 50190, Teil 3.

sieht. Es darf jedoch nicht übersehen werden, daß dabei nicht zwingend ein zuverlässiger Wert für die Oberflächenhärte gewonnen wird, da eine korrekte Härtemessung in der nur wenige Mikrometer dicken Verbindungsschicht hoher Härte mit dem gewöhnlichen Vickers-Verfahren kaum möglich, aber auch nicht erforderlich ist.

Das Messen der Oberflächenhärte ohne Herstellen eines Querschliffes ist aus folgenden Gründen problematisch:

– Wegen der geringen Dicke der Verbindungsschicht sind nur niedrige Prüfkräfte zulässig, wenn das Ergebnis nicht durch die tiefergelegenen Bereiche geringerer Härte verfälscht werden soll;
– Bei den zulässigen niedrigen Prüfkräften wird jedoch das Ergebnis der Vickers-Härteprüfung systematisch um so mehr zu höheren Härtewerten hin verfälscht, je geringer die Prüfkraft ist [39].

Das folgende Beispiel soll die Schwierigkeit korrekter Härtemessung an dünnen Schichten verdeutlichen:

Bei einer erwarteten Verbindungsschichtdicke von s = 0,015 mm und einer geforderten Oberflächenhärte von 900 HV 1 ergäbe sich bei Verwendung der zugehörigen Prüfkraft F = 9,81 N (Laststufe 1) eine Eindruck-Diagonale d:

$$d = \sqrt{\frac{1{,}854 \cdot 0{,}102 \cdot F}{HV}} = \sqrt{\frac{1{,}854 \cdot 0{,}102 \cdot 9{,}81}{900}} = 0{,}045 \text{ mm}$$

Die zugehörige Eindringtiefe h beträgt

h ≈ d/7 = 0,0065 mm

Zulässig ist aber nach DIN 50133 nur h = s/10, im Beispielfall also:

$\quad$ $h_{zul} = 0{,}0015$ mm

Die bei Prüfkraft F = 9,81 N zu erwartende Eindringtiefe wäre demnach mehr als das Vierfache des zulässigen Wertes. Den Gesetzmäßigkeiten der Vickershärteprüfung entsprechend müßte demnach die Prüfkraft im Verhältnis

$$(h_{zul}/h_{vorh})^2$$

verringert werden. Im angenommenen Fall dürfte also nur 1/16 der Prüfkraft 9,81 N, d.h. etwa 0,5 N entsprechend Laststufe 0,05 verwendet werden. Mit dieser geringen Prüfkraft würde aber die Härte zu hoch gemessen werden!

Trotz der dargelegten Problematik der Messung der Oberflächenhärte stellt sie jedoch die einfachste Methode zur schnellen und beschädigungsarmen Kontrolle der Gleichmäßigkeit nitrierter Werkstücke dar. Zu achten ist auf das Verwenden der immer gleichen Prüfkraft bei gleichartigen Werkstücken. In DIN 6773, Teil 5 sind Empfehlungen zur Wahl der Prüfkraft, abhängig von Oberflächenhärte und Nitrierhärtetiefe zu finden. Häufig läßt sich die Härteprüfung an Stellen des Werkstückes ausführen, die für die Bauteilfunktion nicht von Bedeutung sind, so daß, wenn nötig, eine 100%- Kontrolle möglich ist. Die zur Durchführung von Vickershärteprüfungen mit geringen Prüfkräften erforderliche glatte Oberfläche ist an nitrierten Werkstücken ohnehin meist gegeben.

Hinzuweisen ist auf neuere Härteprüfverfahren, die den Eindringvorgang des Prüfkörpers bei von Null aus ansteigender Prüfkraft sehr empfindlich registrieren, und dadurch eine Härte-Ermittelung auch bei beliebigem Verlauf der Härte in Abhängigkeit vom Oberflächenabstand ermöglichen. Die so ermittelte Härte wird als Universalhärte bezeichnet [39].

Härteangaben für nitrierte Werkstücke sind aus den dargelegten Gründen grundsätzlich kritisch zu werten, da sie häufig mit sehr unterschiedlichen Prüfkräften ausgeführt sind. Bei *geforderten* Werten der Oberflächenhärte sollte die zu verwendende Prüfkraft in Form des normgerechten Kurzzeichens für die Prüfbedingung, wie z.B. HV0,5 entsprechend DIN 50133 angegeben werden.

Die Härte der Verbindungsschicht wird hauptsächlich von der Zusammensetzung des nitrierten Werkstoffes und damit von der Art der sich bildenden Nitride bestimmt. Sie beträgt nach [38] an Querschliffen mit sehr geringer Prüflast gemessen:

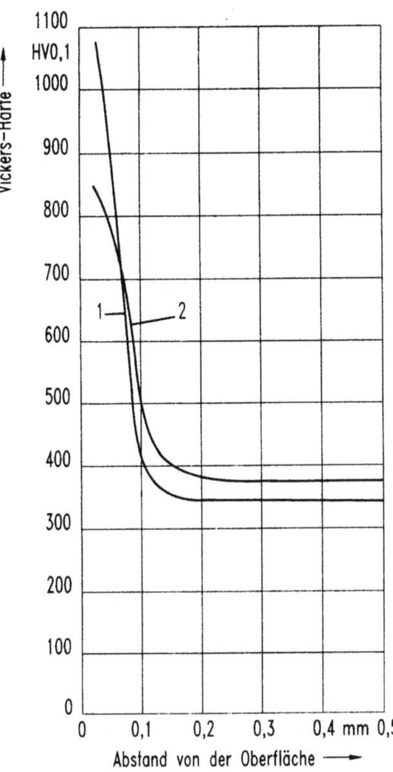

Bild 2.4-22. Härteverlaufskurven salzbadnitrocarburierter, vorvergüteter Werkstücke. Kurve 1: 34 CrAlMo 5 V; Kurve 2: 31 CrMoV 9 V. Nach [38].

– für unlegierte Stähle ca. 700 bis 900 HV0,01
– für legierte Stähle ca. 1000 bis 1500 HV0,01.

Der gleichen Quelle entstammt Bild 2.4-22, dessen Ergebnisse mit HV0,1, also der 10 fachen Prüfkraft gegenüber den obigen Werten ermittelt wurden. Die durchweg niedrigeren Härtewerte dürften für den Anwender wohl realistischer sein, bedeuten aber nicht etwa, daß die obigen Werte nicht richtig sind! Mit der nach DIN 50190, Teil 3 vorgesehenen Regelprüfkraft 4,9 N (HV0,5) wären die Ergebnisse wahrscheinlich noch niedriger ausgefallen. Zu berücksichtigen ist allerdings bei der Bewertung solcher Ergebnisse, daß die Oberflächenhärte nur auf das Reibverschleißverhalten unmittelbar Einfluß hat; auf die übrigen durch Nitrieren erzielbaren Eigenschaften kann man allein aus der Oberflächenhärte nicht schließen.

Wie in der Verbindungsschicht hängen auch in der Diffusionsschicht die Eigenschaften in ausgeprägter Weise von der Werkstoffzusammensetzung ab. Bei unlegierten Stählen ist sie relativ weich, wenn sich beim langsamen Abkühlen nach dem Nitrieren nur vereinzelt gröbere Nitride bzw. Carbonitride aus dem Ferrit ausscheiden. Eine Festigkeitszunahme in der Diffusionsschicht kann hier durch Abschrecken von Nitriertemperatur erreicht werden, wobei der Stickstoff im Ferrit zwangsgelöst bleibt. Dieser instabile Zustand ist allerdings gegen Temperaturerhöhung empfindlich.

Bei den mit stark zur Nitridbildung neigenden Elementen legierten Stählen scheiden sich bereits bei Nitriertemperatur sehr feindispers verteilte Sondernitride bzw. Carbonitride aus dem Ferrit aus, die so beachtliche Verfestigungswirkungen haben können, daß es zweckmäßig sein kann, eine porige oder zweiphasige Verbindungsschicht durch Schleifen zu entfernen. Danach liegen dennoch zweckentsprechende Dauerfestigkeits- und sogar Verschleißeigenschaften vor. Die bei Nitriertemperatur ausgeschiedenen Nitride sind bis zu Temperaturen von 600 °C anlaßbeständig [26].

Der Einfluß des Nitrierens auf *Dauerfestigkeit, Verschleiß- und Korrosionsbeständigkeit* ist nur mit den dafür geeigneten Langzeitversuchsmethoden zu ermitteln. Der positive Einfluß des Nitrierens auf die *Dauerfestigkeit* bei schwingender Biege- oder Torsionsbeanspruchung beruht zum einen auf der Erhöhung der Zugfestigkeit in der gesamten Nitrierschicht, zum anderen auf Druckeigenspannungen infolge einer Volumenzunahme vor allem in der Verbindungsschicht. Die mögliche Erhöhung der Dauerfestigkeit hängt ab von:

– Werkstoff und dessen Vorbehandlungszustand,
– Bauteilgestalt und daraus resultierender Beanspruchung, insbesondere dem Spannungsgradienten,
– Aufbau und Dicke der gesamten Nitrierschicht.

Wegen der Vielzahl der Einflußfaktoren sowie der geringen Dicke der Schicht sind allgemeine Angaben nicht möglich. Bild 2.4-23 zeigt beispielhaft den Einfluß der mit der Behandlungsdauer zunehmenden Schichtdicke auf die Dauerfestigkeit. Aus dem Bild geht auch hervor, daß bei vorhandener Kerbwirkung von einer bestimmten Schichtdicke an keine weitere Steigerung mehr erfolgt. Im Interesse verbesserter Dauerfestigkeitseigenschaften ist ein möglichst geringer Festigkeitsunterschied zwischen Nitrierschicht und tragendem Werkstoff bedeutsam. Deshalb wirkt sich das Nitrieren vor allem nach dem Vergüten positiv aus, und, wenn in der Diffusionsschicht Nitridausscheidungen in feindisperser Form vorliegen.

154

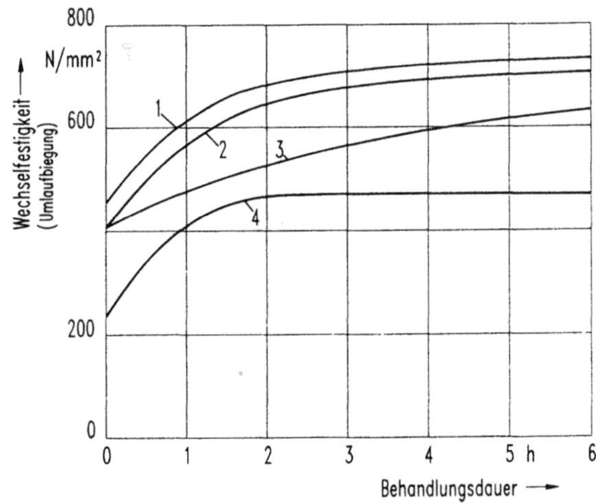

Bild 2.4-23. Einfluß der Behandlungsdauer und der Abkühlart beim Nitrocarburieren auf die Wechselfestigkeit an Proben aus 3 C 45 (früher Ck
45).
Kurve 1: Glatte Probe, Vergütungsfestigkeit $R_m = 950$ N/mm²,
Wasserabschreckung;
Kurve 2: Glatte Probe, Vergütungsfestigkeit $R_m = 800$ N/mm², Wasserabschreckung;
Kurve 3: Glatte Probe, Vergütungsfestigkeit $R_m = 800$ N/mm², Luftabkühlung;
Kurve 4: Gekerbte Proben ($\alpha_K = 2$), Vergütungsfestigkeiten von 700
bis 950 N/mm².
Nach [38].

Die Verbesserung des *Verschleißverhaltens* nitrierter Bauteile ist
nicht, wie man vordergründig vermuten könnte, hauptsächlich durch
die Härte bestimmt, sondern von folgenden zusätzlichen Einflüssen
abhängig:

– Reibungsbeiwert,

– Neigung zur Adhäsion (Fressen) am Partner,

– Neigung zu chemischen Reaktionen,

– Abriebbeständigkeit.

Diese Einflußgrößen werden durch das Nitrieren auch dann entscheidend verbessert, wenn keine besonders hohen Härtewerte erreicht
werden. So kann insbesondere der Gleitverschleiß bei niedrigen bis
mittleren Flächenpressungen selbst bei relativ geringen absoluten
Härtewerten deutlich vermindert werden. Wälzverschleiß bei hoher

155

Tabelle 2.4-6. Beispiele für empfohlene Nitrierschichten auf Bauteilen. Nach [1].

Beanspruchungsart (Beispiele)	Verbindungsschicht		Nitrierhärtetiefe mm	Geeignete Werkstoffe	Bauteil-Beispiele
	Art	Dicke/μm			
Atmosphärische Korrosion, Gleitverschleiß bei niedriger Flächenpressung	$\varepsilon + \gamma'$	≤ 10	belanglos	2 C 15, 2 C 45 Allgemeine Baustähle, Ventilstähle	Kolbenstangen, Zylinder, Pumpenteile, Scheiben, Spindeln, Ventilschäfte
Gleitverschleiß bei niedriger Flächenpressung	$\varepsilon + \gamma'$	≤ 20	$\leq 0,5$	2 C 15, 2 C 45 GG–25, GGG–60	Wellen, Kolben, Gehäuse, Buchsen, Scheiben
Gleitverschleiß bei mittlerer Flächenpressung	$\varepsilon + \gamma'$	≤ 15	$\leq 0,5$	2 C 45, 34 Cr 4, 16 MnCr 5, 42 CrMo 4, GGG–60	Gleitschienen, Schnecken, Kegelräder, Gewindespindeln
Mittlere Forderungen an Dauerfestigkeit bei Biegung bzw. Torsion und Verschleiß	$\varepsilon + \gamma'$ / γ'	≤ 15 / ≤ 10	$\leq 0,5$	2 C 45, GGG–60, 34 Cr 4, 16 MnCr 5, 42 CrMo 4	Nockenwellen, Pleuel, Kurbelwellen, Achsschenkel
Hohe Forderungen an Dauerfestigkeit bei Biegung bzw. Torsion und Verschleiß	γ' ohne Verbindungsschicht	≤ 10	$> 0,5$	34 CrMo 4, 42 CrMo 4, 30 CrMoV 9, 36 CrNiMo 4	Größere Zahnräder und Kurbelwellen

Flächenpressung erfordert eine einphasige Verbindungsschicht aus γ-Nitrid, die keineswegs gleichbedeutend mit höchstmöglicher Härte ist. Auch die Verschleißbeständigkeit nitridhaltiger Diffusionsschichten, wie sie nach dem Abarbeiten einer porösen oder rißbehafteten Verbindungsschicht zutagetreten, ist gegenüber dem nicht nitrierten Zustand für viele Anwendungsfälle ausreichend erhöht.

In Tabelle 2.4-6 sind Beispiele für empfohlene Nitrierschichten, ihre Ausbildung und Dicke, geeignete Werkstoffe und Bauteilbeispiele zusammengestellt.

Die *Korrosionsbeständigkeit* wird wegen der chemischen Inaktivität der Nitride um so mehr verbessert, je höher deren Stickstoffgehalt ist. In diesem Sinne sind Verbindungsschichten, die überwiegend aus ε-Nitrid mit etwa 10 % Stickstoff bestehen, am wirksamsten und in ihrer Wirkung mit Hartchromschichten vergleichbar [1], S. 327.

Maßänderungen nitrierter Teile sind unvermeidbare Folge einer Volumenzunahme, vor allem in der Verbindungsschicht. Wegen deren geringer Dicke sind auch die Maßänderungen recht gering, und lassen

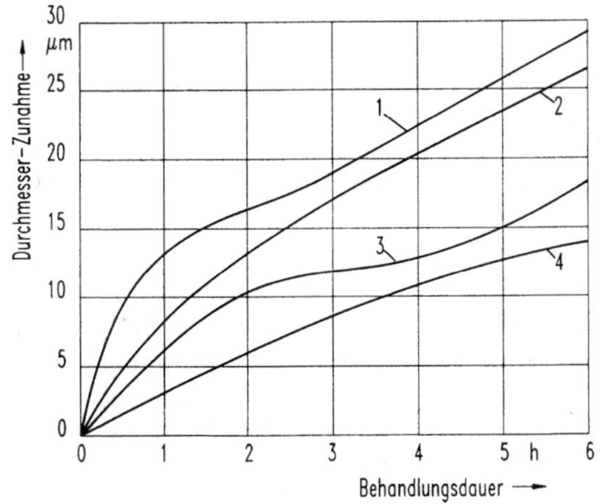

Bild 2.4-24. Einfluß der Behandlungsdauer auf die Durchmesser-Zunahme an salzbadnitrocarburierten Rundproben von 30 mm Durchmesser und 80 mm Länge.
Kurve 1: 3 C 45 (früher Ck 45), vergütet;
Kurve 2: Wie Kurve 1, aber normalgeglüht;
Kurve 3: 41 Cr 4, vergütet;
Kurve 4: Wie Kurve 3, normalgeglüht.
Nach [38].

sich aufgrund von Erfahrungswerten durch entsprechendes Untermaß der Werkstücke kompensieren, Bild 2.4-24. Zusätzlich zu den unvermeidbaren Maßänderungen kann ungleichmäßiges Erwärmen bzw. Abkühlen insbesondere bei größeren oder kompliziert gestalteten Werkstücken zu Eigenspannungen und begleitenden Maß- und Formänderungen führen. Auch Nitrieren an Werkstücken, die vorher bereits eine andere Wärmebehandlung erfahren haben, wie Härten oder Vergüten, kann zusätzliche Maß- und Formänderungen durch bei Nitriertemperatur stattfindende Gefügeumwandlungen verursachen. Gegenmaßnahmen sind möglichst gleichmäßiges Erwärmen und Abkühlen bzw. *Blindnitrieren* vor der Endbearbeitung durch Spanen. Unter Blindnitrieren ist eine Wärmebehandlung zu verstehen, die ausschließlich den Temperatur-Zeitverlauf eines Nitrierens simuliert, ohne die Zusammensetzung des Werkstückes zu verändern. In vielen Anwendungsfällen ist aufgrund der geringen oder vorher berücksichtigten Maßänderungen eine spanende Bearbeitung nach dem Nitrieren nicht mehr erforderlich.

2.4.2.6 Nitrierverfahren

Gasnitrieren

Die für den Nitriervorgang wesentliche Gaskomponente ist Ammoniak NH_3, das in Anteilen von 25 bis 75% in unterschiedlichen Trägergasen enthalten ist. Die aufstickende Wirkung kommt durch Dissoziation des Ammoniaks zustande, wobei das Eisen der Werkstückoberfläche als Katalysator fungiert. Die Reaktionsgleichung für die Dissoziation lautet:

$$2\,NH_3 \;\rightleftharpoons\; 3\,H_2 + N_2 \tag{2.4.26}$$

Dabei ist zu berücksichtigen, daß lediglich ein Teil des während der Aufspaltung entstehenden *atomaren* Stickstoffs in das Werkstück hineindiffundieren kann und die sich bildenden Stickstoff*moleküle* für den Nitrierprozeß unwirksam sind. Aus diesem Grund ist die Gasatmosphäre ständig umzuwälzen und zu erneuern.

Die Nitrierwirkung gegenüber reinem Eisen läßt sich als Funktion des Partialdruckverhältnisses und der Temperatur im Phasendiagramm nach LEHRER darstellen, Bild 2.4-25. Zur praktischen Ermittelung des Partialdruckverhältnisses wird der Dissoziationsgrad d herangezogen:

$$d = \frac{V_{H_2} + V_{N_2}}{V_{NH_3} + V_{N_2} + V_{H_2}} \tag{2.4.27}$$

158

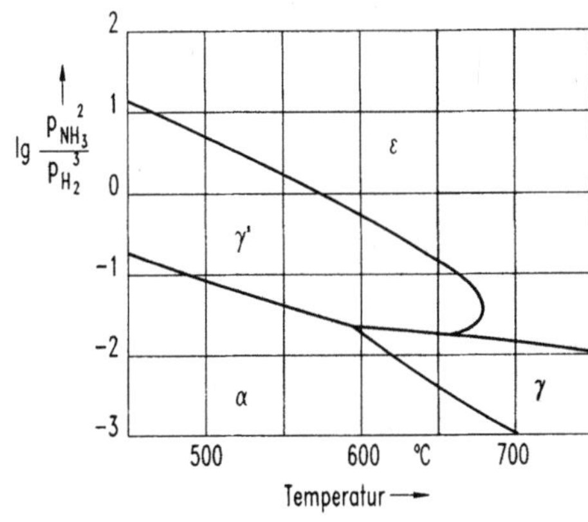

Bild 2.4-25. Phasendiagramm Eisen-Stickstoff nach LEHRER: Abhängigkeit der Phasen vom Partialdruckverhältnis und von der Temperatur. Nach [1], S. 304.

Der so definierte Wert ist zwar nicht ganz korrekt, da er die beim Zerfall des NH_3 auftretende Volumenverdoppelung nicht berücksichtigt. Er läßt sich aber relativ einfach ermitteln, da sich der wasserlösliche Ammoniak-Anteil am Gesamtvolumen leicht von den nicht wasserlöslichen Anteilen trennen läßt. Der wahre Dissoziationsgrad α ergibt sich aus

$$\alpha = \frac{V_{H_2} + V_{N_2}}{2V_{NH_3} + V_{N_2} + V_{H_2}} \tag{2.4.28}$$

Mit d ist er durch folgende Beziehung verknüpft:

$$\alpha = \frac{d}{2-d} \tag{2.4.29}$$

Mit Hilfe von α lassen sich die Partialdrücke der Komponenten einfach berechnen:

$$p_{NH_3} = \frac{1-\alpha}{1+\alpha} \cdot p_{ges} \tag{2.4.30}$$

$$p_{H_2} = \frac{1,5\,\alpha}{1+\alpha} \cdot p_{ges} \tag{2.4.31}$$

$$p_{N_2} = \frac{0,5\,\alpha}{1+\alpha} \cdot p_{ges} \tag{2.4.32}$$

Als Richtwert für den Dissoziationsgrad d gelten 30 bis 60%. Durch Verändern des Dissoziationsgrades kann der Nitriervorgang beim mehrstufigen Nitrieren gesteuert werden. So führt ein anfänglich

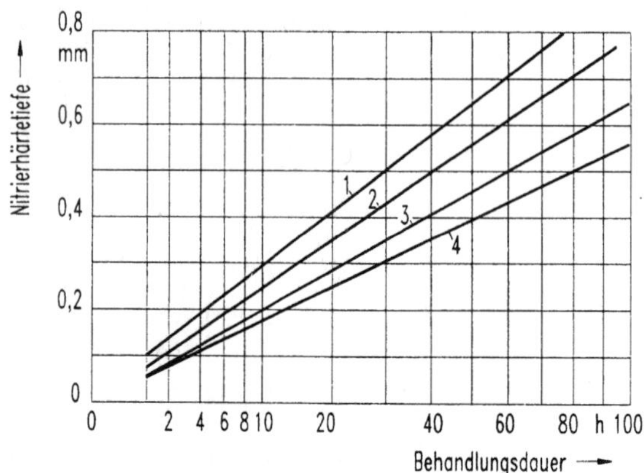

Bild 2.4-26. Einfluß der Behandlungsdauer auf die Nitrierhärtetiefe beim Gasnitrieren.
Kurve 1: 32 AlCrMo 4;
Kurve 2: 34 CrAl 6;
Kurve 3: 31 CrMoV 9;
Kurve 4: 34 CrAl 6.
Nach [38].

geringer Dissoziationsgrad, also hohes NH_3-Angebot, zum Wachsen von Verbindungs- und Diffusionsschicht. Wird in einer zweiten Stufe das NH_3-Angebot reduziert, diffundiert Stickstoff aus der Verbindungsschicht ins Innere, wodurch sich ihre Dicke verringert.

Das Gasnitrieren wird fast ausschließlich für die mit Nitridbildnern legierten Nitrierstähle angewendet, da sich bei unlegierten Stählen eine sehr spröde Nitridschicht bildet, die zum Abplatzen neigt. Die üblichen Nitriertemperaturen betragen 510 bis 590 °C, die Nitrierdauern liegen je nach geforderter Schichtdicke zwischen 4 und 100 Stunden. Dabei ergeben sich Nitrierhärtetiefen bis zu 0,8 mm, Bild 2.4-26. Obwohl die im Bild gezeigten Ergebnisse sich auf heute in der Zusammensetzung nicht mehr genormte Stähle beziehen, sind die Tendenzen übertragbar. In vielen Fällen wird die aus γ'- und ε-Nitriden bestehende dünne Verbindungsschicht abgeschliffen, und nur die durch ausgeschiedene Nitride verfestigte Diffusionsschicht ausgenutzt.

Plasmanitrieren

Dieses Nitrierverfahren besteht in einer Niederdruck-Gasentladung in Stickstoff zwischen einem als Anode geschalteten Gefäß und den als

160

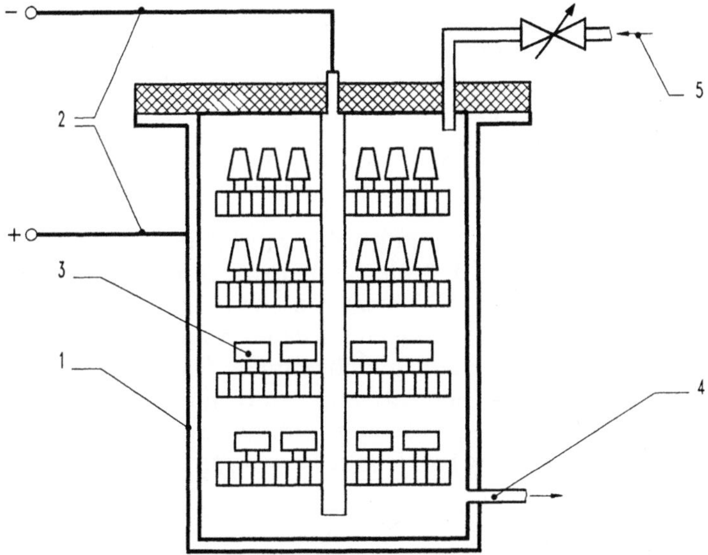

Bild 2.4-27. Schematische Darstellung einer Plasma-Nitrieranlage. Vakuum-
behälter (1), elektrische Versorgung (2), Werkstücke (3), Vakuumanschluß (4), Gaszufuhr (5).

Katode geschalteten Werkstücken, Bild 2.4-27. Dabei erwärmen
energiereiche Stickstoff-Ionen die Werkstücke und lösen Eisenatome
aus der Werkstückoberfläche, die sich zunächst mit atomarem Stickstoff verbinden, dann von der Oberfläche adsorbiert werden und den
Stickstoff an das Werkstück abgeben. Das Verfahren arbeitet mit
Drücken von 0,5 bis 10 mbar, elektrischen Spannungen von 300 bis
1500 V und Stromstärken der Größenordnung 1 bis 250 A. Die Werkstücktemperaturen liegen zwischen 350 und 600 °C, wobei zu berücksichtigen ist, daß die wahre Oberflächentemperatur nur schwierig zu
messen ist. Besonders günstig wirkt sich ein pulsierender Betrieb
(periodischer Wechsel zwischen Evakuieren und Gasentladung) auf
die Nitrierdauer aus. Die erzeugten Schichten können frei von Poren
sein.

Besonderes Merkmal des Plasmanitrierens ist seine außerordentliche
Flexibilität. Durch Variation der Verfahrensparameter einschließlich
der Zusammensetzung der Gasatmosphäre läßt sich die Nitrierwirkung fast beliebig beeinflußen. Wirkt das Gas zusätzlich entkohlend,
entstehen einphasige γ'-Nitridschichten, bei aufkohlender Wirkung
besteht die Verbindungsschicht aus ε-Nitrid. Kohlungsneutrale

Atmosphäre führt zum zweiphasigen Schichtaufbau. Bei entsprechender Verringerung des Stickstoffangebotes oder durch zweistufiges Nitrieren können reine Diffusionsschichten erzeugt werden, die ein Abschleifen der Verbindungsschicht überflüssig machen.

Nitrocarburieren

Nitrierverfahren, bei denen außer Stickstoff auch Kohlenstoff eindiffundiert, werden nach DIN 17014 als *Nitrocarburieren* bezeichnet. Kennzeichnendes Merkmal des Nitrocarburierens ist ein dem Nitrieren ähnlicher Ablauf mit Behandlungstemperaturen unterhalb A_1 des Ausgangswerkstoffzustandes. Beim gleichzeitigen Angebot der beiden Elemente beschränkt sich die Diffusion des Kohlenstoffs auf die Verbindungsschicht. Die Diffusionsschicht nimmt nur Stickstoff auf, da der Ferrit für ihn gegenüber Kohlenstoff etwa die fünffache Löslichkeit besitzt.

Gas-Nitrocarburieren

Das Gasnitrieren wird quasi unbemerkt zum Nitrocarburieren, wenn die Gasatmospäre aufkohlende Komponenten enthält, wie z. B. Propan, Methan oder ähnliche. Der Effekt der gleichzeitigen Kohlenstoffzugabe besteht in einer Begünstigung der Entstehung des ε-Nitrides, sowie der Bildung von Carbonitriden, das sind intermediäre Kristalle, die Eisen bzw. seine Legierungselemente mit Kohlenstoff und Stickstoff bilden.

Plasma-Nitrocarburieren

Dieses ist kein eigenständiges Verfahren, sondern stellt eine der möglichen Varianten des Plasma-Nitrierens dar, das bereits oben beschrieben ist.

Salzbad-Nitrocarburieren

Dieses Verfahren ist unter allen Nitrierverfahren das am häufigsten verwendete, da es bezüglich der zu behandelnden Werkstoffe am universellsten anwendbar ist. Im etwas älteren Schrifttum als Salzbadnitrieren oder kurz Badnitrieren bezeichnet, muß dieses Verfahren wegen seiner stets aufstickenden *und* aufkohlenden Wirkung entsprechend der unter 2.4.2.1 genannten Systematik als Nitrocarburieren bezeichnet werden.

162

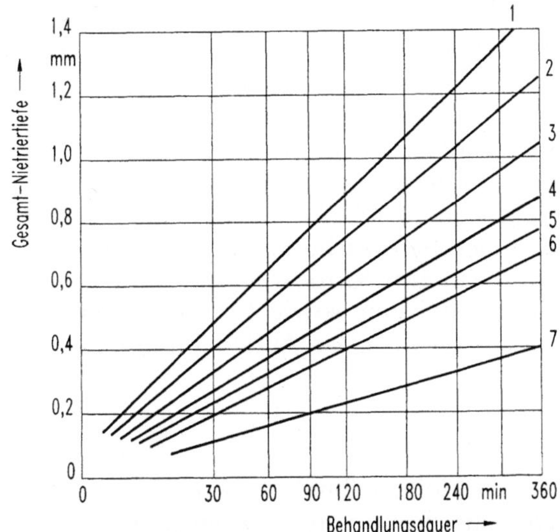

Bild 2.4-28. Einfluß der Behandlungsdauer auf die Gesamt-Nitriertiefe (Verbin-
dungs- plus Diffusionsschicht) beim Salzbad-Nitrocarburieren.
Kurve 1: C 15; Kurve 2: 2 C 45 (früher C 45); Kurve 3: 34 Cr 4; Kurve 4: 2 C 60 (früher C 60); Kurve 5: 42 CrMo 4; Kurve 6: 51 CrV 4;
Kurve 7: Al-legierter Nitrierstahl. Nach [38].

Als Spendermittel werden cyanid- und cyanathaltige Salzschmelzen
verwendet, die prinzipiell denen für das Aufkohlen entsprechen,
jedoch erheblich geringere Cyanidanteile aufweisen. Durch die im
Vergleich zum Aufkohlen niedrige Wirktemperatur von etwa 570 °C
einerseits und durch höheren Cyanatanteil andererseits tritt in diesen
Bädern die aufstickende gegenüber der aufkohlenden Wirkung in den
Vordergrund. Belüftung der Salzschmelzen fördert die Entstehung
eines stickstoffliefernden, instabilen Cyanats ganz wesentlich.

Die auf die Verbindungsschicht begrenzte Aufnahme von Kohlenstoff
führt zur Bildung des ε-Nitrids, in dem Stickstoff teilweise durch Kohlenstoff ersetzt ist (Carbonitrid). Die anschließende Diffusionsschicht
wird praktisch nur mit Stickstoff angereichert. Je nach angestrebter
Wirkung und Werkstückabmessung können mit Behandlungsdauern
von 0,5 bis 4 Stunden dem jeweiligen Zweck entsprechende, ausreichend dicke Schichten erzeugt werden, Bild 2.4-28.

Im Gegensatz zum Gasnitrieren, das speziell für die legierten Nitrierstähle angewendet wird, und zu hoher Oberflächenhärte führt, wird
das Salzbad-Nitrocarburieren vor allem für unlegierte Einsatz-, Bau-

und Vergütungsstähle, für Werkzeugstähle und Gußeisen mit Erfolg eingesetzt. Wie unter 2.4.2.5 schon ausgeführt, werden bei mäßigem Härteanstieg dennoch Verschleiß- und Korrosionsbeständigkeit sowie die Dauerfestigkeit lohnend erhöht. Bei den unlegierten Stählen muß der in die Diffusionszone eingedrungene Stickstoff durch anschließendes Abschrecken in Zwangslösung gehalten werden, wenn eine positive Wirkung erreicht werden soll. Vergütete Stähle sind auf etwa 50 °C über der vorgesehenen Nitrocarburiertemperatur anzulassen, damit kein Festigkeitsverlust beim Nitrocarburieren auftritt. Für die Kontrolle und Pflege der Salzbäder sowie für Sicherheitsvorschriften gilt das im Kapitel 2.4.1.4 über das Aufkohlen in flüssigen Medien Ausgeführte.

Pulver-Nitrocarburieren

Dieses dem Aufkohlen in festen Medien ähnelnde Nitrocarburierverfahren verwendet ein Pulver auf Basis von Calziumcyanamid mit Zusatz von aktivierenden Substanzen. Aus dem Pulver entsteht bei Behandlungstemperatur ein Gasgemisch mit den Komponenten Ammoniak (NH_3) und Kohlendioxid (CO_2). Die zu behandelnden Werkstücke werden in dem Pulver eingepackt und in Kästen in den Ofen gestellt. Die Behandlungstemperatur soll 580 °C nicht überschreiten und etwa 4 bis 5 Stunden lang gehalten werden. Ein Abschrecken ist nicht möglich.

Sulfonitrieren, Sulfonitrocarburieren

Wie aus der Bezeichnung der Verfahren hervorgeht, handelt es sich um Abwandlungen des Nitrierens bzw. Nitrocarburierens, bei denen zusätzlich Schwefel in die behandelten Werkstücke eindiffundiert. Außer den Ergebnissen der schwefelfreien Verfahren können dadurch besonders die Notlaufeigenschaften bei versagender Schmierung oder unbeabsichtigt erhöhter Pressung verbessert werden.

Beim Sulfonitrieren werden den Nitriergasen nicht reaktive schwefelabgebenden Komponenten zugegeben. Das Sulfonitrocarburieren wird in Cyanat-Cyanid-Salzschmelzen mit Schwefel abgebendem Zusatz durchgeführt.

2.4.2.7 Verfahrensauswahl

Bild 2.4-29 zeigt, daß sich am selben Werkstoff mit unterschiedlichen Nitrierverfahren nahezu gleichartige Härteverlaufskurven

164

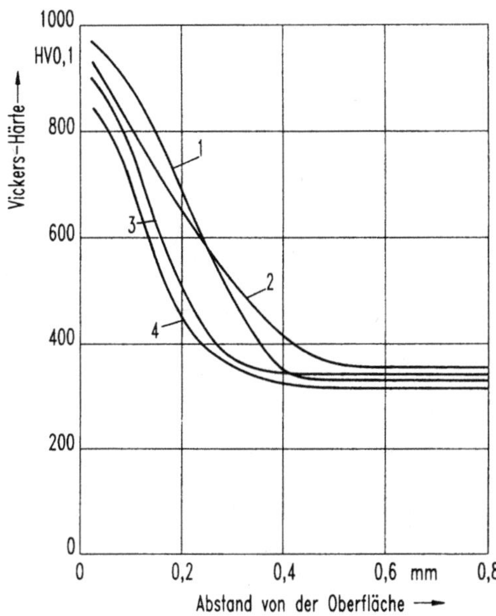

Bild 2.4-29. Härteverlaufskurven nach unterschiedlichen Nitrierverfahren, angewendet an 31 CrMoV 9.
Kurve 1: Gasnitriert, 36 h bei 500 °C;
Kurve 2: Pulvernitrocarburiert, 24 h bei 560 °C;
Kurve 3: Salzbad-nitrocarburiert, 4 h bei 570 °C;
Kurve 4: Plasmanitriert, 20 h bei 510 °C.
Nach [38].

erzielen lassen. Daraus kann allerdings nicht der Schluß gezogen werden, daß die Verfahren für jegliche Anwendung als gleichwertig anzusehen sind, denn dann hätte sicher eins der Verfahren die anderen aus der Anwendung verdrängt. Für die Verfahrensauswahl müssen im Einzelfall neben dem angestrebten Schichtaufbau und der Härteverlaufskurve folgende Entscheidungsmerkmale mit in Betracht gezogen werden:

— Ergibt das Verfahren beim *gegebenen Werkstoff* die geforderten Eigenschaften?

— Ist nach dem Nitrieren ein Abschrecken erforderlich?

— Sind Form- bzw. Maßänderungen kritisch?

— Soll das Nitrieren nur örtlich erfolgen?

— Sind Arbeitssicherheits- und Umweltschutzfragen vorrangig?

— Soll das Verfahren in eine mechanisierte bzw. automatisierte Produktion integriert werden?

— Welche Stückkosten entstehen durch das Verfahren?

Unter jedem dieser Teilaspekte bieten die verschiedenen Verfahren Vor- oder Nachteile, die zu berücksichtigen und gegeneinander abzuwägen sind. Eine allgemeine Antwort auf die obigen Fragen ist nicht möglich; Hinweise sind in [38] zu finden.

2.4.3 Weitere thermochemische Verfahren

2.4.3.1 Übersicht

Einsatzhärten und Nitrieren sind die am häufigsten angewendeten Verfahren der thermochemischen Wärmebehandlung, aber nicht die einzigen. Im Folgenden werden weitere Verfahren behandelt, allerdings nur solche, bei denen – ähnlich dem Aufkohlen bzw. Aufsticken – die Diffusion eines Stoffes in die Randschicht des Werkstückes der entscheidende Mechanismus der Behandlung ist. Dementsprechend werden Verfahren der Schmelztauchbehandlung hier nicht besprochen, da bei ihnen eine *zusätzliche* Schicht aufgebracht wird und die Diffusion ein eher unerwümschter Nebeneffekt ist. Die hier besprochenen Verfahren existieren schon seit längerer Zeit und sie konkurrieren mit den in jüngerer Zeit sich rasch entwickelnden Verfahren des chemischen (CVD) bzw. physikalischen Abscheidens aus der Gasphase (PVD), (vgl. Kapitel 2.7).

2.4.3.2 Borieren

Beim Borieren von Eisenwerkstoffen diffundiert Bor bei relativ hoher Temperatur in die Randschicht und es bilden sich die intermediären Kristallarten FeB und Fe_2B. Ziel der Behandlung ist Erhöhung der Beständigkeit gegen abrasiven Verschleiß und Korrosion. Borierte Teile bewähren sich besonders gut bei Verschleißbeanspruchung durch abrasive Teilchen.

Grundsätzlich geeignet für das Borieren sind unlegierte und legierte Stähle, Gußeisen sowie einige Nichteisenmetalle. Nicht geeignet sind zum Beispiel Schnellarbeitsstähle, da ihre hohen Härtetemperaturen zum Schmelzen des entstehenden Fe_2B-Fe-Eutektikums führen.

Der Aufbau der sich bildenden Boridschicht hängt vom Werkstoff und vom Spendermedium ab. In kohlenstoffarmen Stählen ergibt sich eine zahnförmig vorwachsende Schicht guter Haftung. Eine darunterliegende, äußerst dünne Diffusionsschicht spielt wegen der extrem niedrigen Löslichkeit des Bor im Eisen keine Rolle. Da zweiphasige Schichten zum Abplatzen neigen, wird durch Verringern des Borangebotes der Schichtaufbau in Richtung eines überwiegenden Anteils von

166

Fe$_2$B gesteuert. Die Härte reiner Fe$_2$B-Schichten beträgt etwa 1600 HV0,05, die des FeB ist um etwa 200 HV höher.

Bevorzugtes Spendermittel zum Borieren ist Pulver, auch wenn gasförmige und flüssige Spendermittel anwendbar sind. Die Werkstücke werden in Pulver auf der Basis von B$_4$C mit K(BF$_4$) als Aktivator und SiC zur Steuerung des Borangebotes zur Vermeidung von Oxidation unter Schutzgas bei 900 bis 1000 °C je nach gewünschter Schichtdicke etwa 1 bis 10 Stunden behandelt [26]. Erzeugte Schichtdicken liegen meist im Bereich von 30 bis 150 µm, gelegentlich auch bei 250 µm. Erforderliches Härten von Werkstücken kann nach dem Borieren vorgenommen werden, sofern die Härtetemperaturen nicht zu hoch sind. Oberflächenhärtewerte borierter Werkstücke liegen je nach Grundwerkstoff mit etwa 1800 bis 2000 HV 0,05 deutlich über den Werten nitrierter Schichten [1].

2.4.3.3 Aluminieren

Im Sinne des unter 2.4.3.1 Ausgeführten wird hier nur das Pulveraluminieren behandelt, bei dem bei etwa 1000 °C aus pulverförmigem Spendermittel Aluminium in die Randschicht des Eisenwerkstoffes eindiffundiert und dort vorwiegend Fe$_2$Al$_5$ bildet. Ziel der Behandlung ist das Erzeugen einer gegen Hochtemperaturkorrosion beständigen Randschicht. Als Werkstoffe kommen vor allem niedrigkohlenstoffhaltige Stähle sowie auch Gußeisen in Betracht.

Die Behandlung erfolgt in einem Pulvergemisch aus Aluminium bzw. Ferroaluminium, Aluminiumoxid und Aluminiumchlorid bei etwa 1000 °C ca. 10 bis 20 Stunden lang für eine Schichtdicke von 1,5 mm [1]. Außer der Pulverbehandlung ist auch eine Langzeit-Schmelztauchbehandlung bei etwa 700 °C möglich, wenn nicht zu hohe Schichtdicken angestrebt werden. Die gebildeten Randschichten sind bis etwa 800 °C zunderbeständig, allerdings äußerst spröde.

2.4.3.4 Chromieren

Beim Chromieren von Eisenwerkstoffen entstehen je nach Kohlenstoffgehalt des Werkstückes entweder hoch-chromhaltige Diffusionsschichten bei niedrigem Kohlenstoffgehalt oder es wachsen Chromcarbidschichten auf, wenn das Werkstück höheren Kohlenstoffgehalt hat. Der Zweck des Chromierens ist in jedem Fall ein Verbessern der Korrosionsbeständigkeit, die aufwachsende Chromcarbidschicht besitzt darüber hinaus eine hohe Härte.

Für die Behandlung werden vorwiegend chromliefernde Pulver verwendet, die bei Temperaturen von 1000 bis 1150 °C über gasförmiges Chromchlorid metallisches Chrom an die Werkstückoberfläche transportieren. Diffusionsschichten in kohlenstoffarmen Stählen, die weich sind, erreichen nach mehrstündiger Behandlung Dicken von etwa 0,2 mm, in denen am Rand ein Chromgehalt über 30 % möglich ist. Harte Chromcarbidschichten, die durch Diffusion von Kohlenstoff aus dem Werkstück aufwachsen, erreichen nur Dicken von etwa 0,06 mm. Eine harte Chromcarbidschicht erfordert zu ihrer ausreichenden Abstützung das anschließende Härten des Werkstückes, was wegen der völligen Sprödigkeit der Carbidschicht nicht problemlos ist [1].

Bei Abwandlungen des Chromierens werden zusätzlich Aluminium und/oder Silicium in die Randschicht eingebracht, womit die Zunderbeständigkeit vor allem warmfester, niedrig kohlenstoffhaltiger Stähle weiter verbessert werden kann [1].

2.4.3.5 Silicieren

Durch Silicieren von Stahl oder Gußeisen (vor allem GGG) lassen sich siliciumreiche Randschichten erzeugen, die die Korrosionsbeständigkeit gegenüber Säuren erhöhen. Vorwiegend wird das Gas-Silicieren angewendet, wobei als Spendermittel Ferrosilicium und Siliciumcarbid in Gegenwart von Chlor fungieren und bei Temperaturen von 950 bis 1050 °C innerhalb von 1 bis 2 h Schichtdicken von 1 bis 1,5 mm Dicke aus einem Silicium-Eisen-Mischkristall mit bis zu 15 % Si-Gehalt bilden. Eine nennenswerte Härtesteigerung ist mit dem Silicieren nicht verbunden (190 bis 250 HV) [1].

2.4.3.6 Titanieren

Das Titanieren dient je nach Grundwerkstoff dem Erzeugen von Titan-, Titan-Eisenverbindungs- oder Titancarbidschichten auf niedriglegierten und höherlegierten Stählen sowie auf Hartmetallen [1]. Titanieren dient bei niegrigkohlenstoffhaltigen Stählen der Erzeugung einer hochkorrosionsbeständigen Randschicht, die außen aus Fe_2Ti und weiter innen aus einer Fe-Ti-Mischkristallschicht besteht. Titancarbidschichten hoher Härte bilden sich auf höher kohlenstoffhaltigen Stählen bzw. auf Hartmetallen aus. Das Verfahren erfolgt bei Temperaturen um 1100 °C mit Titan-Halogenverbindungen als Spendermittel (vgl. auch Kapitel 2.7.2).

2.4.3.7 Diffusionsverzinken

Durch dieses auch unter dem Namen Sherardisieren bekannte thermo-chemische Verfahren werden in Eisenwerkstoffen Randschichten aus Eisen-Zink-Verbindungen erzeugt, die einen katodischen Korrosions-schutz bewirken. Aus pulverförmigen Spendermitteln, bestehend aus Zink, Quarzsand und aktivierenden Zusätzen diffundiert bei Tempera-turen zwischen 370 und 400 °C Zink in die Randschicht, wo sich die intermediären Kristallarten bilden.

2.5 Randschichthärten

2.5.1 Kurzbeschreibung des Randschichthärtens

Ziel des Randschichthärtens ist, Werkstücken eine harte und ver-schleißfeste Oberfläche zu verleihen. Abhängig von den Behandlungs- und Bauteilbedingungen kann auch die Dauerfestigkeit deutlich ver-bessert werden. Erreicht wird das Ziel durch Austenitisierung, die auf einen oberflächennahen Bereich des Werkstückes beschränkt wird, mit anschließendem Abschrecken. Das Verfahren setzt für seine Anwendung Eisenwerkstoffe ausreichender Härtbarkeit, d.h. also mit Kohlenstoffgehalten nicht unter 0,3 % voraus. Das Beschränken des Austenitisierens auf die Randschicht erfordert Wärmverfahren hoher flächenbezogener Leistungsdichte, so daß der Randschicht in der Zeit-einheit erheblich mehr Energie zugeführt wird als durch Wärmelei-tung in das Werkstückinnere abgeführt werden kann. Je geringer die zu härtende Dicke der Randschicht sein soll, um so höher ist die erfor-derliche Leistungsdichte. Nach den angewendeten Wärmverfahren werden unterschieden:

— Flammhärten,

— Induktionshärten,

— Elektronenstrahlhärten,

— Laserstrahlhärten.

Die Randschichthärteverfahren sind besonders gut für die *örtliche* Behandlung von Werkstücken geeignet, wie z. B. Laufflächen von Kurbelwellen, Führungsbahnen von Werkzeugmaschinen und ähn-lichen.

Tabelle 2.5-1. Stähle für Flamm- und Induktionshärten (Auszug aus DIN 17212). Gewährleistete mechanische Eigenschaften im vergüteten Zustand, gültig für Längsproben.

Stahlsorte Kurzzeichen	d: bis 16 mm					d: 16 bis 40 mm				
	$R_{p0,2}$ N/mm²	R_m N/mm²	A_5 %	Z %	KU[1] J	$R_{p0,2}$ N/mm²	R_m N/mm²	A_5 %	Z %	KU[1] J
Cf 35	420	620 bis 760	17	40	42	360	580 bis 730	19	45	42
Cf 45	480	700 bis 840	14	35	28	410	660 bis 800	16	40	28
Cf 53	510	740 bis 880	12	25	–	430	690 bis 830	14	35	–
Cf 70	560	780 bis 930	11	25	–	480	740 bis 880	13	30	–
45 Cr 2	640	880 bis 1080	12	40	35	540	780 bis 930	14	45	42
38 Cr 4	740	930 bis 1130	11	40	35	630	830 bis 980	13	45	42
42 Cr 4	780	980 bis 1180	11	40	35	670	880 bis 1080	12	45	42
41 CrMo 4	880	1080 bis 1270	10	40	35	760	980 bis 1180	11	45	42
	d: 40 bis 100 mm					d: 100 bis 160 mm				
49 CrMo 2 –	690	880 bis 1080	12	50	35	640	830 bis 980	13	50	35

[1] Kerbschlagarbeit, DVM-Probe.

170

2.5.2 Werkstoffe für das Randschichthärten

Prinzipiell kann das Randschichthärten für alle Eisenwerkstoffe mit mehr als 0,3 % Kohlenstoff angewendet werden, da von diesem Gehalt an eine zweckentsprechende Härtesteigerung an der Oberfläche durch Martensitbildung zu erwarten ist. Bevorzugt werden jedoch speziell für das Randschichthärten geeignete, vergütbare Stähle nach DIN 17212 „Stähle für Flamm- und Induktionshärtung", Tabelle 2.5-1, die sich von den Vergütungsstählen nach DIN EN 10083 durch eine eingeengte Spanne des Kohlenstoffgehaltes, niedrigeren Phosphorhöchstgehalt sowie meist Feinkornerschmelzung unterscheiden. Ihre Kohlenstoffgehalte liegen unter Berücksichtigung zulässiger Abweichungen vom Nenngehalt zwischen 0,33 und 0,75 %. Bei höheren C-Gehalten ergeben sich Probleme durch Überhitzungsempfindlichkeit, Rißneigung und Gefahr von Restaustenit. Im allgemeinen wird das Randschichthärten nach einem Vergüten angewendet, da in diesem Fall die Eigenschaftsunterschiede zwischen Randschicht und Werkstückinnerem gering sind, was sich auf das Gebrauchsverhalten positiv auswirkt.

Tabelle 2.5-2. Temperaturen und Abschreckmedien für das Vergüten der Stähle für Flamm- und Induktionshärten nach DIN 17212.

Stahlsorte Kurzzeichen	Härtetemperatur bei Abschreckmedium		Anlaßtemperatur
	Wasser °C	Öl °C	°C
Cf 35	840…870	850…880	550…660
Cf 45	820…850	830…860	
Cf 53	805…835	815…845	
Cf 70	790…820	–	
45 Cr 2	820…850	830…860	
38 Cr 4	825…855	835…865	
42 Cr 4 41 CrMo 4 49 CrMo 4	820…850	830…860	540…680

Tabelle 2.5-3. Mindestwerte der Härte rand-
schichtgehärteter Bereiche nach
DIN 17212.

Werkstoff Kurzzeichen	Rockwellhärte HRC
Cf 35	51
Cf 45	55
Cf 53	57
Cf 70	60
45 Cr 2	55
38 Cr 4	53
42 Cr 4	54
41 CrMo 4	54
49 CrMo 4	56

In Tabelle 2.5-2 sind die für das Vergüten dieser Stähle empfohlenen
Temperaturen und Abschreckmedien zusammengestellt. Anstelle von
Öl ist auch häufig Wasser mit Zusatz von löslichen Polymeren mög-
lich.

Für die legierten Stähle dieser Norm sind vorläufige Streubänder der
Rockwellhärte bei der Prüfung der Härtbarkeit im Stirnabschreckversuch angegeben. Die dabei anzuwendende Härtetemperatur ist für alle
Sorten 850 °C. Die beim Randschichthärten erreichbare Mindesthärte
ist in Tabelle 2.5-3 aufgeführt.

Die Werte der Tabelle gelten für den vergüteten und randschicht-
gehärteten Zustand nach einem einstündigen entspannenden Anlassen
bei 150 bis 180 °C.

Für das Randschichthärten vorgesehen sind weiterhin vergütbare
Stahlgußsorten nach SEW 835, die in ihrer Zusammensetzung den
Stahlsorten nach DIN 17212 etwa entsprechen. Außer den eigens für
das Randschichthärten vorgesehenen Stahlsorten lassen sich auch
andere härtbare Werkstoffe derart behandeln, wie z.B. der Werkzeug-
stahl 85 CrMo 7 für Kaltwalzen [1], sowie alle Sorten von Gußeisen.

2.5.3 Eigenschaften und Prüfgrößen randschichtgehärteter Werkstücke

Durch das Randschichthärten ergibt sich ein Härteverlauf, abhängig
vom Randabstand, wie ihn beispielhaft für ein vorher vergütetes

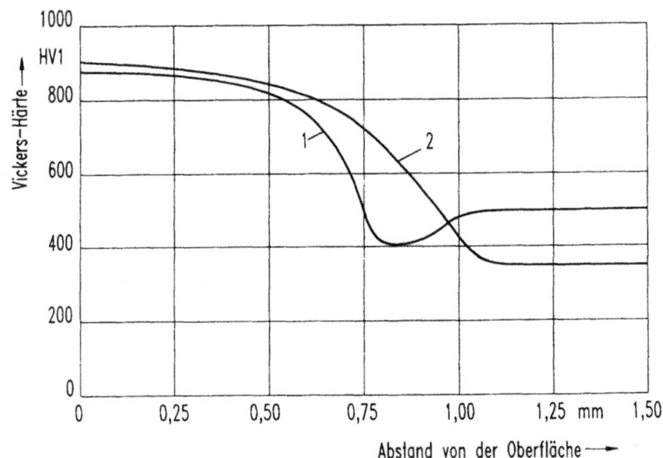

Bild 2.5-1. Härteverlaufskurve nach Elektronenstrahl-Randschichthärtung. Werkstoff: C 45; niedrig angelassen (Kurve 1), hoch angelassen (Kurve 2). Nach [1].

Werkstück Bild 2.5-1 zeigt. Danach erreicht die auf Temperaturen über Ac_3 erwärmte Randschicht nach dem Abschrecken die nur vom Kohlenstoffgehalt abhängige Höchsthärte des dort vorliegenden Martensits. Zum Werkstückinneren hin fällt dann die Härte mehr oder weniger steil ab und kann je nach Werkstoff, Verfahrensbedingungen sowie der beim Vergüten gewählten Anlaßtemperatur ein Minimum durchlaufen oder in den Härtewert des vom Randschichthärten unbeeinflußten Kerns übergehen. Das Härteminimum kommt bei vergüteten Werkstücken gegebenenfalls durch zusätzliches Anlassen zustande, wenn Werkstückbereiche hinreichend lange über die beim Vergüten verwendete Anlaßtemperatur erwärmt, aber nicht austenitisiert werden. Sein Auftreten ist um so wahrscheinlicher, je niedriger die Anlaßtemperatur beim Vergüten gewählt wird.

Wichtigste Prüfgrößen für die erzielten Eigenschaften sind:

– Oberflächenhärte,

– Einhärtungstiefe.

Die erreichbare *Oberflächenhärte* ist unter Voraussetzung vollständiger Martensitbildung nur vom Kohlenstoffgehalt abhängig, vgl. Bild 2.4-4 (Kapitel 2.4.1.4). Ihre Messung macht bei genügend dicken gehärteten Randschichten keine Probleme. Wie bereits beim Ermitteln der Oberflächenhärte nach einem Nitrieren beschrieben (vgl.

173

Kapitel 2.4.2.5), ergeben sich jedoch Schwierigkeiten mit dem Angeben richtiger Härtewerte bei Randschichtdicken unterhalb von etwa 0,1 mm. Deshalb ist das Verwenden der gleichen Prüfkraft Voraussetzung für vergleichbare Härte-Meßergebnisse. In DIN 6773, Teil 3 sind Empfehlungen zur Wahl der Prüfkraft, abhängig von Härte und Einhärtungstiefe zu finden.

Die *Einhärtungstiefe* nach Randschichthärtung Rht ist nach DIN 50190, Teil 2 definiert als der senkrechte Abstand von der Oberfläche bis zu dem Punkt, an dem die Grenzhärte 80% der Mindest-Oberflächenhärte beträgt. Sie wird an einem Werkstück oder gleich behandelten Prüfstück ermittelt, an dem entweder ein Querschliff anzufertigen ist oder zwei Meßebenen parallel zur Oberfläche anzuschleifen sind. Beim zeichnerischen Verfahren (A) wird aus einer am Querschliff ermittelten Härteverlaufskurve die Einhärtungstiefe abgelesen. Beim rechnerischen Verfahren (B) ergibt sich die Einhärtungstiefe durch Interpolation aus zwei in geeigneten Abständen t_1 und t_2 vorgenommenen Härtemessungen, die entweder an einem Querschliff (Methode a) oder an zwei parallel zur Werkstückoberfläche gelegten Meßebenen (Methode b) ausgeführt werden, Bild 2.5-2. t_1 soll kleiner, t_2 größer als die erwartete Einhärtungstiefe gewählt werden; $(t_2 - t_1)$ soll 0,3 mm nicht überschreiten. Zu prüfen ist mit dem Vickers-Verfahren mit der Regel-Prüfkraft $F = 9,81$ N (HV 1); auf Vereinbarung kann je nach Dicke der Schicht minimal $F = 4,9$ N (HV 0,5) und maximal $F = 49$ N (HV 5) gewählt werden.

Beispiel für die Angabe von Ergebnissen bei Grenzhärte 600 HV:

Rht 600 = 1,2 mm oder kurz: 1,2 Rht 600,

wenn die Regelprüfkraft benutzt wurde.

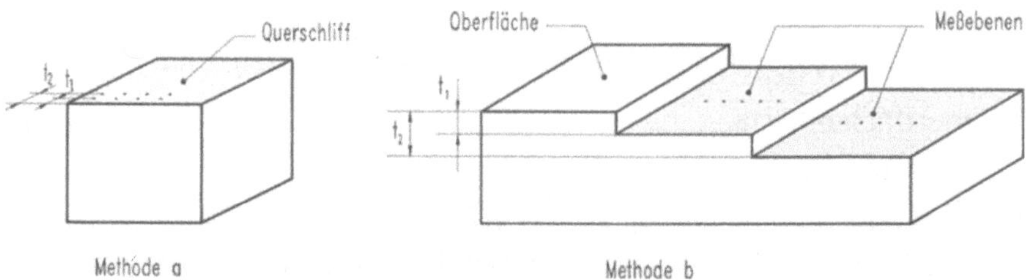

Bild 2.5-2. Ermittelung der Einhärtungstiefe nach dem rechnerischen Verfahren (B) nach DIN 50190. Härtemessung am Querschliff (Methode a) bzw. an zwei Meßebenen in den Tiefen t_1 und t_2 (Methode b).

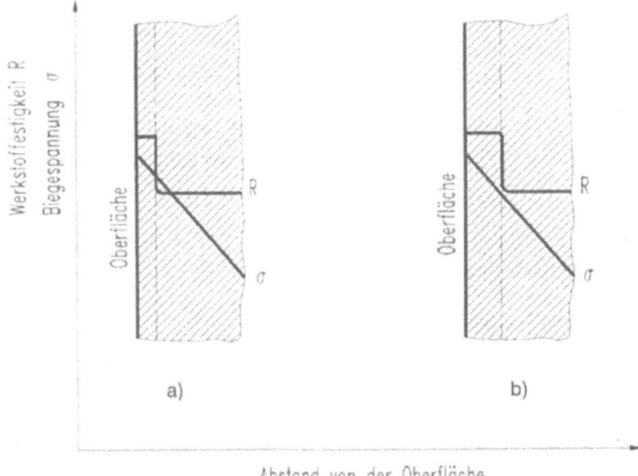

Bild 2.5-3. Zusammenhang zwischen Bauteilspannung und Werkstoffestigkeit in Rand und Kern nach Randschichthärtung. Bei ungenügender Dicke der gehärteten Randschicht wird die Werkstoffestigkeit örtlich überschritten (a): Rißgefahr! Nach [26].

Wurde von der Regelprüfkraft abgewichen, muß die benutzte Prüfkraft im Ergebnis erscheinen:

Rht 600 HV 0,5 = 0,25 mm oder kurz: 0,25 Rht 600 HV 0,5.

Ein Erhöhen der *Dauerfestigkeit* durch Randschichthärten ist nur an Bauteilen mit *Spannungsgradienten*, also bei Biege- und Torsionsbeanspruchung sowie bei Zugbeanspruchung an gekerbten Bauteilen erreichbar. Die Steigerung beruht zum einen auf der hohen Zugfestigkeit der martensitischen Randschicht (max. etwa 2000 N/mm^2), zum anderen auf den dort infolge der Volumenzunahme des Martensits erzeugten Druckeigenspannungen, (vgl. dazu auch Bild 1.6-3, Kurve 3). Das Ausmaß der Erhöhung wird entscheidend von der Dicke der gehärteten Schicht beeinflußt, die der Höhe des erwarteten Spannungsgradienten im Bauteil angepaßt sein muß, Bild 2.5-3. Besonders beim örtlichen Randschichthärten muß beachtet werden, daß der Übergang vom gehärtetem zum unbehandeltem Bereich nicht dort liegt, wo von der Bauteilgestalt her Spannungsspitzen auftreten, Bild 2.5-4. Auch muß berücksichtigt werden, daß den äußeren Druckeigenspannungen Zugspannungen im Inneren das Gleichgewicht halten! Unter günstigen Umständen kann die Dauerfestigkeit gegenüber dem vergüteten Zustand um etwa 90 % erhöht werden [40].

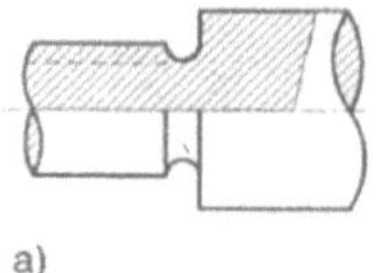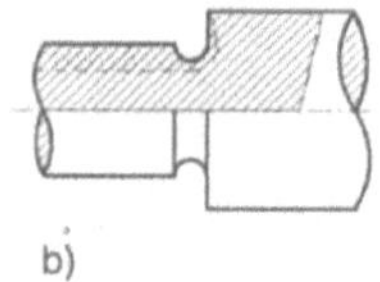

Bild 2.5-4. Beim örtlichen Randschichthärten dürfen Bereiche hoher Spannungsgradienten nicht im Übergangsbereich der Randschichthärtung liegen.
a) ungünstig   b) güstig

2.5.4 Randschichthärteverfahren

Einteilung nach dem örtlichen und zeitlichen Ablauf

Randschichthärteverfahren arbeiten grundsätzlich mechanisiert und lassen sich gegebenenfalls auch automatisieren. Unabhängig vom verwendeten Wärmsystem lassen sich bestimmte Verfahrensvarianten bezüglich der örtlichen und zeitlichen Abfolge von Wärmen und Abschrecken unterscheiden, für die sich folgende Benennungen eingeführt haben.

Beim *Gesamtflächenhärten*, auch *Standhärten* genannt, wird die gesamte zu härtende Oberfläche *gleichzeitig* durch das Wärmsystem erwärmt und anschließend abgeschreckt. Das Wärmsystem muß dabei so ausgeführt sein, daß es die gesamte Oberfläche beaufschlagen kann, Bild 2.5-5. Reicht die Größe des Wärmsystems nicht für das gleichzeitige Erwärmen der gesamten Oberfläche aus, kann sie auch durch entsprechende Bewegungen (Pendeln oder Rotieren) von Wärmsystem oder Werkstück zeitlich nacheinander auf Härtetemperatur gebracht werden, Bild 2.5-6. Bei geeigneten Werkstücken wird eine Rotation häufig nur zum Vergleichmäßigen der Wärmwirkung angewendet. Abgeschreckt wird jedenfalls erst, wenn die gesamte Randschicht die gewünschte Temperatur erreicht hat.

Beim *Vorschubhärten*, auch *Linienhärten* genannt, erwärmt das Wärmsystem nur einen Teil der Werkstückoberfläche etwa linienförmig und bewegt sich relativ zum Werkstück, in angemessenem, konstantem Abstand gefolgt von der Abschreckeinrichtung, Bild 2.5-7.

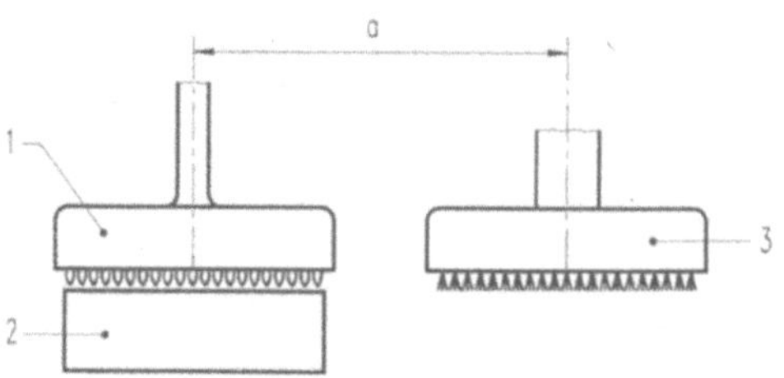

Bild 2.5-5. Schematische Darstellung des Gesamtflächenhärtens: Flächenbrenner (1), Werkstück (2), Flächenbrause (3). Nach Erwärmung der gesamten zu härtenden Oberfläche auf Härtetemperatur erfolgt Verschiebung um den Abstand a.

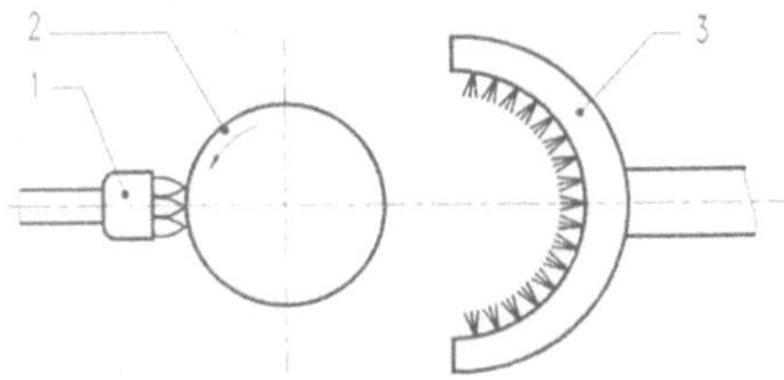

Bild 2.5-6. Variante des Gesamt-flächenhärtens, bei der der Gasbrenner (1) die gesamte Fläche erst nach mehreren Umläufen des Werkstücks (2) auf Härtetemperatur erwärmt; danach gelangt das Werkstück in den Bereich der Abschreckbrause (3).

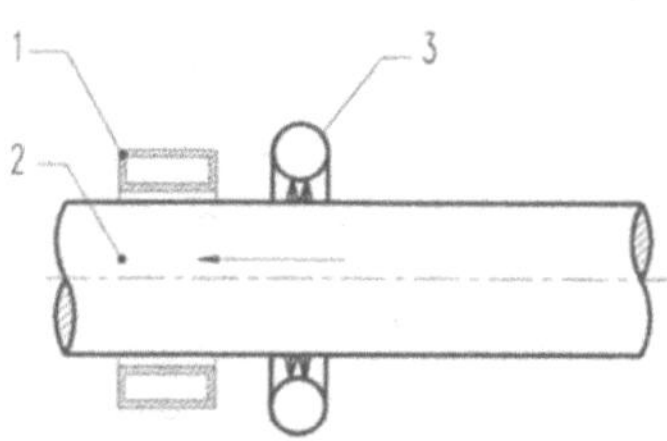

Bild 2.5-7. Schematische Darstellung des Vorschub- oder Linienhärtens: Induktor (1) und Abschreckbrause (3) haben konstanten Abstand; das Werkstück (2) wird in Pfeilrichtung vorgeschoben. Die im Beispiel gezeigte Welle kann zusätzlich rotieren.

Auch hierbei können entsprechend geformte Werkstücke wie z.B. Wellen, zur gleichmäßigeren Erwärmung zusätzlich rotieren, wenn der Vorschub in Achsrichtung erfolgt. Für diese Verfahrensart ist auch die Bezeichnung *Umlaufvorschubhärten* gebräuchlich. Erfolgt der Vorschub in Umfangsrichtung, Bild 2.5-8, sind zwar einfache Formen des Wärmsystems verwendbar, jedoch ergibt sich am Ende des Umlaufs durch Wiedererwärmen der zuerst gehärteten Partie ein Härteabfall, der sogenannte *Schlupf*. Um ihn möglichst gering zu halten, muß das Wärmsystem rechtzeitig schnell abgeschaltet und gegebenenfalls eine vorlaufende Wasserbrause angeordnet werden.

Der apparative Aufwand für das Randschichthärten wird wesentlich bestimmt durch:

— Form und Größe der Werkstücke,

— Art des Wärmsystems,

— Grad der Mechanisierung bzw. Automatisierung.

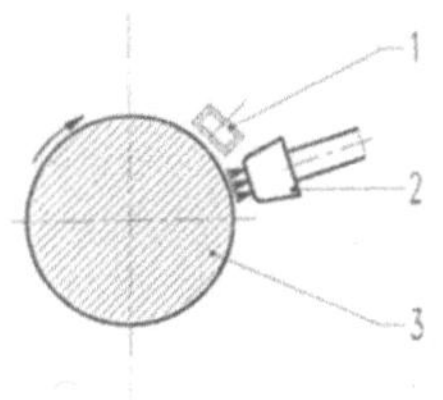

Bild 2.5-8. Vorschub- bzw. Linienhärten mit Vorschub in Umfangsrichtung: Induktor (1) und Abschreckbrause (2) haben konstanden Abstand; das Werkstück (3) führt nur eine — relativ langsame — Umdrehung aus.

177

Die wirtschaftliche Anwendung der Verfahren setzt deshalb um so größere Mindeststückzahlen bzw. Losgrößen gleich zu behandelnder Werkstücke voraus, je komplizierter die Werkstückgestalt, je aufwendiger das Wärmsystem und je höher der Mechanisierungsgrad sind.

Einteilung nach dem verwendeten Wärmsystem

Flammhärten

Dieses älteste Randschichthärteverfahren benutzt als Wärmsystem die bei der Verbrennung eines Brenngas-Sauerstoff-Gemisches freiwerdende Wärme. Gebräuchliche Brenngase sind Erdgas (Methan), Propan und Acetylen. Anstelle von Sauerstoff kann gelegentlich auch mit Luftzumischung gearbeitet werden, wodurch allerdings die Leistungsdichte stark vermindert wird. Die für geringe Einhärtungstiefen erforderliche höchste Leistungsdichte wird mit Acetylen-Sauerstoff-Gemischen erzielt. Damit läßt sich jedoch eine *minimale Einhärtungstiefe* von etwa 1 mm nicht unterschreiten. Nach oben sind der erreichbaren Einhärtungstiefe praktisch nur Grenzen durch das Einhärtungsverhalten des behandelten Stahles gesetzt. Maximale Werte liegen nach [1] bei etwa 15 mm. Wie nach jeder Härtung ist auch nach dem Flammhärten ein etwa einstündiges Anlassen der Werkstücke bei 150 bis 200 °C zum Entspannen erforderlich.

Die als Härtemaschinen oder -Automaten bezeichneten Einrichtungen zum Durchführen des Flammhärtens weisen als wichtigste Komponenten die der jeweiligen Werkstückform und -größe angepaßten Brenner und Abschreck-Brausen auf. Ausführungsbeispiele finden sich in [1], S. 567. Dazu kommen die Organe für die Bewegungen der Werkstücke und oder Brenner bzw. Abschreckbrausen sowie gegebenenfalls Werkstückzu- und -abführreinrichtungen bei automatisch arbeitenden Anlagen. Die Bilder 2.5-5 und 2.5-6 zeigen schematisch Beispiele für Arbeitsabläufe beim Flammhärten. Auch die Bilder 2.5-7 und 2.5-8 könnten durch Ersetzen des Induktors durch einen Gasbrenner für das Flammhärten gelten.

Induktionshärten

Dieses Verfahren nutzt zum Erwärmen der Randschicht den Effekt aus, daß ein magnetisches Wechselfeld im Werkstück durch Induktion Wirbelströme hervorruft, die sich um so mehr auf die Randschicht konzentrieren, je höher die Frequenz des magnetischen Wechselfeldes ist.

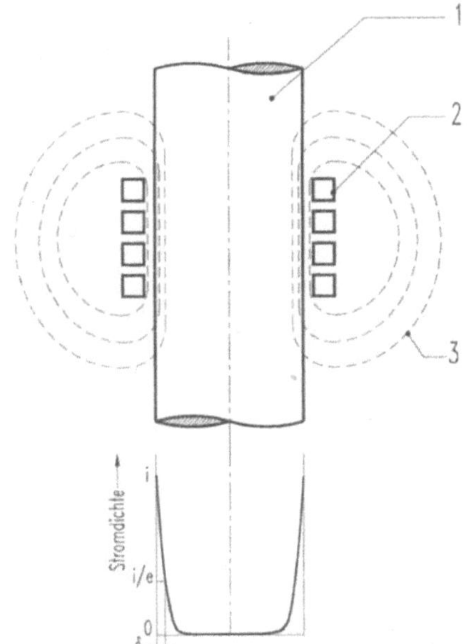

Bild 2.5-9. Schematische Darstellung der induktiven Randschichterwärung: Im Werkstück (1) werden durch das Magnetfeld (3) des wechselstromdurchflossenen Induktors (2) Wirbelströme induziert. Verteilung der Stromdichte i und Definition der Eindringtiefe ∂ im unteren Bildteil. Nach [1].

Der von einem Wechselstrom durchflossene Induktor ist von einem Magnetfeld umgeben, dessen Frequenz der des Wechselstromes gleicht. Dort wo das Magnetfeld das Werkstück durchsetzt und im Falle des ferromagnetischen Eisens in seiner Wirkung erheblich verstärkt wird, entstehen nach dem Induktionsgesetz elektrische Spannungen, die in dem leitfähigen metallischen Werkstoff Wirbelströme erzeugen, Bild 2.5-9. Gemäß der Verknüpfung $Q \sim i^2 \cdot r \cdot t$ wird in den wirbelstrombeaufschlagten Bereichen elektrische Energie in Wärme umgesetzt. Dabei wirken zwei Einflüsse so, daß sich die Wirbelströme auf die Randschicht beschränken:

– magnetische Flußdichte sinkt mit zunehmendem Abstand vom Induktor.

– Skineffekt: Wechselströme konzentrieren sich infolge der Induktionswirkung der sie begleitenden magnetischen Felder um so mehr auf die Randschicht eines Leiters, je höher ihre Frequenz ist.

Die Stromdichte sinkt entsprechend einer e-Funktion mit zunehmendem Abstand von der Oberfläche; der Randabstand, bei dem sie auf das 1/e-fache (37 %) des Höchstwertes abgefallen ist, bezeichnet man als Eindringtiefe ∂. Diese berechnet sich zu:

$$\frac{\partial}{\text{mm}} = 503 \sqrt{\frac{\sigma}{\mu_r \cdot f}} \qquad (2.5.1)$$

worin σ = spezifischer elektischer Widerstand in Ω mm²/m,

μ_r = relative magnetische Permeabilität, eine reine Zahl, und f = Frequenz in Hz bedeuten. Eine sehr genaue Berechnung ermöglicht Gleichung (2.5.1) jedoch nicht, da σ und μ_r temperaturabhängig sind. Insbesondere sinkt μ_r mit Überschreiten der CURIE-Temperatur (768 °C) von Werten über 100 auf den Wert 1.

Die induktive Erwärmung bietet als Hauptvorteil die Möglichkeit, über Wahl der Frequenz die Einhärtungstiefe zu beeinflussen. Üblicherweise werden die Frequenzen in die drei Bereiche eingeteilt:

– Niederfrequenz: 50 Hz < f < 500 Hz,

– Mittelfrequenz: 500 Hz < f < 50 kHz,

– Hochfrequenz: 50 kHz < f < 10 MHz.

Die höchsten praktisch verwendeten Frequenzen für kontinuierlichen Betrieb liegen bei 5 MHz und die maximalen Leistungsdichten bei 10 kW/cm² [1]. Beim Hochfrequenz-Impuls-Härten von Kleinstteilen wird mit der Frequenz 27 MHz bei Impulsdauern zwischen 1 und 100 ms gearbeitet [41]. Die erzielbaren Einhärtungstiefen hängen außer von der Frequenz von der Erwärmungsdauer und der Leistungsdichte ab. Für eine konstante Leistungsdichte von etwa 3 bis 4 kW/cm² und konstante Wärmzeit ist der Zusammenhang zwischen Frequenz und Einhärtungstiefe in Bild 2.5-10 dargestellt. Eine Beschränkung der Erwärmung auf die Randschicht setzt zudem einen hinreichend großen, wärmeabführenden Werkstückquerschnitt voraus. Als Richtwert für Rundquerschnitte gilt $\partial_{min} \approx D/8$.

Bild 2.5-10 macht überdies deutlich, daß sich die induktive Erwärmung mit niedriger Frequenz auch zum *Durchwärmen* von Werkstücken nicht allzu großer Querschnitte eignet. Deshalb wird diese Art der Erwärmung in zunehmendem Maße in der mechanisierten bzw. automatisierten Fertigung für allgemeine Aufgaben der Wärmebehandlung eingesetzt.

Beim induktiven Randschichthärten entsprechen Verfahrensablauf und Einrichtungen im wesentlichen dem Flammhärten, nur daß anstelle des Brenners der Induktor tritt. Induktoren sind im allgemeinen kupferne, wassergekühlte Hohlleiter mit meist rechteckförmigem

180

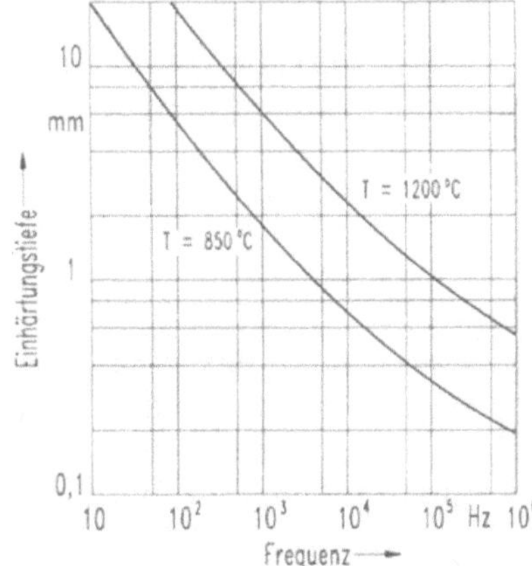

Bild 2.5-10. Einhärtungstiefe beim Induktionshärten, abhängig von der Frequenz und der erreichten Temperatur an der Oberfläche. Leistungsdichte etwa 3 bis 4 kW/cm². Nach [42].

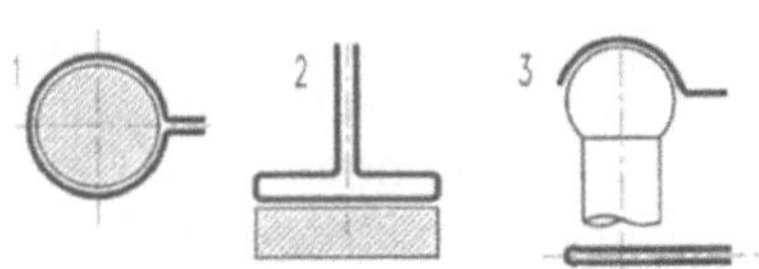

Bild 2.5-11. Beispiele von Induktorformen: Ringspule (1) zum Erwärmen zylindrischer Werkstücke, kann aus einer oder mehreren Windungen bestehen; ebener Induktor (2) zum Erwärmen ebener Flächen; Form-Induktor (3) zum Erwärmen einer (rotierenden) Kugeloberfläche. Nach [1], S. 566.

Querschnitt, die der Werkstückgestalt und -Größe angepaßt sind. Bild 2.5-11 zeigt einige Beispiele; weitere sind in [42] zu finden. Je besser der Induktor in seiner Form der Werkstückgestalt angepaßt und je geringer sein Abstand von der Werkstückoberfläche ist, um so höher ist der Wirkungsgrad der Energieübertragung. Durch zusätzlich angeordnete Elektrobleche läßt sich der vom Induktor erzeugte magnetische Fluß in seiner örtlichen Verteilung beeinflussen und damit der Werkstückform besser anpassen. Gesamtwirkungsgrade von Induktionshärtungsanlagen liegen wegen der unvermeidbaren Energieverluste in den Induktoren zwischen 50 und 70 %.

Das möglichst unmittelbar an das Härten anzuschließende Anlassen zum Entspannen kann entweder durch mehrstündiges Behandeln bei 150 bis 200 °C im Ofen, aber auch durch ein erneutes induktives Erwärmen geschehen. Dabei werden nach [42] bei stark verminderter Leistungsdichte von z. B. 20 bis 40 W/cm² und Wärmgeschwindigkeiten von 5 bis 10 °C/s nach dem Erreichen von Temperaturen zwischen 250 und 350 °C gute Entspannungswirkungen erzielt. Durch genaue

Verfahrenssteuerung läßt sich auch der Effekt des *Selbstanlassens* ausnutzen, der darin besteht, daß die in das Werkstückinnere abgeflossene Wärme die gehärtete Randschicht nach dem Ende des Abschreckens so weit wiedererwärmt, daß sich eine ausreichende Anlaßwirkung ergibt.

Laserstrahlhärten

Wärmsystem dieses Verfahrens ist der Laserstrahl, der sich zum Zweck der Oberflächenerwärmung in geeigneter Art bündeln und fokussieren läßt, Bild 2.5-12. Dadurch ergibt sich eine hohe Leistungsdichte bis zu 10 kW/cm². Für das Randschichthärten wird der CO_2-Gas-Laser bevorzugt, der allerdings wegen seiner Wellenlänge von $\lambda = 10,6$ µm von Metallen relativ schlecht absorbiert wird. Da die Tiefe der Absorptionsschicht sehr gering (10^{-3} bis 10^{-1} µm) ist, können aufgebrachte Schichten von z.B. Kohlenstoff, Sulfaten, Phosphaten oder Oxiden das Absorptionsverhalten verbessern. Die in der Oberflächenschicht absorbierte Wärme wird durch Leitung weiter in das Innere transportiert, so daß bei Oberflächentemperaturen bis dicht unterhalb der Solidustemperatur für eine sinnvolle Härtung ausreichend dicke Schichten austenitisiert werden können. Das Abschrecken erfolgt aufgrund der geringen Dicke der erwärmten Schicht grundsätzlich als *Selbstabschrecken*, das heißt, durch Wärmeableitung ins Werkstückinnere, so daß kein Abschrecksystem erforderlich ist. Mögliche Einhärtungstiefen liegen zwischen 0,1 und 0,8 mm.

Das Verfahren wird nach dem Vorschubprinzip durchgeführt, wobei der Laserstrahl durch spezielle Formung und oder Oszillation gewisse Spurbreiten bzw. Flächen beaufschlagt. Im kontinuierlichen Laser-

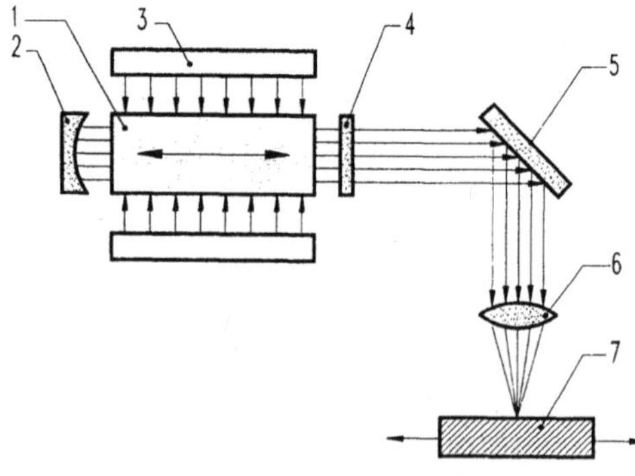

Bild 2.5-12. Schematische Darstellung des Randschichthärtens mit Laserstrahl: Laseraktive Medium (1), Spiegel (2), Pumpenergie (3), teildurchlässiger Auskoppelspiegel (4), Umlenkspiegel (5), Fokussierlinsensystem (6), Werkstück (7). Nach [1].

betrieb lassen sich Spurbreiten zwischen 1 und 20 mm erzeugen. Der Impulsbetrieb eignet sich für das momentane Beaufschlagen kleiner Flächen. Das Verfahren kann je nach Bauteilanforderungen so gesteuert werden, daß sich benachbarte Spuren bzw. Flächen überdecken oder auch nicht. Dabei ist zu berücksichtigen, daß es beim Überdecken der Einflußbereiche zu starken Veränderungen der Härte kommen kann und grundsätzlich die Gefahr von Rißbildung besteht.

Das Laserstrahlhärten ist empfindlich gegen Ungleichmäßigkeiten das Ausgangsgefüges, demnach ist der vergütete Werkstoffzustand der günstigste. Aber auch die anderen in 2.5.2 genannten Werkstoffe eignen sich, wenn ihr Gefügezustand nicht zu ungleichmäßig ist wie z. B. Gußeisen mit großem Graphitanteil. Aufgrund der sehr hohen Abkühlgeschwindigkeit der Selbstabschreckung entsteht auch bei niedrig kohlenstoffhaltigen Stählen Martensit.

Wegen der nicht beliebig anpaßbaren Wirkfläche des Laserstrahls sowie der auf das Vorschubhärten eingeschränkten Betriebsweise wird das Laserstrahlhärten bevorzugt für das örtliche Härten von Bauteilen herangezogen. Es liefert innerhalb seines Anwendungsbereiches gut reproduzierbare Ergebnisse, sofern die Gleichmäßigkeit der Werkstücke gewahrt bleibt.

Als Hochtechnologieverfahren mit guten Möglichkeiten der Steuer- und Regelbarkeit hat das Erwärmen mit dem Laserstrahl gute Zukunftschancen im Bereich der Wärmebehandlung.

Elektronenstrahlhärten

Der Elektronenstrahl mit Leistungsdichten um 10 KW/cm^2 eignet sich für das Randschichthärten praktisch genau so wie der Laserstrahl, da er sich eben so gut bündeln und fokussieren und wegen seiner praktischen Trägheitslosigkeit besonders gut oszillieren läßt. Der Verfahrensablauf gleicht deshalb auch im wesentlichen dem Laserstrahlhärten mit dem einen gewichtigen Unterschied, daß das Werkstück sich während der Behandlung in einer Vakuumkammer befinden muß, Bild 2.5-13, wodurch das Verfahren in seiner Anwendungsvielfalt natürlich eingeschränkt ist. Vorteil der Vakuumbehandlung sind die metallisch blanken Oberflächen.

In Analogie zum Laserstrahlhärten wird hierbei der Elektronenstrahl in einer Randschicht von ca. 10 bis 50 µm Dicke abgebremst; bei Oberflächentemperaturen bis nahe an der Solidustemperatur erwärmt sich die darunterliegende Randschicht sehr schnell durch Wärmeleitung

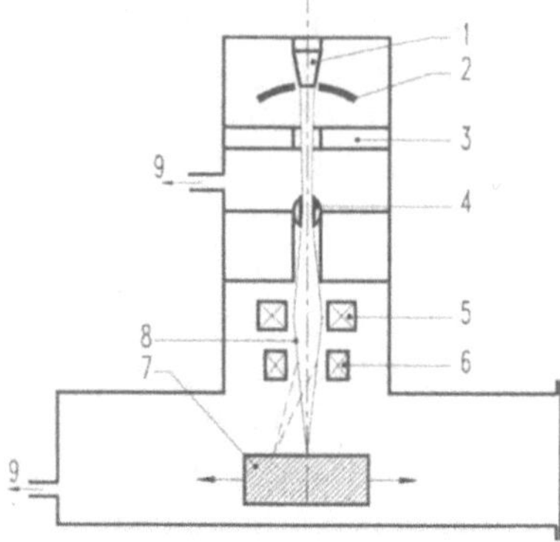

Bild 2.5-13. Schematische Darstellung des Randschichthärtens mit Elektronenstrahl: Katode (1), Wehnelt-Steuerelektrode (2), Anode (3), Drosselventil (4), Fokussiersystem (5), Ablenksystem (6), Werkstück (7), Elektronenstrahl (8), Vakuumanschluß (9). Nach [1].

und wird dann durch Selbstabschrecken gehärtet. Angelassen wird im allgemeinen nicht. Auch für das Elektronenstrahlhärten eignet sich nur das Vorschubverfahren, wobei allerdings Spurbreiten bis 50 mm erzielbar sind. Die Einhärtungstiefen liegen zwischen 0,3 und 1,5 mm.

2.6 Durchgreifendes Härten von Werkzeug- und Wälzlagerstählen

2.6.1 Überblick

Da in diesem Kapitel fast ausschließlich von Werkzeugstählen die Rede ist, soll vorab etwas zum Begriff Werkzeug gesagt werden. Beschränkt man sich einmal nur auf die vier ersten Gruppen von Fertigungsverfahren nach DIN 8580

- Urformen,
- Umformen,
- Trennen,
- Fügen,

und berücksichtigt zusätzlich die mit diesen Verfahren zu bearbeitenden unterschiedlichen Stoffe wie z.B. Holz, Metall, Kunststoff, Mineralien und Glas, so wird klar, daß die Vielfalt der zum Ausführen der Verfahren notwendigen Werkzeuge sehr groß ist. So gehören einfache Handwerkzeuge wie Messer, Hammer, Zange, Schraubendreher, Schraubenschlüssel, Säge und Feile ebenso dazu, wie Druck- und

Spritzgußformen, Kunststoffpreßformen, Gesenke, Stempel und
Matrizen für Kalt- und Warmumformung, Werkzeuge zum Spanen,
wie Bohrer, Gewindebohrer, Fräser, Räumnadeln, Reibahlen sowie
Schneidwerkzeuge, wie Scherenmesser und Schneidstempel und
-matrizen. Die mit den jeweiligen Verfahren verbundenen Bedingungen, wie erhöhte oder tiefe Temperatur, möglicher chemischer Angriff
durch den zu bearbeitenden Stoff oder durch erforderliche Hilfsmittel
vergrößern die Vielfalt weiter. Entsprechend groß ist die Zahl von
Stählen für Werkzeuge, die ihre Gebrauchseigenschaften durch Härten
erhalten.

Als allgemeines Ziel des Härtens von Werkzeugstählen gilt, daß Werkzeuge derart zu behandeln sind, daß sie ihrem Verwendungszweck
bestmöglich entsprechen. Da die Verwendungszwecke von Werkzeugen außerordentlich vielseitig sind, läßt sich nicht ohne weiteres ein
kennzeichnendes allgemeines Merkmal für bestmögliche zweckentsprechende Behandlung angeben. Keinesfalls genügt es, die
höchstmögliche Härte als allgemeines Kriterium für optimale
Zweckerfüllung anzusehen.

Von Werkzeugen allgemein zu erfüllende Forderungen lassen sich
nach [11], S. 308 wie folgt formulieren:

- Das Werkzeug darf sich unter den bei seinem Betrieb auftretenden mechanischen, thermischen und chemischen Beanspruchungen
  nicht plastisch verformen und nicht brechen,
- die Arbeitsflächen des Werkzeugs sollen bei seiner Verwendung
  möglichst lange unverändert bleiben und nicht vorzeitig durch Verschleiß oder Korrosion abgetragen bzw. partiell zerstört werden.

Besonders die Forderung nach Bruchsicherheit ist durch hohe Härte
allein nicht erfüllbar, denn mit zunehmender Härte nimmt die das
Bruchrisiko mindernde Zähigkeit allgemein bis zur totalen Versprödung ab.

Anforderungen an die Eigenschaften von Werkzeugstählen im wärmebehandelten Zustand und ihre Prüfung

Die *Härte* nach der Wärmebehandlung und die *Anlaßbeständigkeit* der
Härte werden hier zuerst genannt, obwohl die Härte nicht die einzig
wichtige Kenngröße gehärteter Werkzeugstähle ist. Ihre Bedeutung
rührt vor allem daher, daß sie sich vergleichsweise einfach messen
läßt, und sich aus ihr beim Vorliegen entsprechender Erkenntnisse
Rückschlüsse auf andere wichtige Eigenschaften ziehen lassen. Für

das Ergebnis der Wärmebehandlung stellt die Härteprüfung die einzige Methode dar, die man als bedingt zerstörungsfrei bezeichnen kann, denn eine Härteprüfung läßt sich meist an einer für die Funktion unwichtigen Stelle des Werkzeugs oder vor einer endgültigen spanenden Fertigbearbeitung durchführen. Welche Forderung an den Härtewert zu stellen ist, hängt allerdings von den sonstigen geforderten Eigenschaften ab, insbesondere von der Zähigkeit. Die Anlaßbeständigkeit ist für die Werkzeugstähle bekannt und in den technischen Unterlagen meist als Härte-Anlaßtemperatur-Diagramm wiedergegeben.

Die Anforderungen an die *Festigkeit* von Werkzeugen sind im allgemeinen hoch, wenn man einmal von Meßwerkzeugen absieht. Je nach Anwendungsfall werden hohe Druck-, Biege-, Torsions- und Zugfestigkeiten gefordert. Allgemein gilt zwar, daß Festigkeitswerte und Härte einander etwa proportional sind, doch gilt dies nur, solange ein minimales Maß an Zähigkeit vorhanden ist. Zur Prüfung von Festigkeit und Zähigkeit hat sich für Werkzeugstähle im gehärteten Zustand der statische Biegeversuch bewährt, der im Vergleich zum Zugversuch einfacher durchführbar ist, und recht gut den festigkeitsmindernden Einfluß mangelnder Zähigkeit zu ermitteln gestattet. Den anhand von Biegeversuchen ermittelten Zusammenhang zwischen Biegefließgrenze und Härte zeigt Bild 2.6-1. Daraus geht hervor, daß oberhalb einer gewissen Härte mangels ausreichender plastischer Verformbarkeit die erreichten Werte stark absinken. Aus derartigen Versuchen ist demnach die für einen bestimmten Werkstoff anzustrebende optimale Härte zu ermitteln, bei der noch ausreichend Zähigkeit vorhanden ist, um die festigkeitssteigernde Wirkung des Härtens praktisch nutzen zu können.

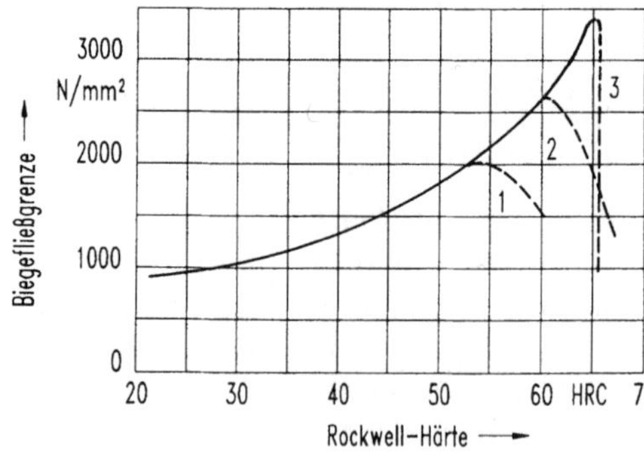

Bild 2.6-1. Biegefließgrenze in Abhängigkeit von der Härte bei verschiedenen Werkzeugstählen. Kurve 1: Legierter Kaltarbeitsstahl 120 W 4, Kurve 2: Legierter Kaltarbeitsstahl 60 WCrV 7, Kurve 3: Schnellarbeitsstähle S 6-5-2 und S 18-0-1. Nach [11], S. 309.

Auch die *Dauerschwingfestigkeit* ist für die meisten Werkzeuge eine die Gebrauchseignung wesentlich beeinflussende Eigenschaft. Sie läßt sich verständlicherweise nur durch entsprechende Grundsatzuntersuchungen ermitteln. Im wesentlichen gilt für den Zusammenhang zwischen Dauerschwingfestigkeit und Härte das, was oben schon über die statischen Festigkeitseigenschaften ausgeführt wurde.

Für viele Werkzeuge ist ihre *Verschleißbeständigkeit* bei Betriebstemperatur neben den anderen Eigenschaften von entscheidender Bedeutung. Da die Arten des Verschleißes sehr stark von der Art des Werkzeuganwendung (Trennen, Umformen, Gießen) abhängen, wird das Verschleißverhalten hauptsächlich durch Betriebsversuche festgestellt, da nur so wirklichkeitsnahe Bedingungen erfaßt werden können. Auf keinen Fall ist hohe Härte grundsätzlich gleichbedeutend mit ausreichender Verschleißbeständigkeit.

Die *Beständigkeit gegen Temperaturwechsel* ist für Warmarbeitsstähle die für die Lebensdauer der Werkzeuge entscheidende Eigenschaft. Die Folge häufiger starker Temperaturwechsel, wie sie z. B. in Druckgießformen auftreten, sind sogenannte *Brandrisse*, die dadurch entstehen, daß oberflächennahe Schichten bei Temperaturerhöhung an der Ausdehnung gehindert und plastisch gestaucht werden. Beim Abkühlen stehen sie unter hohen Zugspannungen. Das wiederholte Wechselspiel zwischen Erwärmen und Abkühlen wirkt ähnlich einer Dauerschwingbeanspruchung und führt nach einer bestimmten Zahl von Zyklen zum Riß. Oxidationsneigung des Werkstoffes erhöht die Rißneigung. Prüfen des Werkstoffverhaltens kann durch den Betriebsversuch oder auch durch simulierte Temperaturzyklen an Probestücken geschehen.

Schließlich ist für manche Werkzeuge ihre *Korrosionsbeständigkeit* für die Gebrauchseignung mitverantwortlich, sofern das Werkzeug im Betrieb mit korrosiven Medien in Berührung kommt, wie z. B. im Bereich der Lebensmittelindustrie oder der Medizin. Zur Prüfung des Korrosionsverhaltens sei hier auf das einschlägige Schrifttum verwiesen [44], sowie DIN 50914 und 50921.

Einteilung von Werkzeugstählen

Wegen der oben erwähnten Vielfalt der Anwendungsgebiete ist die Zahl der Werkzeugstähle entsprechend groß und die Härteverfahren sind dieser großen Zahl anzupassen. Um eine gewisse systematische Ordnung herzustellen, bieten sich zwei Wege an:

– Ordnen der Sorten nach *Anwendungsgebieten*,

– Ordnen der Sorten nach *werkstofftechnischen Merkmalen*.

In der einschlägigen Literatur werden beide Wege beschritten. Für eine zweckentsprechende Werkstoffwahl ist zweifellos das Ordnen nach Anwendungsgebieten angebracht. In [11] ist diese Systematik benutzt, Tabelle 2.6-1. Dadurch ergeben sich natürlich einige Überschneidungen, da eine Reihe von Werkstoffen in mehreren Anwendungsfeldern eingesetzt werden.

Tabelle 2.6-1. Anwendungsfelder von Werkzeugstählen.

Stähle für Kunststofformen,
Stähle für Druckgießformen,
Stähle für die Glasverarbeitung,
Stähle für Kaltumformwerkzeuge,
Stähle für Schmiede- und Preßgesenke,
Stähle für Strangpreßwerkzeuge,
Stähle für spanende Werkzeuge,
Stähle für Schneidwerkzeuge,
Stähle für Handwerkzeuge.

Im Sinne einer zusammenfassenden Behandlung der Wärmebehandlung ist das Ordnen nach werkstofftechnischen Merkmalen zweckmäßiger. Deshalb sind die in DIN 17350 genormten Werkzeugstahlsorten nach werkstofftechnischen Gesichtspunkten geordnet in:

– unlegierte Kaltarbeitsstähle,

– legierte Kaltarbeitsstähle,

– Warmarbeitsstähle,

– Schnellarbeitsstähle.

Dabei gelten als Kaltarbeitsstähle solche Sorten, die für Werkzeuge vorgesehen sind, die im Betrieb keine nennenswerten Temperaturerhöhungen erfahren. Die Warm- und Schnellarbeitsstähle sind für Werkzeuge vorgesehen, bei denen im Betrieb erhöhte Temperaturen zu erwarten sind. Die Unterschiede dieser vier Gruppen kommen besonders deutlich in ihrem Verhalten beim Anlassen nach dem Härten zum Ausdruck, Bild 2.6-2. Danach verlieren die unlegierten und legierten Kaltarbeitsstähle ihre Härte bereits bei Anlaßtemperaturen über 200 °C. Die Warmarbeitsstähle behalten ihre – relativ niedrigen – Härtewerte bis zu Anlaßtemperaturen von etwa 500 °C. Die Schnell-

188

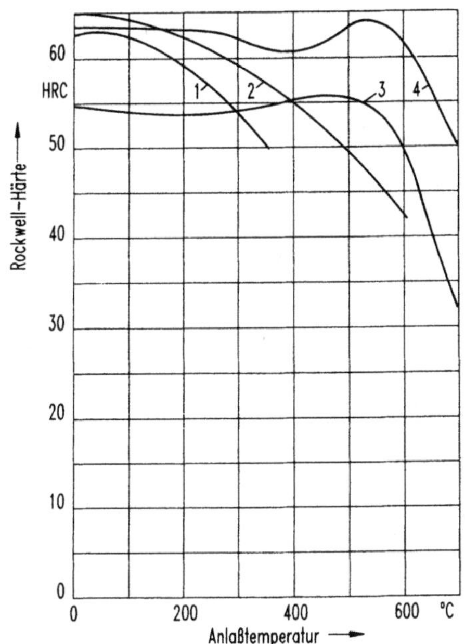

Bild 2.6-2. Typische Härteverläufe von Werkzeugstählen, abhängig von der Anlaßtemperatur. Kurve 1: Unlegierter Kaltarbeitsstahl, Kurve 2: Legierter Kaltarbeitsstahl, Kurve 3: Warmarbeitsstahl, Kurve 4: Schnellarbeitsstahl. Nach DIN 17022, Teil 2.

arbeitsstähle haben die höchsten Härtewerte, die bis zu Anlaßtemperaturen von etwa 600 °C erhalten bleiben. Dieser für die Wärmebehandlung sinnvollen Sytematik wird im folgenden entsprochen.

Außer den in DIN 17350 genormten Sorten gehören nach ihrer Zweckbestimmung einige der *martensitischen rostfreien Stähle* nach DIN 17440 ebenfalls zu den Werkzeugstählen.

Bezüglich der Anforderungen an die Wärmebehandlung sind außerdem die *durchhärtenden Wälzlagerstähle* nach DIN 17230 den Werkzeugstählen ähnlich und sollen deshalb hier mit besprochen werden.

Eine Behandlung *aller* Werkzeugstähle ist im Rahmen dieses Buches nicht vorgesehen. Vielmehr sollen die folgenden Ausführungen vor allem beispielhaft gelten. Bezüglich weiterer Sorten sei auf [11] verwiesen.

2.6.2 Härten von unlegierten Kaltarbeitsstählen

Das Anwendungsgebiet der unlegierten Kaltarbeitsstähle umfaßt Werkzeuge nicht allzu goßer Querschnittsabmessungen wie z.B. alle

Tabelle 2.6-2. Unlegierte Kaltarbeitsstähle, Auszug aus DIN 17350. Angaben zur Wärmebehandlung, Höchsthärte im weichgeglühten und Mindesthärte im gehärteten und angelassenen Zustand. O = Öl, W = Wasser. Statt Öl ist häufig auch Wasser mit Zusatz löslicher Polymere anwendbar.

Werkstoff-Kurzzeich.	Härte Zust. G HB	Härtetemp. Bereich °C	Kühl-mittel	Durch-härtender Durchm. mm	Härte-Temp. °C	Anlaß-Temp. °C	Härte HRC
C 60 W	231	800...830	O	12	810	180	52
C 70 W 2	183	790...820	W	10	800	180	57
C 80 W 1	192	780...810	W	10	790	180	59
C 85 W	222	800...830	O	12	810	180	57
C 105 W 1	213	770...800	W	10	780	180	60

Arten von Handwerkzeugen, landwirtschaftliche Werkzeuge, Sägen für die Holzbearbeitung, Kaltumformwerkzeuge wie Matrizen, Präge- und Fließpreßwerkzeuge, Endmaße und ähnliche. In DIN 17350 sind konkrete Zuordnungen von Werkstoffen zu bestimmten Anwendungen angegeben.

Die unlegierten Kaltarbeitstähle nach DIN 17350 sind in Tabelle 2.6-2 aufgeführt.

Der Lieferzustand ist im allgemeinen weichgeglüht, Kennbuchstabe G. Mit den in Tabelle 2.6-2 gemachten Angaben ist das Härten relativ unproblematisch, da die im Gefüge ablaufenden Vorgänge beim Austenitisieren, Abschrecken und Anlassen ziemlich genau den in Kapitel 1.4 gemachten Ausführungen entsprechen. Zu beachten ist, daß größere Querschnitte als in der Tabelle angegeben, nicht durchhärten können, was aber auch häufig nicht erforderlich ist. Wenn Werkzeuge größerer oder ungleichmäßiger Querschnitte gehärtet werden sollen, ist ein gestuftes Erwärmen entsprechend Bild 2.6-3 zweckmäßig, um Eigenspannungen und Verzug beim Erwärmen möglichst gering zu halten.

Werkzeuge, die wegen ihrer Gestalt rißgefährdet sind, sollen nur bis auf ca. 80 bis 100 °C abgeschreckt, danach bei 100 bis 150 °C bis zum

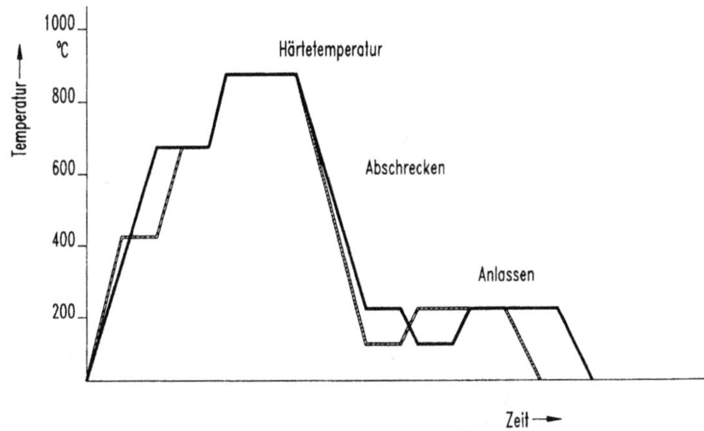

Bild 2.6-3. Schematische Zeit-Temperatur-Folgen für das Härten und Anlassen legierter und unlegierter Werkzeugstähle mit Härtetemperaturen bis 900 °C. Nach Beiblatt zu DIN 17350.

Temperaturausgleich gehalten und sofort danach auf die vorgesehene Anlaßtemperatur gebracht werden. Nach etwa einstündigem Anlassen wird an Luft abgekühlt. DIN 17350 enthält Kurven für die Abhängigkeit der Härte von der Anlaßtemperatur.

2.6.3 Härten von legierten Kaltarbeitsstählen

Das Anwendungsfeld der legierten Kaltarbeitsstähle ist sehr weit: Werkzeuge für alle Fertigungsverfahren, bei denen keine zu hohen Temperaturen zu erwarten sind, wie z.B. alle Arten von Schneidwerkzeugen für Metalle, hochbeanspruchte Holzbearbeitungswerkzeuge, Werkzeuge für die Kaltumformung wie Tiefzieh-, Fließpreß- und Prägewerkzeuge, Kaltwalzen, Gewindewalzen und Ziehdorne; Gewindebohrer, Kunststofformen und Meßwerkzeuge wie Lehrdorne und ähnliche. Zuordnungen bestimmter Werkstoffe zu konkreten Anwendungen finden sich in DIN 17350.

Die in DIN 17350 genormten legierten Kaltarbeitsstähle sind in Tabelle 2.6-3 auszugsweise aufgelistet. Die in ihnen enthaltenen Legierungselemente dienen sowohl der Verbesserung der Härtbarkeit durch Senken der kritischen Abkühlgeschwindigkeit (vor allem Cr und Mo) als auch der Bildung von Carbiden, die die Verschleiß- und Anlaßbeständigkeit fördern (besonders Mo, W und V). Stähle mit mehr als

Tabelle 2.6-3. Legierte Kaltarbeitsstähle, Auszug aus DIN 17350. Angaben zur Wärmebehandlung, Höchsthärte im weichgeglühten und Mindesthärte im gehärteten und angelassenen Zustand. O = Öl, WB = Warmbad, L = Luft. Statt Öl kann häufig auch Wasser mit Zusatz löslicher Polymere verwendet werden.

Werkstoff-Kurzzeichen	Härte Zust. G HB	Härtetemp. Bereich °C	Kühl-mittel	Härte-Temp. °C	Anlaß-Temp. °C	Härte HRC
X 210 CrW 12	255	950...980	O,WB,L	960	180	60
X 155 CrVMo 12 1	255	1020...1050	O,WB,L	1030	180	59
115 CrV 3	255	760...810	W,(O)	790	180	60
100 Cr 6	223	820...850	O	840	180	60
145 V 33	229	800...950	W	850	180	60
21 MnCr 5[1])	212	810...840	O	820	180	58
90 MnCrV 8	229	790...820	O	800	180	58
105 WCr 6	229	800...830	O	820	180	59
60 WCrV 7	229	870...900	O	890	180	57
X 45 NiCrMo 4	262	840...870	O	850	180	52
X 19 NiCrMo 4[1])	255	780...810	O,(W)	800	180	59
X 36 CrMo 17	285	1000...1040	O	1010	180	46

[1]) Einsatzgehärtet.

12 % Cr sind darüber hinaus korrosionsbeständig, was bei vielen Werkzeugen erforderlich ist. Zur Wirkung der Legierungselemente ist allgemein festzustellen, daß ihre Gesamtwirkung stärker ist als die Summe der Einzelwirkungen. Deshalb sind die meisten Stähle mehrfachlegiert. Die Wirkung der Legierungselemente auf die Härtbarkeit ist in der Tabelle daran zu erkennen, daß die Stähle fast ausnahmslos Ölhärter sind. Ihr Anwendungsgebiet „Kaltarbeit" geht aus der relativ niedrigen Anlaßtemperatur von 180 °C hervor.

Es sei darauf hingewiesen, daß die Gefügezustände der legierten Stähle nicht mehr dem bekannten Zustandsschaubild Eisen-Kohlenstoff zu entnehmen sind. Dies gilt um so mehr, je größer der Gehalt an Legierungselementen ist. Bereits für ein Dreistoffsystem erfordert die Wiedergabe aller Zustände in Abhängigkeit von Zusammmensetzung und Temperatur eine räumliche Darstellung, von Vier- und Mehrstoffsystemen ganz zu schweigen (vgl. Kapitel 1.3.2). Ein schematisches Zustandsschaubild, wie es für konstanten Gehalt eines carbidbildenden metallischen Legierungselements gilt, ist in Bild 1.3-9, S. 14 dargestellt. Aus ihm geht hervor, daß im Gegensatz zu den unlegierten Stählen hier *zwei* untere Umwandlungstemperaturen A_{1b} und A_{1e} auftreten. Diese Temperaturen erscheinen auch in den ZTU-Schaubildern, die im Beiblatt zu DIN 17350 enthalten sind.

Über die Gefügeausbildung im üblichen weichgeglühten Lieferzustand läßt sich zusammenfassend sagen:

- *Niedriglegierte* Sorten bestehen aus Ferrit und Carbiden, ähnlich dem Gefüge der unlegierten Stähle; Korngrenzencarbide sollen nach Möglichkeit vermieden werden.

- *Hochlegierte Sorten* mit $w_{Cr} \geq 12\%$ weisen zeilen- oder netzförmige eutektische Carbide auf. Sie werden deshalb auch ledeburitische Stähle genannt.

Zur Durchführung des Härtens der legierten Kaltarbeitsstähle sind im Beiblatt zu DIN 17350 sowie in DIN 17022, Teil 2 wichtige Hinweise und Empfehlungen enthalten. So findet man im Beiblatt zu DIN 17350 ZTU-Schaubilder für alle Stahlsorten und schematische Zeit-Temperaturfolgen für die Durchführung des Härtens, Bild 2.6-4. Das gestufte Erwärmen soll Wärmespannungen und Verzug verringern und ist um so mehr erforderlich, je größer das Werkzeugvolumen, je komplizierter die Werkzeuggestalt und je höher die Summe der Legierungselemente ist. Höhere Legierungsgehalte vermindern die Wärmeleitfähigkeit des Werkstoffs und führen damit zu erheblichen Wärmespannungen, wenn ein großvolumiges Werkzeug z.B. in ein Salzbad hoher Temperatur getaucht wird. Beim gestuften Erwärmen ist auf jeder Vorwärmstufe bis zum gänzlichen Durchwärmen des Werkzeuges zu verharren. Erwärmdauer auf unterschiedliche Temperaturen in Kammeröfen zeigt Bild. 2.6-5. Die darin zum Ausdruck kommende Tendenz, daß hohe Temperatur eine kurze Zeit erfordert, deutet auf den mit der vierten Potenz der Temperatur sich verstärkenden Wärmeübergang durch Strahlung hin. Die notwendige Erwärmdauer beim Tauchen in Salzbäder ist erheblich kürzer als im Kammer-

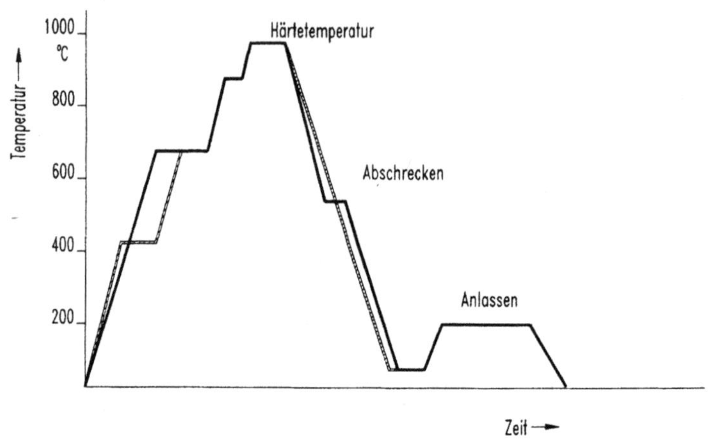

Bild 2.6-4. Schematische Zeit-Temperatur-Folgen für das Härten und Anlassen legierter und unlegierter Werkzeugstähle mit Härtetemperaturen über 900 °C. Nach Beiblatt zu DIN 17350.

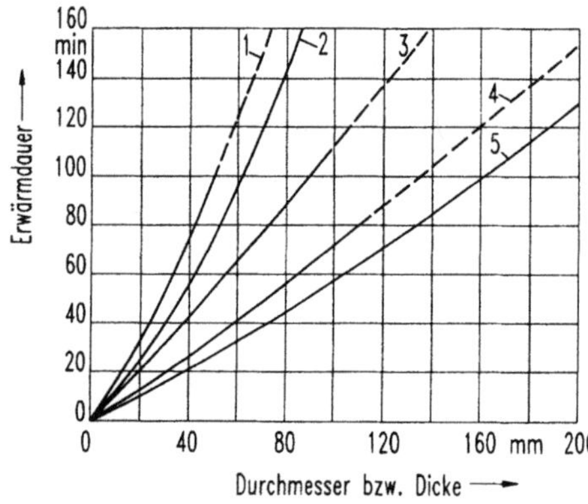

Bild 2.6-5. Erwärmdauer für das Erwärmen runder, quadratischer bzw. rechteckiger Querschnitte in Kammeröfen, ausgehend von Raumtemperatur auf folgende Endtemperaturen:
Kurve 1: 500 °C; Kurve 2: 600 °C;
Kurve 3: 800 °C;
Kurve 4: 850 °C; Kurve 5: 1000 °C.
Nach DIN 17022, Teil 2.

ofen, Bild 2.6-6, und hängt *nicht* von der Badtemperatur ab. Das bedeutet allerdings, daß gestuftes Erwärmen je Stufe etwa die gleiche Erwärmdauer erfordert!

Die Werkzeuge sind nach dem Durchwärmen etwa 15 bis 30 Minuten auf der vorgesehenen Austenitisierungstemperatur (Tabelle 2.6-3) zu halten, um genügend Carbide aufzulösen. Über die erforderlichen Zeiten geben ZTA-Schaubilder Auskunft, wie sie in [28] zu finden sind. Bild 2.6-7 zeigt ein ZTA-Schaubild, aus dem hervorgeht, daß sich

194

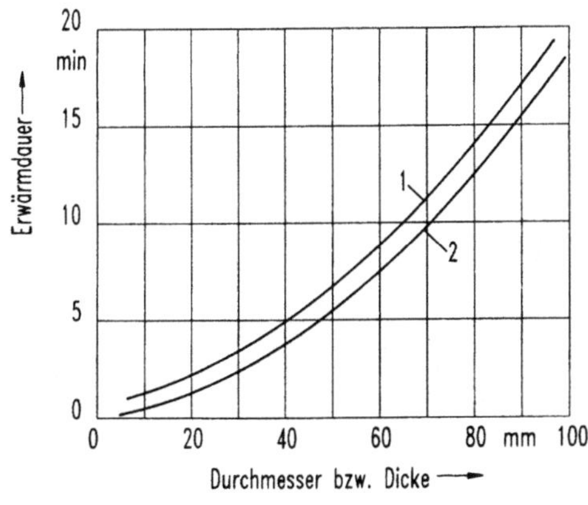

Bild 2.6-6. Erwärmdauer für das Erwärmen runder, quadratischer bzw. rechteckiger Querschnitte in Salzschmelzen.
Kurve 1: Ohne Vorwärmen auf eine Badtemperatur von 850 bzw. 1050 bzw. 1250 °C;
Kurve 2: Nach Vorwärmen von 850 °C auf 1050 bzw. 1250 °C oder von 1050 auf 1250 °C.
Anhaltswerte. Nach DIN 17022, Teil 2.

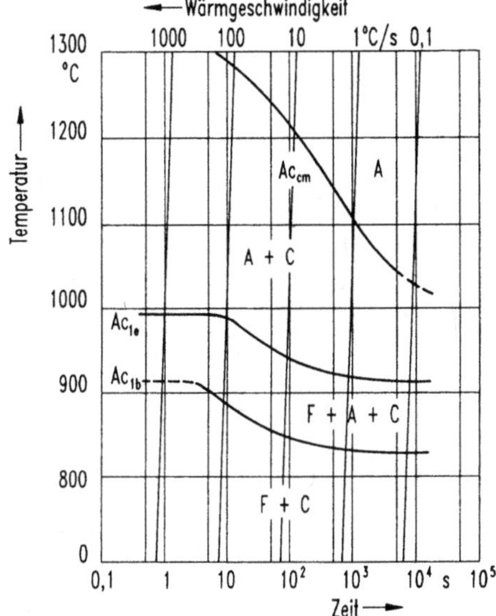

Bild 2.6-7. Zeit-Temperatur-Austenitisierungs-Schaubild für kontinuierliches Erwärmen des Stahles X 38 CrMoV 5 1. Nach DIN 17022, Teil 2.

mit zunehmender Erwärmgeschwindigkeit die Umwandlungstemperaturen zu höheren Temperaturen verschieben.

Das Abschrecken erfolgt in den nach Tabelle 2.6-3 vorgesehenen Mitteln. Die Wahl des Mittels richtet sich vor allem nach der Größe der Werkzeuge und nach der Härtbarkeit des Stahles. Übliche Temperaturen von Öl liegen zwischen 40 und 120 °C; Warmbäder haben entweder Temperaturen von 180 bis 220 °C oder von 500 bis 600 °C. Riß-

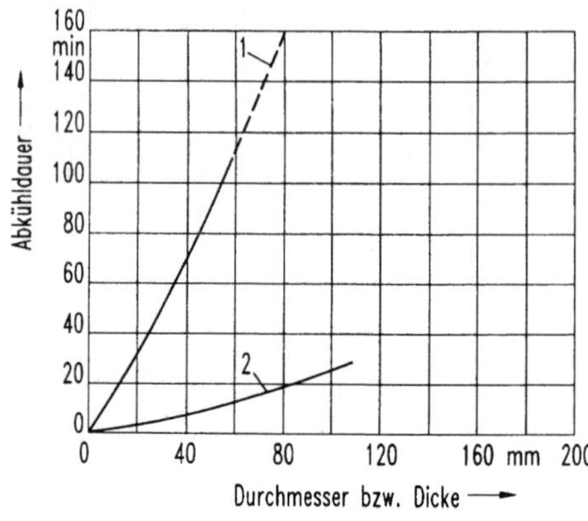

Bild 2.6-8. Anhaltswerte für die Abkühldauer im Kern. Kurve 1: Abkühlen von 1250 bzw. 550 °C an ruhender Luft, Kurve 2: Abkühlen von 1250 °C in einer Salzschmelze von 550 °C. Nach DIN 17022, Teil 2.

gefährdete Werkzeuge sollen nur bis auf etwa 80 bis 100 °C abgekühlt, danach auf 100 bis 150 °C ausgeglichen und gleich danach auf die vorgesehene Anlaßtemperatur gebracht werden.

Grundlagen für das Durchführen des Abschreckens sind die ZTU-Schaubilder im Beiblatt zu DIN 17350 sowie Anhaltsangaben über die Kühlwirkung verschiedener Kühlmittel in Abhängigkeit von den Abmessungen der Teile, Bild 2.6-8. Dabei darf nie vergessen werden, daß ZTU-Schaubilder nur zu einer ganz bestimmten Zusammensetzung und einer Austenitisierungstemperatur gehören und Abweichungen davon gerade das Verhalten bei der Wärmebehandlung deutlich beeinflussen können.

Ein Tiefkühlen zur Restaustenitumwandlung kann erforderlich sein, insbesondere, um späteren Maß- bzw. Formänderungen vorzubeugen. Dafür ist meist eine Temperatur von −75 °C erforderlich.

Das Anlassen als letzter Behandlungsschritt erfolgt für etwa eine Stunde auf der in Tabelle 2.6-3 angegebenen Temperatur. DIN 17350 enthält Kurven für die Abhängigkeit der Härte von der Anlaßtemperatur.

2.6.4 Härten von Warmarbeitsstählen

Das Anwendungsgebiet der Warmarbeitsstähle umfaßt die Werkzeuge für die Warmumformung der Metalle, wie z.B. Peßmatrizen und -stempel, Schmiedegesenke und Strangpreßwerkzeuge sowie Druckgießformen und Kokillen. Konkrete Zuordnungen von Anwendungen und Werkstoffen sind in DIN 17350 zu finden.

Tabelle 2.6-4. Warmarbeitsstähle, Auszug aus DIN 17350. Angaben zur Wärmebehandlung, Höchsthärte im weichgeglühten und Mindesthärte im gehärteten und angelassenen Zustand. O = Öl, WB = Warmbad, L = Luft. Statt Öl kann häufig auch Wasser mit Zusatz löslicher Polymere verwendet werden.

Werkstoff-Kurzzeichen	Härte Zust. G HB	Härtetemp.-Bereich °C	Kühl-mittel	Härte-Temp. °C	Anlaß-Temp. °C	Härte HRC
55 NiCrMoV 6	248	830...870	O	850	500	40
56 NiCrMoV 7	248	830...870	O,(L)	850	500	44
X 38 CrMoV 5 1	229	1000...1040	O,WB,L	1020	550	50
X 40 CrMoV 5 1	229	1020...1060	O,WB,L	1030	550	51
X 32 CrMoV 3 3	229	1010...1050	O,WB	1040	550	47

Die Warmarbeitsstähle sind durch die carbidbildenden Legierungselemente in ihrer Zusammensetzung so abgestimmt, daß sie beim Anlassen nach dem Härten zur sogenannten *Sekundärhärtung* fähig sind. Diese beruht darauf, daß sich beim Anlassen des aus Martensit, Bainit und Restaustenit bestehenden Härtegefüges oberhalb 450 °C sehr fein dispers verteilte Carbide bilden. Dadurch und durch den beim Abkühlen in Martensit umwandelnden Restaustenit wird ein Abfallen der Härte mit zunehmender Anlaßtemperatur vermieden, wie es bei den Kaltarbeitsstählen der Fall ist, Bild 2.6-2. Durch diese Anlaßbeständigkeit erhalten die Warmarbeitsstähle ihre Eignung für die Anwendung bei erhöhten Temperaturen.

Der Ablauf des Härtens entspricht im wesentlichen dem bei den legierten Kaltarbeitsstählen üblichen. Bei den Stahlsorten, die eine Austenitisierungstemperatur über 900 °C erfordern, ist eine weitere Vorwärmstufe bei etwa 850 °C für größere Werkzeuge zweckmäßig, Bild 2.6-9.

Abgeschreckt wird je nach Größe und Werkstoff in Öl von 40 bis 120 °C, im Warmbad von 180 bis 220 °C bzw. 500 bis 600 °C oder an Luft. Auch für die Warmarbeitsstähle gilt, daß rißgefährdete Teile

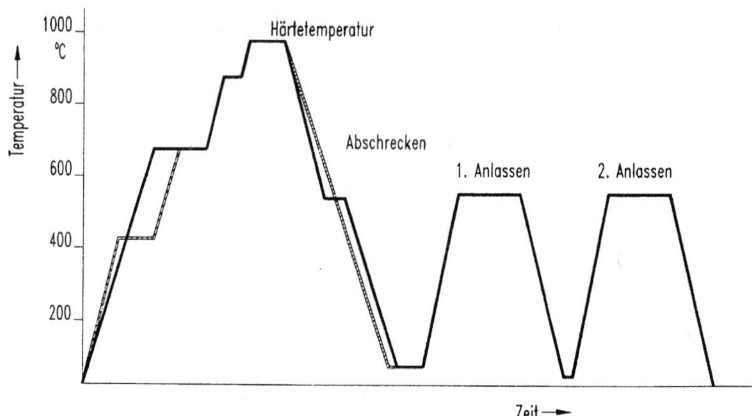

Bild 2.6-9. Schematische Zeit-Temperatur-Folgen für das Härten und Anlassen von Warmarbeitsstählen mit Härtetemperaturen über 900 °C. Nach Beiblatt zu DIN 17350.

nicht unter 80 bis 100 °C abgeschreckt werden dürfen und nach dem Temperaturausgleich bei 100 bis 150 °C unmittelbar anschließend anzulassen sind. Der Hauptunterschied zur Behandlung der Kaltarbeitsstählen liegt in der Höhe der Anlaßtemperatur und der Zahl der Anlaßvorgänge, bedingt durch den Effekt der Sekundärhärtung. Der nach einmaligem Anlassen aus Restaustenit entstandene Martensit erfordert ein anschließendes zweites Anlassen, um den Effekt der Sekundärhärtung vollständig auszunutzen. Bei dem zweiten Anlassen kann eventuell noch verbliebener Restaustenit zu Martensit umwandeln. Ist nach dem ersten Anlassen die geforderte Härte bereits erreicht, kann die Temperatur für das zweite Anlassen etwa 50 °C niedriger gewählt werden. Ist dagegen die Härte nach dem ersten Anlassen noch zu hoch, wird das zweite bei der gleichen Temperatur wie das erste durchgeführt. Die Haltedauer beim Anlassen liegt normalerweise bei einer Stunde. In gewissen Grenzen können Höhe der Anlaßtemperatur und Haltedauer einander ersetzen. Für Temperaturen oberhalb 450 °C kann mit dem HOLLOMON-Parameter

$$HP = T \cdot (20 + \lg t) \cdot 10^{-3}$$

mit T in K und t in h (vgl. Kapitel 2.1.2) die kombinierte Wirkung von Temperatur und Zeit auf die beim Anlassen erreichte Härte ermittelt werden, sofern für den Werkstoff die zugehörige sogenannte Anlaßhauptkurve vorliegt, Bild 2.6-10. DIN 17350 enthält Kurven für die Abhängigkeit der Härte von der Anlaßtemperatur.

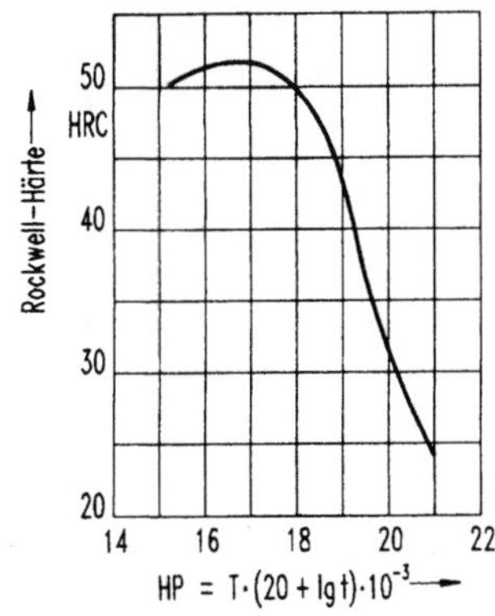

Bild 2.6-10. Anlaßhauptkurve des Warmarbeits-
stahles X 30 WCrV 5 3 (SEW 250-70). Nach
DIN 17022, Teil 2.

2.6.5 Härten von Schnellarbeitsstählen

Schnellarbeitsstähle werden vor allem für hochbeanspruchte Werkzeuge der spanenden Fertigungsverfahren eingesetzt, bei denen aufgrund hoher Schnittgeschwindigkeiten Temperaturen bis zu etwa 600 °C an der Werkzeugschneide auftreten, von der eine möglichst lange Standzeit, das heißt Einsatzzeit ohne unzulässigen Verschleiß erwartet wird. Daraus resultiert die Forderung nach hoher Härte und Anlaßbeständigkeit bei höchstmöglicher Bruchsicherheit.

Für die Bezeichnung der genormten Schnellarbeitsstähle nach DIN 17350, Tabelle 2.6-5, hat sich ein besonderes Bezeichnungssystem eingeführt: Dem Buchstaben S (Schnellarbeitsstahl) folgen Zahlen, die die Gehalte an Wolfram, Molybdän, Vanadin und Cobalt in Prozent in der angegebenen Reihenfolge angeben. Außer den aus dem Kurzzeichen ersichtlichen Legierungsgehalten enthalten die Schnellarbeitsstähle zwischen 0,9 und 1,4 % Kohlenstoff sowie etwa 4 % Chrom. (Im Normenwerk der früheren DDR wurden die Schnellarbeitsstähle nach TGL 7571/01 wie andere hochlegierte Stähle bezeichnet: Der Kurzname X 90 WMo 6.5 entspricht dem Stahl S 6-5-2 nach DIN 17350.)

Die Schnellarbeitsstähle stellen von allen Werkzeugstählen die höchsten Ansprüche an die Durchführung der Wärmebehandlung. Das hat folgende Gründe:

— Relativ hohe und nahe der Solidustemperatur liegende Austenitisierungstemperaturen,

— besonders geringe Wärmeleitfähigkeit,

– Härtungsergebnis reagiert sehr empfindlich auf Höhe der Austenitisierungstemperatur und die Haltedauer, da von beiden Faktoren der
Anteil der in Lösung gehenden Carbide und damit die Wirksamkeit
der Sekundärhärtung abhängig ist, Bild 2.6-11.

Tabelle 2.6.-5. Schnellarbeitsstähle, Auszug aus DIN 17350. Angaben zur Wärmebehandlung, Höchsthärte im weichgeglühten und Mindesthär-
te im gehärteten und angelassenen Zustand. O = Öl, WB = Warmbad, L = Luft. Statt Öl kann unter Umständen auch Wasser mit
Zusatz von löslichen Polymeren verwendet werden.

Werkstoff-Kurzzeichen	Härte Zust. G HB	Härtetemp.-Bereich °C	Kühl-mittel	Härte-Temp. °C	Anlaß-Temp. °C	Härte HRC
S 6-5-2	300	1190...1230	O,WB,L	1210	560	64
SC 6-5-2	300	1180...1220	O,WB,L	1200	560	65
S 6-5-3	300	1200...1240	O,WB,L	1220	560	65
S 6-5-2-5-	300	1200...1240	O,WB,L	1220	560	64
S 7-4-2-5	300	1180...1220	O,WB,L	1220	540	66
S 10-4-3-10	300	1210...1250	O,WB,L	1230	560	66
S 12-1-4-5	300	1210...1250	O,WB,L	1230	560	65
S 18-1-2-5	300	1260...1300	O,WB,L	1280	560	64

Die hohen Austenitisierungstemperaturen und die geringe Wärmeleitfähigkeit zwingen immer zu einem mehrstufigen Erwärmen, um
Spannungen zu vermeiden, Bild 2.6-12. Nur bei Teilen geringer Abmessungen genügen zwei Vorwärmstufen bei etwa 850 und 1050 °C.
Sonst ist eine dritte Stufe bei etwa 650 °C vorzusehen. Wird im Salzbad erwärmt, ist eine weitere Vorwärmstufe bei etwa 300 bis 450 °C
erforderlich. Besonders kritisch ist das Einhalten der relativ kurzen
Haltedauer auf Austenitisierungstemperatur zwischen 80 und 150
Sekunden je nach gewünschter Auflösung der Carbide. Da sich in der
Praxis als unmöglich erweist, Erwärm- und Haltedauer getrennt zu
messen, sind hier Erfahrungswerte besonders wichtig. Bild 2.6-13

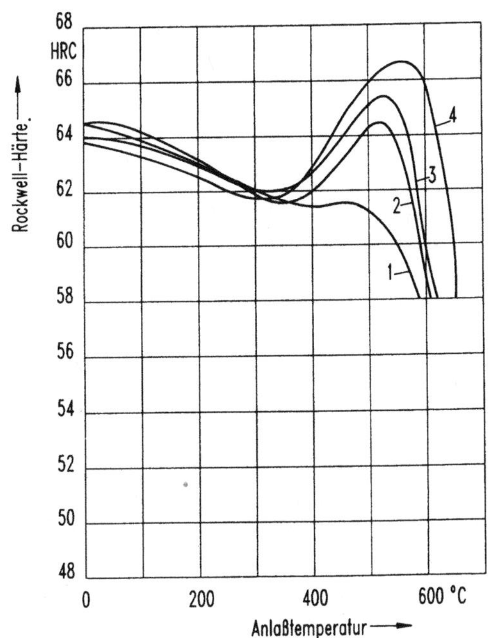

Bild 2.6-11. Einfluß der Austenitisierungstemperatur auf die Härte nach dem Anlassen von Schnellarbeitsstahl (Beispiel). Kurve 1: sehr niedrige Austenitisierungstemperatur, Kurve 2: untere Grenze der Härtetemperatur, Kurve 3: mittlere Härtetemperatur, Kurve 4: obere Grenze der Härtetemperatur. Nach [43].

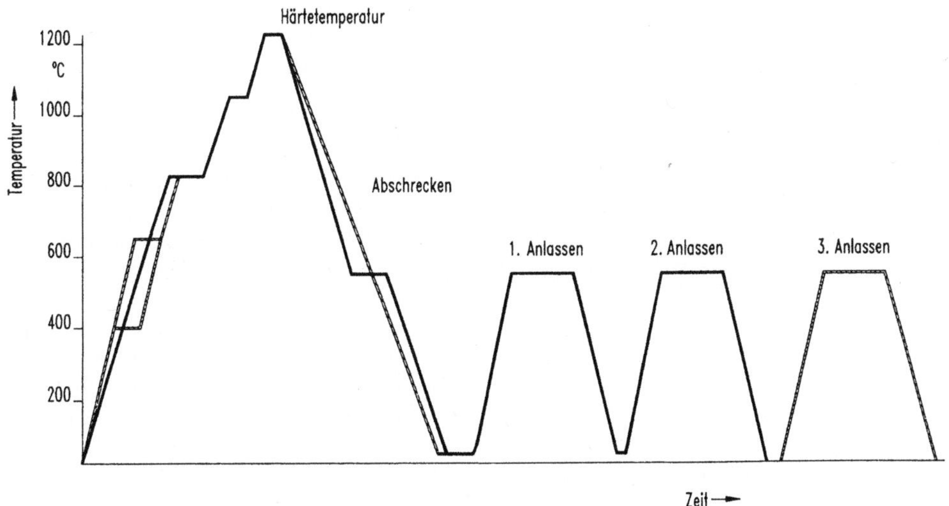

Bild 2.6-12. Schematische Zeit-Temperatur-Folgen für das Härten und Anlassen von Schnellarbeitsstählen. Nach Beiblatt zu DIN 17350.

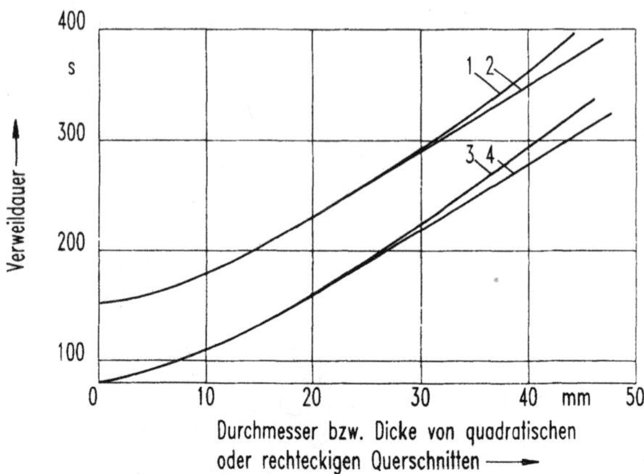

Bild 2.6-13. Anhaltswerte für die Verweildauer zum Austenitisieren von Schnellarbeitsstählen in Salzschmelzen. Kurve 1: Haltedauer 150 s, nach Vorwärmen auf 850 °C, Kurve 2: Haltedauer 150 s, nach Vorwärmen auf 850 und 1050 °C, Kurve 3: Haltedauer 80 s, nach Vorwärmen auf 850 °C, Kurve 4: Haltedauer 80 s, nach Vorwärmen auf 850 und 1050 °C. Nach DIN 17022, Teil 2.

enthält Anhaltswerte für die Verweildauern = Erwärm- + Haltedauer in Abhängigkeit vom Werkzeugquerschnitt beim Erwärmen in Salzschmelzen. Diese Art der Erwärmung ist wegen der genauen Temperaturkontrolle für Schnellarbeitsstähle am gebräuchlichsten. Daneben wird aber auch im Kammer- oder Vakuumofen erwärmt.

Nach dem Austenitisieren im Salzbad wird üblicherweise im Warmbad von 500 bis 600 °C abgekühlt, der Temperaturausgleich abgewartet und anschließend an Luft weiter abgekühlt. Nach Erwärmung im Kammer- oder Vakuumofen wird an Luft bzw. Inertgas (Stickstoff) abgeschreckt. Anhaltswerte für die erforderlichen Abkühlgeschwindigkeiten sind den ZTU-Schaubildern zu entnehmen. Bild 2.6-14 zeigt beispielhaft das ZTU-Schaubild des Stahles S 6-5-2.

Je nach Werkstoff und Behandlungsbedingungen ergibt sich nach dem Abkühlen ein Gefüge, das etwa 60 bis 70 % Martensit, 10 bis 15 % nicht gelöste Carbide und 20 bis 30 % Restaustenit enthält. Beim Anlassen, das sich unmittelbar an das Abkühlen anschließen muß, kommt es durch Sondercarbidausscheidung oberhalb 450 °C und Umwandlung von Restaustenit in Martensit beim Wiederabkühlen zu einer stark ausgeprägten Sekundärhärtung, Bilder 2.6-2 und 2.6-11. Da jedoch nach einmaligem Anlassen noch nicht der gesamte Anteil

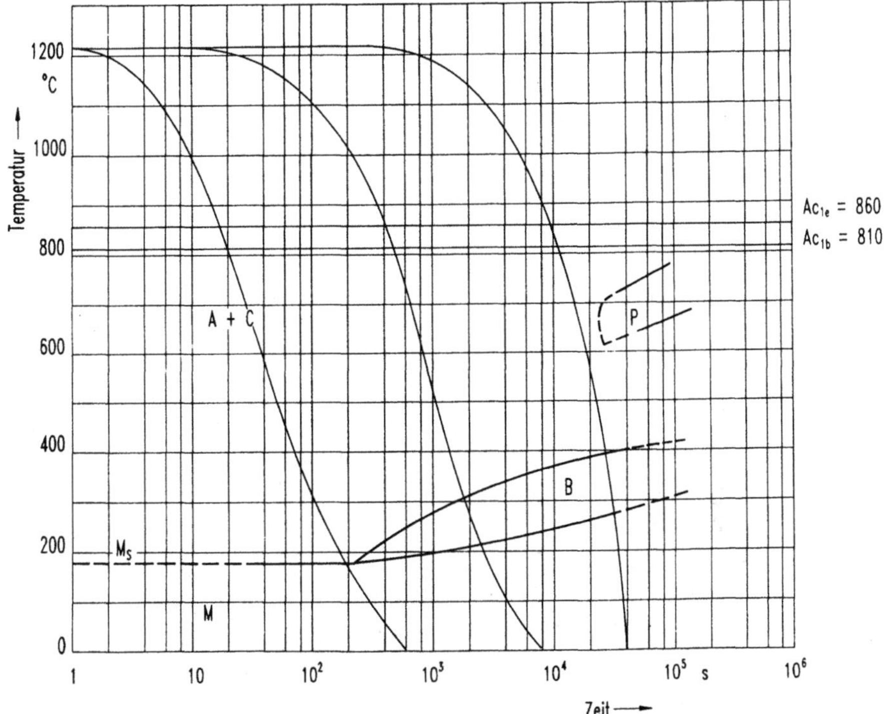

Bild 2.6-14. ZTU-Schaubild des Schnellarbeitsstahles S 6-5-2 für kontinuierliche Abkühlung; A: Austenit, C: Carbid, P: Perlit, B: Bainit, M: Martensit, M_S: Martensitbildungs-Starttemperatur; Austenitisierungstemperatur: 1210 °C. Nach Beiblatt zu DIN 1735.

Restaustenit umgewandelt ist, müssen die Schnellarbeitsstähle mehrfach angelassen werden. Kobaltfreie Stähle erfordern zwei- bis dreimaliges, kobalthaltige drei- bis viermaliges Anlassen. Jede Anlaßbehandlung soll etwa eine Stunde dauern. Die Anlaßtemperaturen liegen je nach geforderten Eigenschaften zwischen 540 und 590 °C. DIN 17350 enthält Kurven für die Abhängigkeit der Härte von der Anlaßtemperatur. Abgekühlt wird nach dem Anlassen an Luft oder unter Schutzgas.

2.6.6 Härten von nichtrostenden martensitischen Stählen

Unter den in DIN 17440 genormten nichtrostenden Stählen kommen aufgrund ihrer Zusammensetzung die in Tabelle 2.6-6 aufgeführten

Tabelle 2.6-6. Nichtrostende martensitische Stähle zur Verwendung als Werkzeuge bzw. Wälzlager. Angaben zur Wärmebehandlung. O = Öl, L = Luft. Statt Öl kann unter Umständen auch Wasser mit Zusatz löslicher Polymere verwendet werden.

Werkstoff-Kurzzeichen	Härtetemp.-Bereich °C	Kühl-mittel	Anlaß-Temp. °C	DIN
X 38 Cr 13 X 46 Cr 13 X 45 CrMoV 15	980...1030	O,L	100...200	17440
X 45 Cr 13 X 102 CrMo 17 X 89 CrMoV 18 1	1020...1070 1030...1080 1030...1080	O O O	100...200	17230

Sorten als Werkzeuge im gehärteten Zustand infrage. Ähnliches gilt für die ebenfalls in der Tabelle aufgeführten nichtrostenden Wälzlagerstähle aus DIN 17230. Die Wärmebehandlung dieser Stahlsorten entspricht im wesentlichen dem, was weiter oben über die legierten Kaltarbeitsstähle mit Chromgehalten über 12% ausgeführt ist. Die wichtigsten Daten zur Wärmebehandlung sind in Tabelle 2.6-6 enthalten.

Angaben zur erreichbaren Härte sind in den Normen nicht festgelegt. Für die nichtrostenden Stähle für Wälzlager ist in [11] 55 bis 58 HRC angegeben. Anhaltswerte lassen sich anhand des Kohlenstoffgehaltes mit Hilfe von Bild 1.4-12 (Kapitel 1.4.3) ermitteln. Auch die in Tabelle 2.6-3 angegebenen Härtewerte für Stähle etwa gleichen Kohlenstoffgehaltes bieten eine gute Möglichkeit der Abschätzung.

2.6.7 Härten von Wälzlagerstählen

Die in DIN 17230 genormten Wälzlagerstähle sind unterschieden in:

– Durchhärtende Stähle,

– Einsatzstähle,

– Vergütungsstähle,

– Nichtrostende Stähle,

– Warmharte Stähle.

Tabelle 2.6-7. Durchhärtende und warmharte Wälzlagerstähle nach DIN 17230. Angaben zur Wärmebehandlung. WB = Warmbad von 500 bis 560°C. Statt Öl kann unter Umständen auch Wasser mit Zusatz löslicher Polymere verwendet werden.

Werkstoff-Kurzzeichen	Härtetemp.-Bereich °C	Kühlmittel	Anlaß-Temp. °C
Durchhärtende Stähle			
100 Cr 2	820...850		
100 Cr 6	830...870		
100 CrMn 6	830...870	Öl	150...180
100 CrMo 7	840...880		
100 CrMo 7 3	840...880		
100 CrMnMo 8	840...880		
Warmharte Stähle			
80 MoCrV 42 16	1070...1120		
X 82 WMoCrV 6 5 4	1180...1230	WB	500...580
X 75 WCrV 18 4 1	1220...1270		

Dieser Einteilung entspricht die Art der anzuwendenden Wärmebehandlung. In diesem Kapitel sind nur noch die durchhärtenden und die warmharten Sorten zu behandeln, da sie bezüglich der Wärmebehandlung den Werkzeugstählen sehr ähnlich sind. Behandlung der Einsatzstähle siehe Kapitel 2.4.1, der Vergütungsstähle Kapitel 2.3 und der nichtrostenden Stähle Kapitel 2.6.6.

Die durchhärtenden Wälzlagerstähle entsprechen bezüglich ihrer Behandlung etwa den legierten Kaltarbeitsstählen, die warmharten Sorten etwa den Warmarbeitsstählen. Die Sorten sowie Daten zur Wärmebehandlung enthält Tabelle 2.6-7.

Die Anlaßdauer für die warmharten Stähle beträgt 2 h. Härteangaben sind in der Norm nicht enthalten. Für die durchhärtenden Stähle ist, ähnlich wie in Tabelle 2.6-3 für den dort ebenfalls enthaltenen Stahl 100 Cr 6 wegen des gleichen Kohlenstoffgehaltes mit einer Rockwell-Härte von 60 HRC zu rechnen. Die zu erwartende Härte der warmharten Sorten kann aufgrund ihres Kohlenstoffgehaltes mit 56 bis 58 HRC abgeschätzt werden.

2.7 Beschichten mit Hartstoffen

2.7.1 Übersicht

Nach der Systematik in DIN 8580 über Einteilung der Fertigungsverfahren nehmen die Beschichtungsverfahren neben den Verfahren der Wärmebehandlung eine besondere Stellung ein. Wärmebehandlungsverfahren gehören im allgemeinen zur Gruppe „Stoffeigenschaftändern", da ihre Wirkung im *Umlagern, Aussondern bzw. Einbringen* von Stoffteilchen besteht. Beschichten dagegen bedeutet das *Aufbringen* von Stoffteilchen *auf der Oberfläche*, die im allgemeinen nicht eindringen.

Einige Beschichtungsverfahren sind allerdings den Wärmebehandlungsverfahren sehr verwandt, weil sie entweder

– zwangsläufig mit einer Wärmebehandlung verbunden oder

– vom Behandlungsziel bestimmten Wärmebehandlungsverfahren sehr ähnlich sind.

Dies trifft vor allem auf die Hartstoffbeschichtungsverfahren zu, die konventionelle Verfahren des Oberflächenhärtens, wie Einsatz- und Randschichthärten, Nitrieren und andere ergänzen oder auch ersetzen können. Aus diesem Grund sollen sie in diesem Buch besprochen werden. Weitere Beschichtungsverfahren, wie z.B. das Aufbringen galvanischer Überzüge, das Lackieren oder Emaillieren würden dagegen über den Rahmen des Buches hinausgehen.

Gebräuchliche Hartstoffe sind intermediäre Kristallarten wie Carbide, Nitride, Carbonitride, Boride, Oxide und Silicide, die aus folgenden Komponenten bestehen:

Metalle: Al, Ti, V, Cr, Zr, Ta, W.

Nichtmetalle bzw. Halbleiter: B, C, N, O, Si.

In den intermediären Kristallarten können je nach beteiligten Komponenten und Zusammensetzungen sowohl metallische, kovalente (Elektronenpaar-) oder ionische Bindungen vorliegen, so daß sie je nach Bindungsart entweder den Metallen oder den keramischen Stoffen zuzuordnen sind. Wesentliches Merkmal der Hartstoffe sind Härtewerte, die aufgrund der vorliegenden Gitterstrukturen im Bereich von 1800 bis etwa 4000 HV 0,01 liegen.

Mit den genannten Komponenten ist eine nahezu unbegrenzte Vielfalt von Kombinationen denkbar. Wegen der intensiven Weiterentwicklung dieses Gebietes sind eindeutige Angaben über Schichtzusammensetzungen und allgemeingültige Bezeichnungen nicht immer möglich. Einige Beispiele von überwiegend bereits technisch erprobten Hartstoffbeschichtungen sind in Tabelle 2.7-1 aufgeführt.

Nicht in das Schema von Tabelle 2.7-1 einzuordnen sind Hartstoffe aus diamantähnlichem Kohlenstoff, wofür Kurzbezeichnungen wie i-C, α-CH, Me-CH, Me-C/C, M-C:H und andere anzutreffen sind. Dabei handelt es sich um amorphen Kohlenstoff, jedoch mit einem für Diamant typischen Bindungsanteil, mit eingelagerten Metallcarbiden. Auch eingelagerte Graphitstrukturen sind möglich. Herstellerangaben für Härtewerte liegen bei 3500 HV 0,01 [46].

Typische Merkmale der Hartstoffbeschichtungen sind zum einen die relativ geringen Schichtdicken, die im Bereich von etwa 1 bis 30 µm liegen und dieser Technik auch die Bezeichnung *Dünnschicht-Technologie* eintragen, sowie die Tatsache, daß je nach Beschichtungsverfahren nur eine sehr geringfügige oder praktisch gar keine Diffusion der Schichtstoffe in dem zu beschichtenden Werkstoff (Substrat) stattfindet.

Ziel der Hartstoffbeschichtungen auf Werkzeugen bzw. Bauteilen ist:

- Verbessern von Gleiteigenschaften durch Herabsetzen des Reibungsbeiwertes,
- Vermindern bzw. Verhindern von Adhäsivverschleiß, wie z.B. der gefürchteten Neigung zum „Fressen" durch Aufbringen antiadhäsiver Stoffe,
- Erhöhen des Widerstandes gegen abrasiven Verschleiß durch hohe Härte,
- Erhöhen des Korrosionswiderstandes durch porenfreie Schichten chemisch resistenter Stoffe.

Durch Hartstoffbeschichtungen lassen sich Werkzeugstandzeiten bzw die Lebensdauer von Bauteilen häufig gegenüber dem unbeschichteten Zustand vervielfachen, so daß sich trotz der Beschichtungskosten deutliche Verbesserungen der Wirtschaftlichkeit ergeben.

Geeignet für Hartstoffbeschichtungen ist eine große Zahl von metallischen und auch keramischen Werkstoffen. Sinnvoll ist die Hartstoffbeschichtung zum Zweck der Verschleißminderung jedoch nur, wenn der zu beschichtende Werkstoff die für den jeweiligen Anwendungsfall ausreichende Festigkeit besitzt, um der Hartstoffschicht eine tragfähige Grundlage zu bieten. Vielfach lassen sich durch *mehrlagigen*

Tabelle 2.7-1. Zusammenstellung von Hartstoffbeschichtungen. Z. T. nach [45].

Name	Struktur-formel	Bindung	Härte HV 0,01
Titancarbid	TiC	metallisch	≈ 3100
Titannitrid	TiN	metallisch	≈ 2600
Titanborid	TiB_2	metallisch	≈ 2400
Titan-Carbonitrid	Ti(C,N)	metallisch	≈ 3100
Titan-Aluminium-Nitrid	(Ti,Al)N	metallisch	≈ 3200
Titan-Aluminium-Vanadium-Nitrid	(Ti,Al,V)N	metallisch	≈ 3100
Titan-Wolfram-Nitrid	(Ti,W)N	metallisch	≈ 2800
Titan-Wolfram-Carbonitrid	(Ti,W)CN	metallisch	≈ 3100
Titan-Zirkon-Nitrid	(Ti,Zr)N	metallisch	≈ 3300
Borcarbid	B_4C	kovalent	≈ 3800
Bornitrid (kubisch)	BN	kovalent	≈ 4500
Siliziumcarbid	SiC	kovalent	≈ 3500
Chromcarbid	Cr_7C_3	metallisch	≈ 2200
Chromnitrid	CrN	metallisch	≈ 2000
Chromcarbonitrid	CrCN	metallisch	≈ 2700
Wolframcarbid	WC	metallisch	≈ 2200
Vanadiumcarbid	VC	metallisch	≈ 3000
Aluminiumoxid	Al_2O_3	ionisch	≈ 2400

Aufbau der Schichten die Eigenschaften für den jeweiligen Anwendungsfall optimieren. Die bevorzugten Anwendungsgebiete der Hartstoffbeschichtungen sind:

- hochbeanspruchte Werkzeuge zum Spanen, Schneiden, Ur- und Umformen von Metallen, Glas und Kunststoffen,
- hochbeanspruchte Leit- und Gleitelemente in allen technischen Bereichen.

Für derartige Anwendungsfälle sind die üblichen Werkstoffe Werkzeugstähle oder Hartmetalle. Da mögliche Wechselwirkungen zwischen Hartstoff und Werkstoff auf äußerst geringe Schichtdicken beschränkt bleiben, ist die Art der Werkstoffs für das Verhalten der Beschichtung nicht vorrangig von Bedeutung. Sehr wichtig für eine gute Haftung der Schicht ist dagegen die Oberflächenvorbehandlung. Die zu beschichtenden Werkstücke müssen absolut gratfrei, metallisch blank und frei von jeglichen Rückständen vorangegangener Fertigungsschritte, insbesondere sorgfältig *entfettet* sein. Die Haftung der Schicht auf dem Grundkörper (Substrat) beruht nur bei Verfahren mit relativ hoher Temperatur auf atomaren Bindekräften, wobei zum Teil Grenzflächenphasen entstehen. Bei den Beschichtungsverfahren mit relativ niedriger Temperatur sind für die Haftung VAN DER WAALSsche Kräfte maßgebend.

Zwei Hauptgruppen der Hartstoffbeschichtungsverfahren werden unterschieden:

- Chemisches Abscheiden aus der Gasphase
  (Chemical Vapour Deposition - CVD),
- Physikalisches Abscheiden aus der Gasphase
  (Physical Vapour Deposition - PVD).

Das Gebiet befindet sich in schneller Entwicklung, so daß es hier keinesfalls abschließend besprochen werden kann.

2.7.2 Chemisches Abscheiden aus der Gasphase (CVD)

Grundlage dieser Verfahren sind chemische Reaktionen in der Gasphase, die aufgrund der Verfahrensparameter Zusammensetzung, Temperatur und Druck so ablaufen, daß als Ergebnis der aufzubringende Hartstoff in kristalliner bzw. molekularer Form auf dem Werkstück (hier häufig als *Substrat* bezeichnet) abgeschieden wird. Das Werkstück hat bei diesen Reaktionen in der Nähe des thermodynamischen Gleichgewichts eine mehr oder weniger ausgeprägte Katalysatorfunktion. Daraus ergeben sich zwei wichtige Folgerungen.

- Die Werkstückoberfläche muß absolut sauber sein, d. h. sie muß vor dem Prozeß mechanisch gereinigt und während des Prozesses vor unerwünschten chemischen Reaktionen – insbesondere Oxidation – geschützt werden.
- Die Zusammensetzung des Werkstoffs wirkt sich auf das Entstehungsverhalten der Schicht aus und ist entsprechend zu berücksichtigen.

Als typischer Vertreter dieser Verfahrensgruppe sei das Beschichten mit Titancarbid hier näher beschrieben. Die wesentliche, wenn auch nicht einzige chemische Reaktionsgleichung für diesen Prozeß lautet:

$$TiCl_4 + CH_4 \;\rightleftharpoons\; TiC + 4\,HCl \tag{2.7.1}$$

Diese Reaktion läuft erst oberhalb von etwa 850 °C in Richtung der Bildung und Abscheidung von TiC ab. Höhere Temperaturen und verminderter Druck verkürzen die erforderliche Behandlungszeit. Übliche Temperaturen sind 900 bis 1000 °C, die Drücke werden zwischen etwa 0,02 und 0,15 bar gewählt. Die Erwärmung der Werkstücke erfolgt bis etwa 750 °C zur Oxidationsverhinderung im Argon-Wasserstoffgemisch. Oberhalb 750 °C wird CH_4 zugesetzt, um Entkohlen zu vermeiden. Das Prozeßgas $TiCl_4$, das durch Verdampfen von flüssigem Titantetrachlorid entsteht, wird erst beim Erreichen der richtigen Prozeßtemperatur in die Retorte eingeleitet, Bild 2.7-1.

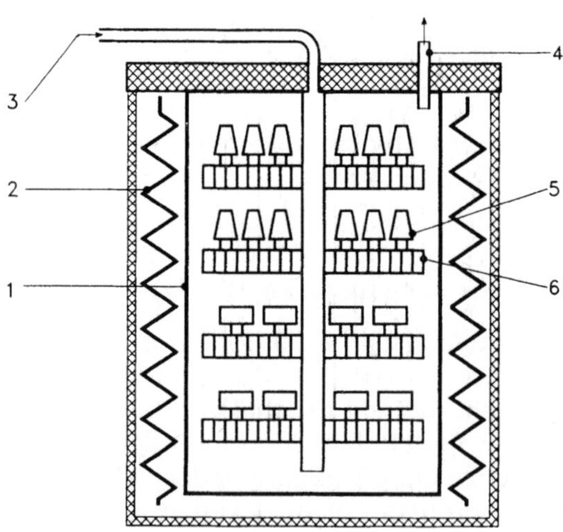

Bild 2.7-1. Schematische Darstellung einer CVD-Beschichtungsanlage. Reaktorkammer (1), Heizung (2), Prozeßgaszufuhr (3), Prozeßgasabfuhr (4), Werkstücke (5), Graphit-Trägergestelle (6). Nach [40].

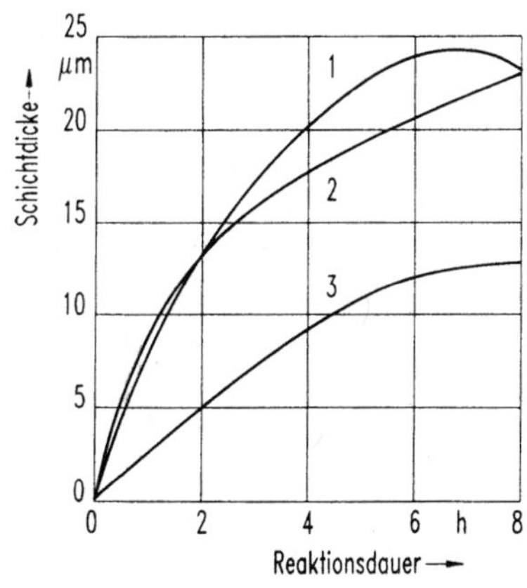

Bild 2.7-2. Abhängigkeit der Schichtdicke von dem Beschichtungsstoff und von der Reaktionsdauer bei 1020 °C. Vanadiumcarbid (1), Chromcarbid (2), Titancarbid (3). Trägerwerkstoff: C 100 W 1. Nach [1].

Nach Beendigung der Beschichtung wird die Prozeßgaszufuhr gesperrt und die Werkstücke kühlen bis 750 °C in Gegenwart von CH_4, darunter im Ar-H_2-Gemisch ab.

Die erzeugten Schichtdicken liegen im allgemeinen bei etwa 8 bis 10 µm. Die Behandlungszeiten hängen von der Temperatur und vom Werkstoff ab, Bild 2.7-2. Infolge einer äußerst dünnen Diffusionszone ergibt sich eine sehr gute Haftung der Schicht auf dem Werkstück. Dicke und Zusammensetzung der Diffusionszone hängen von der Werkstückzusammensetzung und von der Behandlungstemperatur ab. Trotz der relativ hohen Behandlungstemperaturen kommt es zu keiner nennenswerten Diffusion ins Werkstückinnere, da die an der Oberfläche abgeschiedenen Teilchen zunächst *molekular* sind und dann intermediäre Kristalle bilden.

Die Härte der Titancarbidschicht liegt zwischen 2500 und 3000 HV0,05. Auf die meßtechnischen Probleme bei der Härteprüfung dünner Schichten wird im Kapitel 2.4.2.5 eingegangen.

Positives Merkmal der CVD-Beschichtung ist die gleichmäßige sich ergebende Schichtdicke, die nahezu unabhängig von der Werkstückgeometrie ist. Grund dafür sind die völlig diffusen Teilchenbewegungen in der gesättigten Gasatmosphäre, durch die alle Oberflächenbereiche gleichermaßen erreicht werden. Einschränkungen bilden lediglich Hohlräume bzw. Bohrungen, deren Verhältnis Länge zu Durchmesser größer als 15 ist.

Die Anwendung des chemischen Abscheidens aus der Gasphase bei Stählen mit γ-α-Umwandlung führt zu einem Normalglüh- oder

Grobkorngefüge. Diese Stähle müssen *nach dem Beschichten* gehärtet werden, dabei können sich Probleme mit Verzug und Eigenspannungen ergeben, die eine sehr sorgfältige Planung und Durchführung des Härtens erfordern. Zu hohe Anforderungen an Maßtoleranzen bei kompliziert gestalteten Werkstücken können das CVD-Beschichten unmöglich machen. Die Stahlsorten X 155 CrVMo 12 1 und X 165 CrMoV 12 haben sich für CVD-Beschichtungen gut bewährt. Beim Beschichten von Hartmetallen gibt es keine Probleme durch eine nachfolgende Wärmebehandlung, so daß das CVD-Verfahren auf diesem Gebiet in besonders großem Umfang angewendet wird.

Nach der prinzipiell gleichen Methode, wie hier für Titancarbid beschrieben, werden Schichten aus Titannitrid, Titancarbonitrid, Chromcarbid, Vanadiumcarbid und anderen aufgebracht.

Allgemeine Aussagen über die Verbesserung der Gebrauchseignung, wie z.B. die Erhöhung der Standzeiten von Werkzeugen sind nicht möglich, da die Beanspruchungen je nach Anwendungsfall zu unterschiedlich sind. Standzeiterhöhungen um den Faktor 3 bis 200 (!) werden im Schrifttum genannt [47], [48].

Durch Plasmaunterstützung (PACVD = **P**lasma-**A**ssisted CVD) können die Werkstücktemperaturen gesenkt werden; damit nähern sich die CVD-Verfahren jedoch stärker den im nächsten Abschnitt beschriebenen PVD-Verfahren an.

2.7.3 Physikalisches Abscheiden aus der Gasphase (PVD)

Wichtigster Unterschied dieser Verfahrensgruppe zu den CVD-Verfahren ist, daß die Abscheidung der Hartstoffe unter Bedingungen erfolgt, die weitab vom thermodynamischen Gleichgewicht liegen. Daraus ergeben sich zwei Hauptvorteile:

- deutlich niedrigere Werkstücktemperaturen sind möglich,
- metastabile, und deshalb vielfältigere Schichtstrukturen lassen sich erzeugen.

Nachteil der PVD- gegenüber den CVD-Verfahren ist die im allgemeinen geringere Haftung der Schicht, da es aufgrund der niedrigen Temperatur des Werkstückes zu keiner Diffusion und damit auch nicht zur Bildung von Grenzflächenphasen kommt.

Grundlage der Entwicklung der Verfahren des physikalischen Abscheidens aus der Dampfphase ist das *Vakuumbedampfen*, Bild

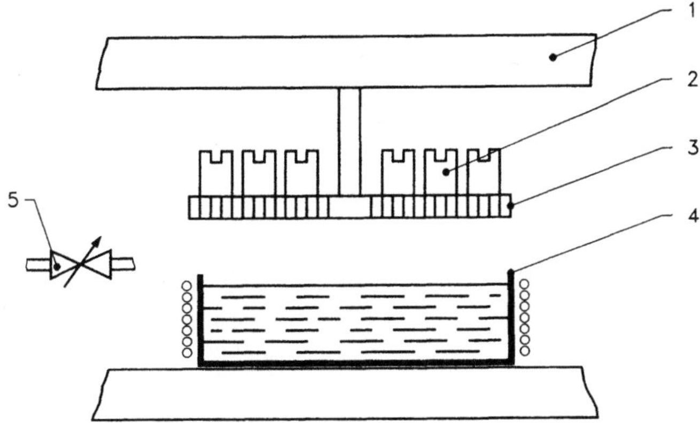

Bild 2.7-3. Schematische Darstellung einer Vakuum-Bedampfungsanlage. Vakuumgefäß (1), Werkstücke (2), Trägergestell (3), beheizter Tiegel (4), wahlweise Zufuhr reaktiver Gase (5). Nach [26].

2.7-3, das mit oder ohne zusätzlicher Erwärmung des Werkstücks seit langem in großem Umfang zum Erzeugen von leitfähigen, reflektierenden, absorbierenden, dielektrischen (isolierenden) und halbleitenden Schichten auf Metall, Glas, Keramik und Kunststoff angewendet wird.

Von diesem prinzipiell sehr einfachen Verfahren ausgehend, hat sich die Gruppe der PVD-Verfahren mit einer Vielzahl von Varianten entwickelt, wobei die Grenzen rein physikalisch wirksamer Verfahren zum Teil überschritten werden.

Tabelle 2.7-2 gibt eine Übersicht über die PVD-Verfahren mit ihren Varianten. Als *reaktiv* gelten die Verfahren, wenn die Schicht erst durch Reaktionen der in der Gasatmosphäre vorliegenden Bestandteile auf der Werkstückoberfläche entsteht. Oxid-, Nitrid- und Carbidschichten sind praktisch nur mit reaktiven Verfahren zu erzeugen. Deshalb sind die dafür verwendeten Verfahren streng genommen nicht als rein physikalisch zu bezeichnen.

Beim *Katodenzerstäuben* (Sputtern) wird der Beschichtungsstoff nach Bild 2.7-4 durch Beschuß mit Argon-Ionen aus einer katodisch geschalteten, als Target (engl. Ziel) bezeichneten Teilchenquelle herausgelöst. Bei einer Beschleunigungsspannung von etwa 2 kV und einem Ar-Partialdruck von etwa 0,01 mbar werden durch die energiereichen Ar-Ionen vorwiegend neutrale Teilchen aus der Katode herausgeschossen, die eine Dampfatmosphäre bilden, aus der sich die

Tabelle 2.7-2. Verfahren des physikalischen Abscheidens aus der Gasphase. Nach [49].

Aufdampfen	Katodenzerstäuben (Sputtern)	Ionenplattieren
		DC-Glimm-Entladung HF-Glimm-Entladung Magnetron-Entladung Hohlkatoden-Bogen-Entladung Niedervolt-Bogen-Entladung Thermische Bogen-Entladung Ionen-Cluster-Strahl

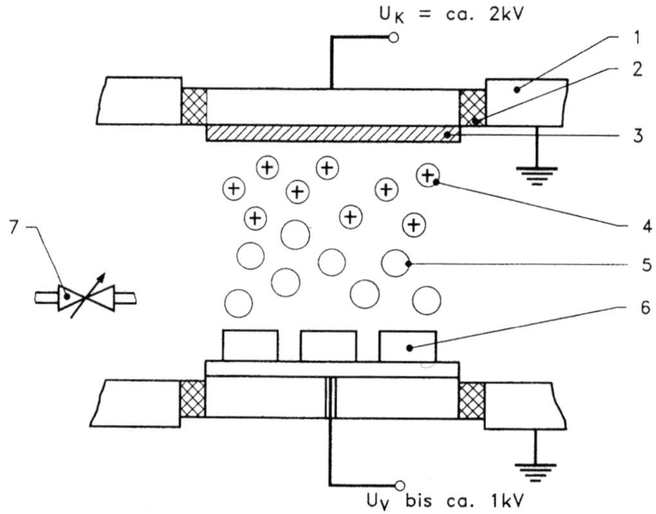

Bild 2.7-4. Schematische Darstellung einer Katodenzerstäubungsanlage. Gefäßwand (1), Isolation (2), Teilchenquelle, Katode (3), Argon-Ionen (4), aus der Quelle herausgelöste Teilchen (5), Werkstücke (6), Zufuhr von Argon und ggfs. reaktiven Gasen (7). Nach [26].

Teilchen auf dem Werkstück abscheiden. Anfängliches mehrmaliges Vertauschen der Polarität führt zum Beschuß des Werkstückes mit Ar-Ionen, wodurch seine Oberfläche von letzten Verunreinigungen befreit und so für den Beschichtungsprozeß aktiviert wird (Plasma-Ätzen). Durch eine Vorspannung am Werkstück kann die Teilchenenergie beim Auftreffen vergrößert und damit die Haftung verbessert werden.

Die für das Beschichten mit Hartstoffen vorwiegend verwendeten Verfahren sind die reaktiven Varianten der Ionenplattierung mit Magnetron-Entladung sowie mit thermischer Bogenentladung [50].

Ionenplattieren mit Magnetron-Entladung (Magnetron-Sputter-Ion-Plating, MSIP)

Bei diesem Verfahren werden die Teilchen für die Beschichtung durch Katodenzerstäuben mit Argon-Ionen erzeugt, durch das Plasma im Prozeßraum zu etwa 5% ionisiert und zusammen mit neutralen Teilchen auf dem Werkstück abgeschieden, das selbst gegenüber dem Prozeßraum negativ vorgespannt ist. Die Leistung der Teilchenquelle wird durch das Magnetfeld verstärkt, das den Ionen eine zusätzliche Rotationsbewegung erteilt, die zu mehr Zusammenstößen und damit zu einer stärkeren Ionisierung führt. Die in einem Plasma unvermeidlichen Sekundärelektronen fließen über die Behälterwand ab, Bild 2.7-5. Diese Wirkungsweise führt gegenüber dem reinen Katodenzerstäuben zu besserer Haftung, da das Werkstück infolge seiner Pola-

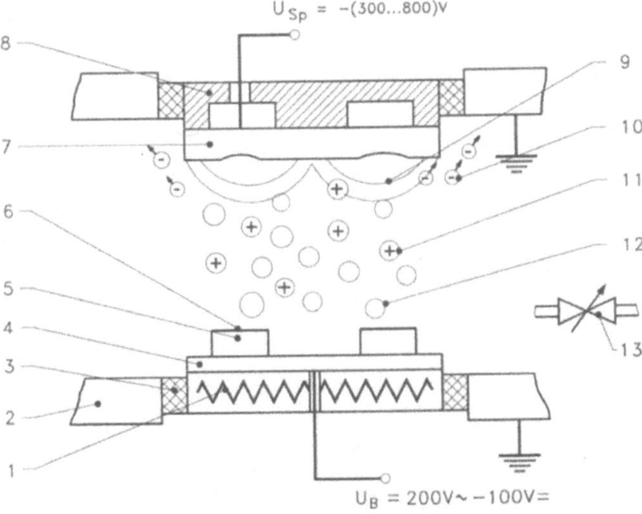

Bild 2.7-5. Schematische Darstellung des Ionenplattierens mit Magnetron-Entladung. Heizung (1), Gefäßwand (2), Isolation (3), Werkstückträger (4), Werkstücke (5), Schicht (6), Teilchenquelle, Katode (7), Magnet (8), Magnetfeldlinien (9), Sekundärelektronen (10), Ionen (11), Metallatome (12), Zufuhr von Schutzgas bzw. reaktiven Gasen (13). Nach [49].

rität von energiereichen Ionen getroffen und auch ständig durch Ar-Ionenbeschuß gereinigt wird. Als reaktive Gase kommen je nach gewünschter Beschichtung Sauerstoff für Oxide, Stickstoff für Nitride und Methan (CH_4) für Carbide zur Anwendung. Das Verfahren läßt durch Wahl der Paramater äußerst vielseitige Beschichtungen zu, insbesondere lassen sich niedrige Werkstücktemperaturen verwirklichen.

Ionenplattieren mit thermischer Bogenentladung (Arc-Ion-Plating, AIP)

Hierbei brennt ein instationärer thermischer Lichtbogen zwischen einer nur wenige µm über der Oberfläche befindlichen Ladungswolke und der als Katode geschalteten metallischen Teilchenquelle. Visuell scheint der Lichtbogen äußerst rasch nur über die Oberfläche zu laufen. Die dabei abdampfenden Metallatome werden bis zu 90 % ionisiert und zum negativ geladenen Werkstück hin beschleunigt, Bild 2.7-6. Der Druck im Prozeßraum muß anfangs kleiner als 10^{-4} mbar sein; nach Einleiten des Prozeßgases erhöht er sich auf etwa 10^{-2} mbar. Infolge der örtlich sehr hohen Stromdichte im wandernden

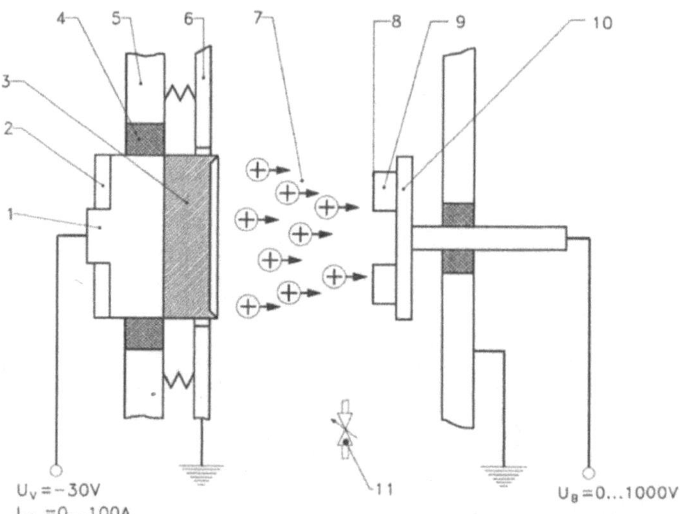

Bild 2.7-6. Schematische Darstellung des Ionenplattierens mit thermischer Bogenentladung. Kupferkatode (1), Magnet (2), Teilchenquelle (3), Isolation (4), Gefäßwand (5), Katodenschild (6), ionisierter Metalldampf (7), Schicht (8), Werkstücke (9), Werkstückträger (10), Gaszufuhr (11). Nach [50].

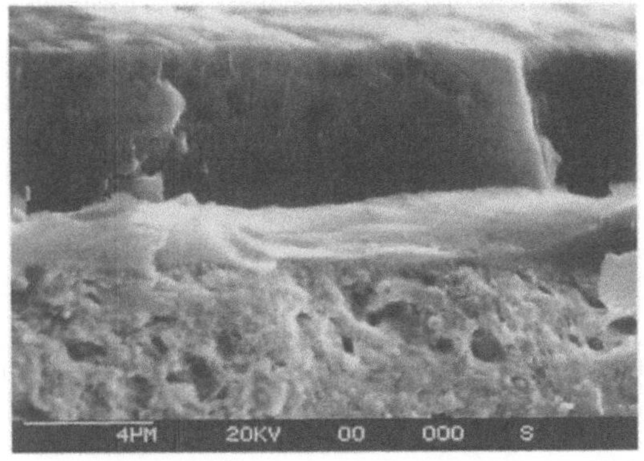

Bild 2.7-7. Rasterelektronen-mikroskop-Aufnahme der Bruchfläche einer zweilagigen Hartstoffbeschichtung auf Stahl. Unten im Bild der Grundwerkstoff, darüber eine etwa 2 µm dicke Chromnitridschicht, gefolgt von einer etwa 5 µm dicken Schicht aus diamantähnlichem Kohlenstoff. Werkbild Fa. o.m.t. Lübeck.

Katodenfleck kommt es meist zur Bildung von Schmelztröpfchen (droplets), die auf das Werkstück übergehen und bei einer maximalen Größe von etwa 10 µm eine entsprechend rauhe Schicht bilden können. Teilchenquellen müssen im allgemeinen aus einem Element bestehen, es können jedoch auch mehrere Teilchenquellen in einer Kammer betrieben werden. Mehrlagenbeschichtung erfolgt entweder in Mehrkammersystemen oder durch Ändern der reaktiven Gase während des Prozesses. Die intermediären Verbindungen entstehen in jedem Fall erst durch Einwirkung des Prozeßgases, wie z.B. N_2, O_2 oder CH_4. Bild 2.7-7 zeigt das Bruchbild einer mit diesem Verfahren erzeugten zweilagigen Hartstoffbeschichtung auf Stahl.

Eigenschaften von Hartstoffbeschichtungen

Wegen der Vielzahl der technisch üblichen Hartstoffbeschichtungen ist eine vollständige Beschreibung ihrer Eigenschaften im Rahmen dieses Buches unmöglich. Besonders erschwert wird die Eigenschaftsbeschreibung dadurch, daß gerade auf dem Gebiet des Verschleißes keine generellen Anforderungen angegeben werden können, da fast jeder Fall einen Einzelfall darstellt. Selbst auf dem Gebiet der spanenden Bearbeitung bestehen beachtliche Unterschiede zwischen Bohren, Drehen und Fräsen sogar dann, wenn man die unterschiedlichen Einflüsse des Werkstückes (Werkstoff, ununterbrochener oder unterbrochener Schnitt) außer acht läßt. Die in Tabelle 2.7.1 angegebenen Härtewerte geben demnach keinerlei verbindliche Auskunft über die Eignung einer Beschichtung für einen vorliegenden Verschleißfall. Vielmehr sind zusätzlich von Fall zu Fall weitere Faktoren zu berücksichtigen, wie z.B. der Reibungsbeiwert, die Neigung zum

Tabelle 2.7-3. Zusammenstellung verschiedener Eigenschaften von Beschichtungssystemen, zum Teil qualitativ. Nach [50].

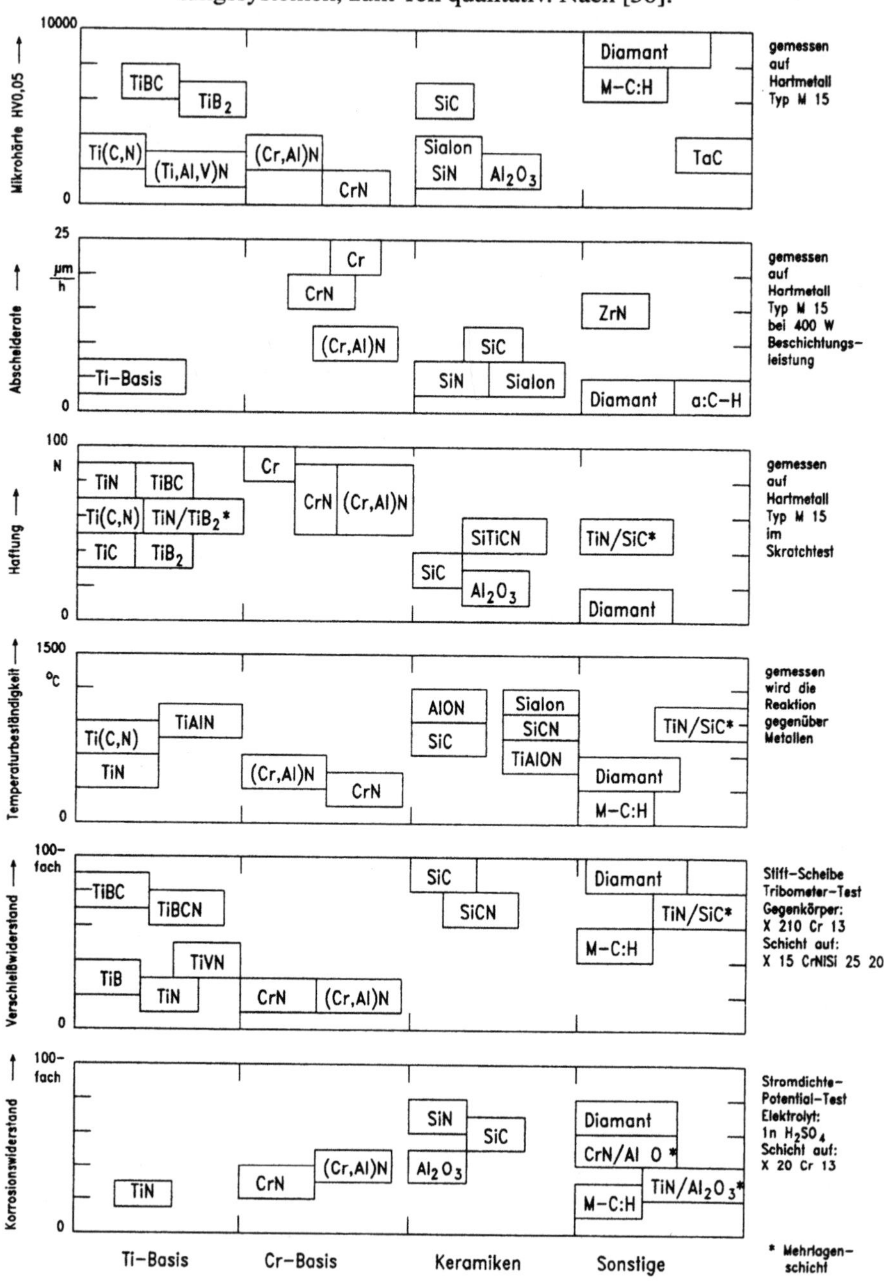

218

Fressen, die Temperaturbeständigkeit der Härte, die Korrosionsbeständigkeit und andere.

Die Tabelle 2.7-3 soll einen Überblick über die Eigenschaftsbereiche unterschiedlicher Schichtsysteme gewähren, ohne eine relative Wertung vorzunehmen. Die Auswahl eines Beschichtungssystems kann nur im Einzelfall unter Berücksichtigung der individuellen Anforderungen und – last not least – der Kosten erfolgen.

2.8 Verfahren des Aushärtens (Ausscheidungshärten)

2.8.1 Übersicht

Nach DIN 17014 ist Aushärten bzw. Ausscheidungshärten eine Wärmebehandlung, bestehend aus Lösungsbehandeln und Auslagern, die zu einer Härtesteigerung durch Ausscheiden einer oder mehrerer Phasen aus übersättigter fester Lösung führt. Von den beiden benutzten Begriffen ist Ausscheidungshärten zwar der aussagefähigere, weil er das wesentliche Merkmal dieser Behandlung enthält, in der Praxis wird jedoch überwiegend der kürzere Begriff Aushärten verwendet, und so soll es auch in diesem Abschnitt geschehen.

Die allgemeinen metallkundlichen Voraussetzungen an den Werkstoff sowie der grundsätzliche Vorgang des Aushärtens sind bereits im Kapitel 1.5 beschrieben; dieses Kapitel dagegen befaßt sich mit den aushärtbaren Werkstoffen im einzelnen, wobei die erreichbaren Eigenschaften sowie Angaben zur Durchführung der Behandlung im Vordergrund stehen. Auf besondere metallkundliche Merkmale wird nur bei bestimmten Werkstoffen hingewiesen.

Entsprechend dem Namen des Verfahrens und seiner Definition wird durch Aushärten die *Härte* gesteigert, sie ist aber im allgemeinen nicht die Eigenschaft, die von vorrangiger Bedeutung ist. Vielmehr wird das Aushärten vor allem als Methode zur *Festigkeitssteigerung* verwendet. Für Nichteisenmetalle stellt sie neben der Verfestigung durch Kaltumformung die wichtigste Art der Festigkeitserhöhung dar, da sie universeller anwendbar und mit geringerem Verlust an plastischer Verformbarkeit verbunden ist. Vom Zweck her gesehen entspricht das Aushärten dem Vergüten der Stähle, bei dem ja auch nicht die Härte, sondern die Streckgrenze bei ausreichender Zähigkeit im Vordergrund steht. Aus Gründen der Eindeutigkeit sollte das Aushärten aber nie als Vergüten bezeichnet werden, was leider immer wieder geschieht.

Außer den mechanischen Eigenschaften beeinflußt das Aushärten auch weitere Merkmale des Werkstoffes, wie zum Beispiel die elektrische Leitfähigkeit und die Korrosionsbeständigkeit, was von Fall zu Fall bei der Verwendung zu berücksichtigen ist.

Die Härte stellt zwar die am einfachsten meßbare Eigenschaft dar, anhand derer man den Erfolg der Behandlung überprüfen kann, doch gibt sie keinen allgemeinen Aufschluß über Festigkeits- und Zähigkeitseigenschaften. Deshalb erfordert eine ausführlichere Eigenschaftsüberprüfung in der Regel doch mindestens Zugversuche, wenn nicht gar weitere Methoden zur Ermittelung der mechanischen und sonstigen Eigenschaften. Die Härteprüfung kann den aufwendigeren Zugversuch nur dann ersetzen, wenn für eine bestimmte Werkstoffgruppe eindeutige Zusammenhänge zwischen der Härte und den im Zugversuch ermittelbaren Eigenschaften vorab bekannt sind. Recht gut ist die Härteprüfung dagegen geeignet, die Wirkung unterschiedlicher Zeit-Temperaturverläufe beim Auslagern zu ermitteln und vergleichend zu beurteilen.

2.8.2 Aushärten der Aluminiumlegierungen

Das Anwendungsfeld aushärtbarer Aluminiumlegierungen ist sehr groß, da diese Legierungen bei geringer Dichte beachtliche Festigkeitswerte aufweisen. Aus diesem Grunde sind sie vor allem in der Verkehrstechnik zu finden, wo es auf geringe Massen ankommt. Der Luftfahrzeugbau und die Raumfahrt wären ohne die aushärtbaren Aluminiumlegierungen nicht vorstellbar. Zusätzliche Gründe für die Anwendung sind die gute bis sehr gute Korrosionsbeständigkeit, die elektrische Leitfähigkeit sowie die Eignung zur dekorativen Oberflächenbehandlung, zum Beispiel durch anodisches Oxidieren (Eloxieren).

Bei der Verwendung zu beachten ist, daß der ausgehärtete Zustand im allgemeinen empfindlich gegenüber Erwärmung ist. Höhere Betriebstemperaturen als die bei der Auslagerung verwendeten sind demnach nicht oder allenfalls nur kurzzeitig zulässig. Thermische Fügeverfahren wie Schweißen und Löten führen in der Regel dazu, daß der Aushärtungseffekt im Wärmeeinflußbereich des Verfahrens aufgehoben wird. Eine Aushärtung nach dem Fügen ist zwar vorstellbar, kommt aber praktisch kaum in Frage, da das Behandeln größerer Teile schwierig ist, und es kaum gelingt, der Fügezone genau die gleichen Eigenschaften zu verleihen, wie dem Grundwerkstoff. Als Ausnahme ist die Legierung vom Typ AlZn4,5Mg1 anzusehen, deren homogener Mischkristallzustand nach Erwärmung selbst bei relativ geringer Abkühlgeschwindigkeit erhalten bleibt. Dieser Legierungstyp ist deshalb gut zum Schweißen ohne erheblichen Festigkeitsabfall geeignet. Die Festigkeitseinbuße beruht darauf, daß zum MIG-Schweißen kein artgleicher, sondern ein Zn-freier Zusatz verwendet werden muß, um Schweißrisse zu vermeiden [51]. Der ohne definierte Behandlung sich einstellende Kaltaushärtungseffekt wird auch als Selbstaushärtung bezeichnet.

Die im Abschnitt 1.5 erläuterten Grundlagen des Aushärtens wurden dort am Beispiel einer Zweistofflegierung aufgezeigt. Da die Aushärtungseffekte jedoch bei Drei- und Mehrstofflegierungen deutlich stärker sind, handelt es sich bei den technisch verwendeten Legierungen immer um *Mehrstofflegierungen*. Wegen der schon im Abschnit 1.3.2 genannten Probleme, für Mehrstofflegierungen Zustandsschaubilder zu erstellen, ist es für diese Legierungen recht aufwendig und wegen der schwierigen „Lesbarkeit" auch wenig sinnvoll, Aushärtungserscheinungen anhand von Zustandsschaubildern erläutern zu wollen. Zudem ist gerade die Zahl der aushärtbaren Aluminiumlegierungen so groß, daß man sich ohnehin auf Beispiele beschränken müßte. Den Zustandsschaubildern kann man wegen ihrer auf thermodynamische Gleichgewichtszustände begrenzten Gültigkeit ohnehin bestenfalls die für das Lösungsbehandeln wesentlichen Daten Solidustemperatur, Segregatbildungstemperatur und Maximallöslichkeit der Komponenten im Mischkristall entnehmen. Damit soll allerdings keinesfalls der Wert der Darstellung von Dreistoffsystemen für die Entwicklung aushärtbarer Legierungen in Frage gestellt werden.

Der Vollständigkeit halber ist in Bild 2.8-1 als Beispiel der interessierende Bereich des Dreistoffsystems Al-Cu-Mg in Form von isothermen Schnitten unterhalb der eutektischen Temperatur von 507 °C dargestellt. Die isothermen Schnitte stellen die Phasengrenzen bei den jeweiligen Temperaturen dar, die hier jeweils die Maximallöslichkeit des Al-Mischkristalls für Cu + Mg beschreiben. Zusätzlich eingezeichnet sind die mittleren Zusammensetzungen von drei genormten Legierungen. Der Darstellung zu entnehmen ist, welche Minimaltemperatur erforderlich ist, um die jeweilige Legierung in einen homogenen Zustand zu bringen. Für die Legierung AlCuMg1 mit $w_{Cu} \approx 4\%$ und $w_{Mg} \approx 0,8\%$ liegt diese Temperatur dicht oberhalb 500 °C. Bei Abkühlung im thermodynamischen Gleichgewicht entsteht durch Ausscheidung zunächst die Θ-Phase Al_2Cu und bei tieferer Temperatur die S-Phase Al_2CuMg. Da die technischen Legierungen aber keine reinen Dreistofflegierungen sind – sie enthalten zusätzlich 0,2 bis

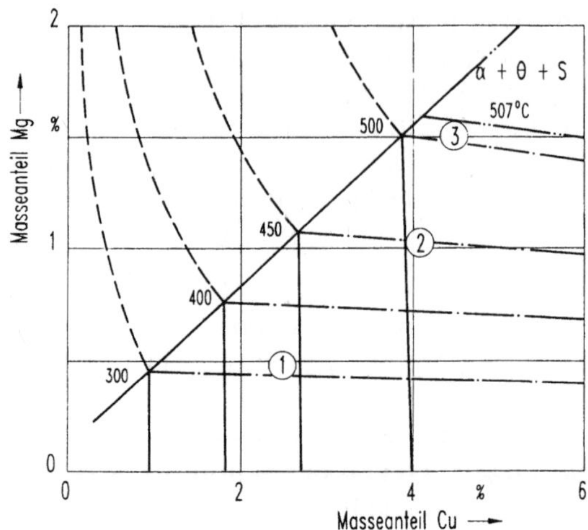

Bild 2.8-1. Isotherme Schnitte im Al-nahen Bereich des Dreistoffsystems Al-Cu-Mg unterhalb der eutektischen Temperatur von 507 °C. Θ-Phase = Al_2Cu; S-Phase = Al_2CuMg.

Phasengrenzen: $\alpha/\alpha + \Theta$: (———)
$\alpha + \Theta/\alpha + \Theta + S$: (—·——·—)
$\alpha/\alpha + S$: (— — — —)
(1) = AlCu2,5Mg0,5; (2) = AlCuMg1; (3) = AlCuMg2; Nach [13].

1,2% Mn – kann auch diese Darstellung nur ein grober Anhalt für die praktische Durchführung der Wärmebehandlung Aushärten sein.

Die Darstellung der Vorgänge des Auflösens bzw. des Ausscheidens als Funktion von Temperatur und Zeit ähnlich den für Stähle bekannten ZTA- bzw. ZTU-Schaubildern ist bei den aushärtbaren Aluminiumlegierungen nicht üblich, da die entsprechenden Vorgänge nicht nur von der Zusammensetzung, sondern in nennenswertem Umfang auch von der Vorgeschichte des Halbzeugs (z.B. Korngröße, Warm- oder Kaltumformgrad) abhängig sind.

Das Folgende beschränkt sich also im wesentlichen darauf, die aushärtbaren Legierungen zu nennen und Angaben zur Durchführung der Wärmebehandlung sowie zu den erreichbaren Eigenschaften zu machen. Es liegt nahe, hierbei den einschlägigen Normen zu folgen, nach denen die Aluminiumlegierungen in *Knet- und Gußlegierungen* eingeteilt werden.

Aushärtbare Aluminium-Knetlegierungen

In DIN 1725, Teil 1 sind neben den nicht aushärtbaren folgende aushärtbare Aluminium-Knetlegierungen enthalten und nach Legierungsgruppen unterteilt:

Gruppe 1	Gruppe 2	Gruppe 3
Al99,9MgSi Al99,85MgSi	Al99,8ZnMg	E-AlMgSi E-AlMgSi0,5 AlMgSi0,5 AlMgSi0,7 AlMgSi1 AlMg1SiCu

Gruppe 4	Gruppe 5	Gruppe 6
AlMgSiPb AlCuBiPb AlCuMgPb	AlCu2,5Mg0,5 AlCuMg1 AlCuMg2 AlCuSiMn	AlZn4,5Mg1 AlZnMgCu0,5 AlZnMgCu1,5

Die Legierungen der Gruppen 1 und 2 werden im ausgehärteten Zustand praktisch nur für Strangpreßprofile verwendet; sie gehören zu den glänzbaren Legierungen.

Die beiden ersten Legierungen der Gruppe 3 sind für Anwendungen in der Elektrotechnik vorgesehen, und zwar E-AlSiMg für Drähte und E-AlMgSi0,5 für Profile aller Art. AlMgSi0,5 wird in allen Halbzeugarten außer Blechen und Freiformschmiedestücken, AlMgSi0,7 nur als Strangpreßprofil geliefert. AlMgSi1 ist aus dieser Gruppe die universellste Sorte, die in allen gängigen Halbzeugarten erzeugt wird. AlMg1SiCu ist als Blech und Profil üblich.

Gruppe 4 sind bleihaltige Legierungen, in denen Blei bzw. Wismut durch Bildung getrennter Phasen für kurzbrechende Späne sorgen, und die deshalb für das Spanen auf Automaten vorgesehen sind; folglich werden sie nur als Rohre und Stangen geliefert.

Legierungen der Gruppen 5 und 6 sind für alle Halbzeugarten üblich mit Ausnahme von AlCu2,5Mg0,5 (nur Draht) und AlCuSiMn (alle Halbzeuge außer Draht).

Die Aushärtbarkeit wird je nach Legierungstyp im wesentlichen durch das Bestreben zur Bildung folgender intermediärer Phasen bestimmt:

AlMgSi-Legierungen Mg_2Si

AlCuMg-Legierungen Al_2Cu, Al_2CuMg

AlZnMg-Legierungen Mg_2Zn.

Dabei ist zu beachten, daß es beim Aushärten grundsätzlich nicht zur Entstehung dieser Phasen kommt, sondern daß sich sogenannte metastabile Zwischenphasen bilden. Die genannten Phasen entstehen allenfalls als Folge diskontinuierlicher Ausscheidung im Stadium des Überalterns.

Prinzipiell sind alle Legierungen in unterschiedlichen Behandlungszuständen erzeugbar, vom weichen Zustand, wie er nach dem Warmumformen vorliegt, bis zum Zustand höchster durch Aushärten erzielbarer Festigkeit. Übliche Lieferzustände und zu gewährleistende Eigenschaften sind in den Normen für die unterschiedlichen Halbzeugarten vereinbart.

Als Beispiel für die Vielfalt der lieferbaren Zustände sind in Tabelle 2.8-1 die nach DIN 1745, Teil 1 für Bleche von 0,35 bis 3,0 mm Dicke gewährleisteten Werte in unterschiedlichen Behandlungsszuständen zusammengestellt. Für größere Blechdicken sind die gewährleisteten Werte im allgemeinen niedriger, weil eine ausreichend schnelle Abkühlung *über der gesamten Dicke* trotz Wasserabschreckung nicht möglich ist.

Weitere Angaben über aushärtbare Aluminium-Knetlegierungen finden sich in folgenden Normen:

- DIN 1746 für Rohre
- DIN 1747 für Stangen
- DIN 1748 für Strangpreßprofile
- DIN 1749 für Gesenkschmiedestücke
- DIN 1790 für Drähte
- DIN 17606 für Freiformschmiedestücke.

Wegen der besonderen Bedeutung der aushärtbaren Aluminium-Legierungen im Bereich Luft- und Raumfahrt existieren dafür spezielle Normen, die sich von den üblichen durch engere Toleranzbereiche unterscheiden, vgl. auch DIN 850.

Die erreichbaren bzw. gewährleisteten Eigenschaften hängen nicht nur von der Sorte, sondern auch von der Halbzeugart und der damit verbundenen typischen Art des vorliegenden Umformungsgefüges ab.

Tabelle 2.8-1. Mechanische Eigenschaften von Blechen aus aushärtbaren Aluminium-Legierungen. Nach DIN 1745.

Werkstoff-Kurzzeichen		Zustand*	$R_{p0,2}$ N/mm²	R_m N/mm²	A_5 %	Härte min.**
AlMgSi1	w	weich	≤ 85	≤ 105	18	35
	F 21	ka	≥ 110	≥ 205	16	65
	F 28	wa	≥ 200	≥ 275	14	85
	F 32	wa	≥ 255	≥ 315	10	95
AlMg1SiCu	w	weich	≤ 80	≤ 150	18	40
	F 21	ka	≥ 110	≥ 205	14	60
	F 29	wa	≥ 240	≥ 290	8	90
AlCuMg1	w	weich	≤ 140	≤ 215	13	50
	F 40	ka	≥ 265	≥ 395	13	100
AlCuMg2	w	weich	≤ 140	≤ 220	13	55
	F 44	ka	≥ 290	≥ 440	13	110
AlCuSiMn	w	weich[1]	≤ 140	≤ 220	13	55
	F 40	ka[2]	≥ 250	≥ 400	12	105
	F 46	wa[2]	≥ 400	≥ 460	7	125
AlZn4,5Mg1	w	weich[2]	≤ 140	≤ 220	15	45
	F 35	wa	≥ 275	≥ 350	10	105
AlZnMgCu0,5	F 45	wa[1]	≥ 370	≥ 450	8	125
AlZnMgCu1,5	F 53	wa[1]	≥ 450	≥ 530	8	140

* ka = kaltausgelagert, wa = warmausgelagert.
** HB 2,5/62,5; Ungefährwert.
[1]) Gilt für Dicken von 6 bis 12 mm.
[2]) Gilt für Dicken von 1,5 bis 6 mm.

So liegt beispielsweise bei AlZnMgCu0,5 als warmgewalztem Blech Rekristallisationsgefüge vor, das zu einer Mindeststreckgrenze von 370 N/mm² führt; als Strangpreßprofil dagegen weist dieser Werkstoff eine ausgeprägte Textur in Preßrichtung auf, wodurch ein Mindestwert der Streckgrenze von 420 N/mm² gewährleistet wird.

Die angegebenen Normen enthalten naturgemäß keine Temperatur- und Zeitangaben für die Wärmebehandlung, da es sich dabei um Daten handelt, die vorrangig für den Halbzeug*hersteller* von Interesse sind. Für den *Weiterverarbeiter* von aushärtbaren Aluminium-Knetlegierungen ergibt sich die Notwendigkeit zum Durchführen des Aushärtens insbesondere dann, wenn er an Halbzeugen nennenswerte Umformarbeiten wie zum Beispiel Biegen, Strecken, Tiefziehen u. s. w. auszuführen hat, und für das Endprodukt die durch Aushärten erreichbaren Eigenschaften gefordert werden. In diesem Fall sind für ihn zuverlässige Daten für die Wärmebehandlung unerläßlich. Im allgemeinen geben die Hersteller für ihre Produkte Datenblätter heraus, aus denen der Anwender die wesentlichen Angaben zur Durchführung der Wärmebehandlung entnehmen kann. Die folgenden Ausführungen können weder die Datenblätter noch den im Einzelfall erforderlichen Kontakt mit dem Hersteller ersetzen, sie sollen vielmehr das Verständnis für die allgemeinen Zusammenhänge fördern. In Tabelle 2.8-2 sind Anhaltswerte für das Aushärten von Aluminium-Knetlegierungen zusammengestellt.

Die Daten der Tabelle sind Anhaltswerte; genaue Vorschriften sollten mit dem Herstellerwerk abgestimmt werden. Die angegebenen Werte können auch deshalb nur als Richtwerte dienen, weil das Ergebnis einer Aushärtungsbehandlung von einer Reihe von Einflußfaktoren abhängig ist:

– Zusammensetzung der Legierung (mit ihren Toleranzen), siehe DIN 1725,Teil 1,

– Gefügezustand, (Korngröße, Gleichmäßigkeit),

– Plastische Verformung vor oder nach dem Kaltaushärten

– Temperatur- und Zeitfolge beim Lösungsbehandeln

– Temperatur und Zeitdauer beim Auslagern.

Darüber hinaus können sich zusätzliche Bedingungen für die Wärmebehandlung ergeben, wenn bestimmte Anforderungen an die Bauteile, wie zum Beispiel Korrosionsbeständigkeit, Eignung zum anodischen Oxidieren (Eloxieren) usw. gestellt werden. Beispielsweise gibt ein

Tabelle 2.8-2. Richtwerte für das Aushärten von Aluminium-Knetlegierungen. Nach [13] und [52].

Werkstoff-Kurzzeichen	Lösungsbehandeln		Kalt-	Warmauslagern	
	Temp. °C	Abk.[1]	Dauer Tage[2]	Temp. °C	Dauer h
AlMgSi0,5	500...520	L	5...8	155...190	4...16
AlMgSi0,7	520...540	L/W	5...8	155...190	4...16
AlMgSi1	520...540	W/L	5...8	155...190	4...16
AlMg1SiCu	520...540	W/L	5...8	155...190	4...16
AlMgSiPb	520...530	W,65 °C	5...8	155...190	4...16
AlCuBiPb	515...525	W,65 °C	5...8	165...185	8...16
AlCuMgPb	480...490	W,65 °C	5...8	unüblich	
AlCuMg1	500...510	W	5...8	unüblich	
AlCuMg2	490...500	W	5...8	unüblich	
AlCuSiMn	500...510	W	5...8	160...180	8...16
AlZn4,5Mg1	450...480	L	≥ 90	90...100[3] + 140...165	8...12 16...24
AlZnMgCu0,5	460...480	W	unübl.	115...125 + 165...180	12...24/ 4...6
AlZnMgCu1,5	460...480	W	unübl.	115...125 + 165...180	12...24/ 4...6

[1] W: Wasser; Temperaturangabe ist Höchsttemperatur L: Luft.

[2] Die Kaltaushärtung ist nach 8 Tagen nicht abgeschlossen; nach dieser Zeit werden die geforderten Eigenschaften erreicht.

[3] Vor dem Warmauslagern muß mindestens zwei Tage bei Raumtemperatur ausgelagert werden.

Hersteller für die Legierung AlZn4,5Mg1 zur Erzielung einer optimalen Kombination aus Festigkeit und Korrosionsbeständigkeit folgende Behandlungsvorschrift [52]:

- Lösungsbehandeln,

- mindestens 2 bis 4 Tage Kaltauslagern bei Raumtemperatur,

- 8 bis 12 h bei 90 °C,

- 14 bis 16 h bei maximal 165 °C.

Im Vergleich zu der bei 145 °C Auslagerungstemperatur erzielbaren höchsten Festigkeit entspricht diese Behandlung einer gewissen Überhärtung, die im vorliegenden Fall zur verbesserten Korrosionsbeständigkeit führt.

Neben der unverzichtbaren Verfügbarkeit geeigneter Einrichtungen (s. Ende des Kap. 2.8.2) ist die wichtigste Voraussetzung für erfolgversprechendes Aushärten von Aluminiumlegierungen, die *Werkstoffsorte* genau zu kennen. Ohne diese Kenntnis wird die Wärmebehandlung zu einem völlig unkalkulierbaren Risiko. Ist also die Werkstoffsorte im Einzelfall nicht bekannt, oder besteht die wegen des gleichen Aussehens naheliegende Gefahr einer Verwechselung, ist eine Analyse der Zusammensetzung unumgänglich.

Der Gefügezustand ist davon abhängig, ob das Halbzeug warm oder kalt umgeformt, weichgeglüht oder warm- bzw. kaltausgehärtet wurde. Über den Gefügezustand weiß man im allgemeinen aufgrund der Vorgeschichte des Halbzeugs soweit Bescheid, daß man seinen Einfluß beim Durchführen des Aushärtens berücksichtigen kann. Zunehmende Korngröße und Ungleichmäßigkeit der Zusammensetzung verlängern die erforderliche Dauer des Lösungsglühens. Ist über den vorliegenden Gefügezustand nichts bekannt, kann eine Härtemessung oder eine metallografische Gefügeuntersuchung Aufschluß geben.

Lösungsbehandeln

Der erste Schritt der Wärmebehandlung ist das Erwärmen auf die für das Lösungsbehandeln erforderliche Temperatur, siehe Tabelle 2.8-2. Wie daraus ersichtlich, sind die angebenen Temperaturbereiche für das Lösungsbehandeln zum Teil recht klein. Der Grund dafür ist darin zu sehen, daß je nach Lage der Legierungszusammensetzung im Zustandsschaubild der Temperaturbereich zwischen Löslichkeitslinie und Soliduslinie tatsächlich sehr klein sein kann, Bild 2.8-2. Zur völ-

228

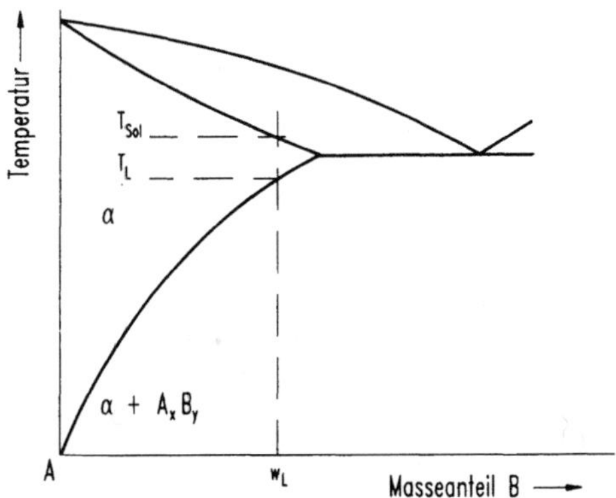

Bild 2.8-2. Schematisches Zustandsschaubild eines Zweistoffsystems A-B mit eingezeichneter Lage der minimalen Lösungsglühtemperatur T_L und der Solidustemperatur T_{Sol} für eine Legierung der Zusammensetzung w_L.

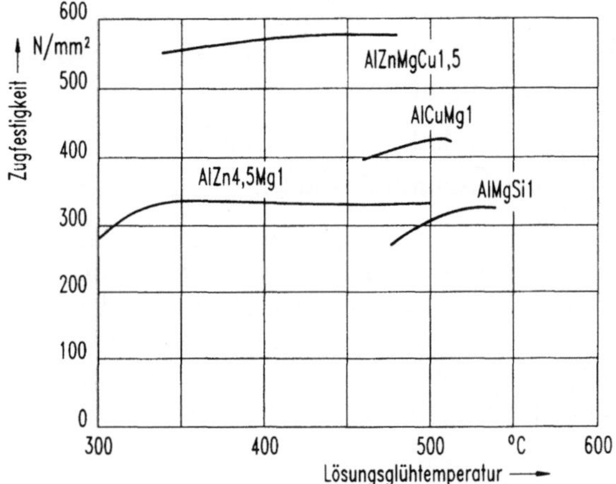

Bild 2.8-3. Abhängigkeit der Zugfestigkeit einiger aushärtbarer Aluminium-Legierungen von der Lösungsglühtemperatur. Nach [13].

ligen Auflösung der Legierungselemente muß die Löslichkeitstemperatur überschritten sein, aber die Solidustemperatur darf nicht erreicht werden, da sonst die Legierung teilweise schmilzt. Bild 2.8-3 zeigt den Einfluß der Lösungsglühtemperatur auf die erzielbaren Eigenschaften nach Warmaushärtung. Das Anwärmen soll möglichst rasch geschehen, um mögliches Rekristallisationsgrobkorn zu vermeiden. Dazu sind die Werkstücke in den bereits auf Behandlungstemperatur *vorgeheizten* Ofen einzuführen.

Tabelle 2.8-3. Anhaltswerte für Haltezeiten auf Lösungsglühtemperatur für Aluminium- Knetlegierungen. Nach [13].

Werkstückdicke mm	Haltezeit min
≥ 0,5...0,9	15
≥ 0,9...1,5	20
≥ 1,5...2,9	30
≥ 2,9...6	50
≥ 6...12	60
≥ 12...60	150

Die in den Datenblättern bzw. vom Hersteller angegebene Haltedauer gilt ohne die von der Dicke der Werkstücke abhängige Anwärmzeit. Sie wird von folgenden Faktoren beeinflußt:

– Gefügezustand (z. B. Ausgehärtet, kaltgeformt, weich)

– Halbzeugart (z. B. Blech, Profil, Schmiedestück).

Je feiner das Korn und je gleichmäßiger die Legierungselemente verteilt sind, um so kürzer ist die erforderliche Haltedauer. So sind im bereits ausgehärteten Zustand nur etwa zwei Drittel der Haltezeiten erforderlich, wie im Walz- bzw. Preßzustand bzw. im Zustand weich. Anhaltswerte für Haltezeiten siehe Tabelle 2.8-3. Die Werte gelten für Luftumwälzöfen sowie für Halbzeuge im gewalzten, gepreßten oder weichen Zustand.

Zu beachten ist, daß die Aluminiumlegierungen bei den Temperaturen des Lösungsbehandelns relativ geringe Festigkeitswerte aufweisen und sich durch Gewichtskräfte verformen können. Dem ist durch geeignete Unterstützung größerer Teile Rechnung zu tragen.

Das dem Halten folgende Abschrecken, das zu dem gewünschten Zustand instabil übersättigter Mischkristalle führt, soll sich im allgemeinen möglichst *unmittelbar* anschließen, da ein unkontrolliertes Vorkühlen beim Überführen der Werkstücke vom Ofen in das Kühlmedium gerade im Bereich noch hoher Temperaturen unterhalb der Segregat-Temperatur bereits zu unbeabsichtigten groben Ausscheidungen führen kann, wodurch der Aushärtungseffekt gemindert werden kann, siehe Bild 2.8-4. Die erforderliche Abschreckgeschwindigkeit ist deutlich werkstoffabhängig und bestimmt damit

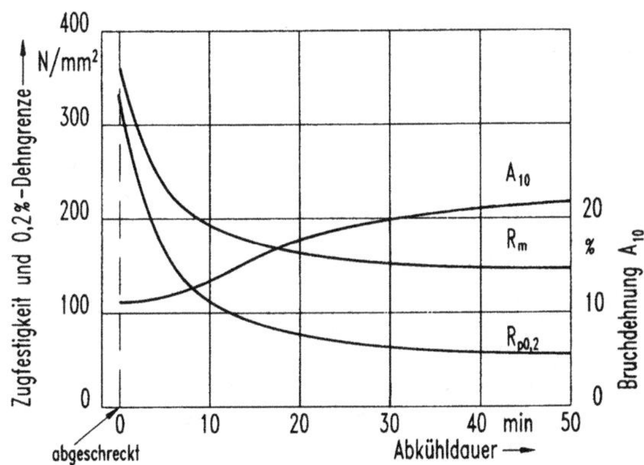

Bild 2.8-4. Einfluß der Abkühldauer von Lösungsglühtemperatur bis 150 °C auf die mechanischen Eigenschaften von AlMgSi1 nach Warmauslagerung. Nach [13].

Tabelle 2.8-4. Abkühlzeiten und empfohlene Kühlmittel für das Aushärten von Aluminium-Knetlegierungen. Nach [13].

Werkstoff-Kurzzeichen	Abkühlzeit bis < 200 °C	Abschreckmittel
AlMgSi0,5	40 bis 60 s	Dicke < 5 mm: Luft Dicke > 5 mm: Wasser
AlMgSi1	20 bis 30 s	Dicke < 3 mm: Luft Dicke > 3 mm: Wasser
AlCu2,5Mg0,5	40 bis 60 s	Dicke < 1,5 mm: bewegte Luft Dicke > 1,5 mm: Wasser
AlCuMg1	5 bis 15 s	Wasser
AlZn4,5Mg1	5 bis 20 min	bewegte Luft
AlZnMgCu1,5	30 bis 40 s	Wasser/Sprühnebel

neben der Werkstückdicke entscheidend das anzuwendende Kühlmittel, Tabelle 2.8-4.

Es gilt der Grundsatz: So schnell wie nötig, aber so langsam wie zulässig abkühlen! Nie soll schneller als nötig abgekühlt werden. Besonders die Legierung AlZn4,5Mg1 ist gegen unnötig schnelles Abkühlen empfindlich. Nicht nur, daß vermehrt Eigenspannungen und Verzug

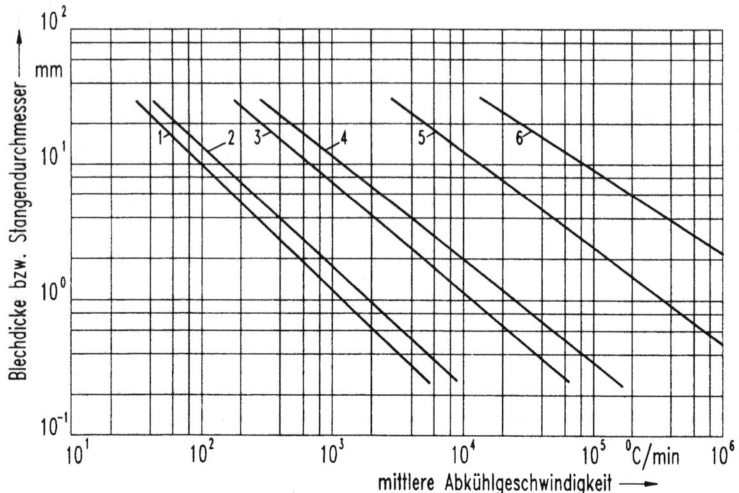

Bild 2.8-5. Abhängigkeit der Abkühlgeschwindigkeit im Temperaturbereich von 400 bis 200 °C von den Werkstückabmessungen und vom Kühlmedium: ruhende Luft (1); mäßig bewegte Luft (2); rasch bewegte Luft (3); Wasser von 100 °C (4); Wasser von 70 °C (5); Wasser von 24 °C (6). Nach [13].

auftreten, zusätzlich wird die Korrosionsbeständigkeit vermindert. Bei dieser Legierung ist deshalb ein Abschrecken in Wasser unzulässig. Im Gegensatz dazu stehen die AlCuMg-Legierungen mit relativ hohem Cu-Gehalt (4%,), bei denen der Aushärtungseffekt ohne Wasserabschreckung nicht erreichbar ist. Die Kühlwirkung unterschiedlicher Kühlmedien geht aus Bild 2.8-5 hervor. Die bei schroffem Abschrecken nicht zu vermeidenden Eigenspannungen und Verwerfungen des Halbzeugs können durch Richten bzw. Vorrecken oder Stauchen gemindert oder beseitigt werden.

Auslagern

Das *Kaltaushärten* nach dem Lösungsbehandeln ist sozusagen ein „Selbstläufer", da lediglich das Verstreichen von Zeit bei Umgebungstemperatur abgewartet zu werden braucht. Die für den maximalen Kaltaushärtungseffekt erforderliche Auslagerungszeit hängt stark vom Werkstoff und von der Auslagerungstemperatur ab, Bild 2.8.6. Wie aus dem Bild hervorgeht, kann die erforderliche Auslagerungszeit durch mäßiges Erhöhen der Temperatur verkürzt werden. Dabei bleiben der metallkundliche Charakter des Kaltaushärtens – *kohären-*

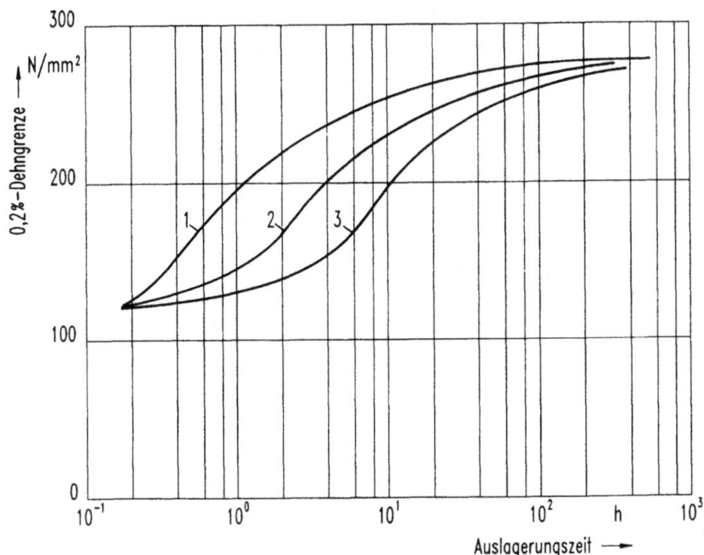

Bild 2.8-6. Einfluß der Kaltauslagerungstemperatur auf den zeitlichen Verlauf der Kaltaushärtung von AlCuMg1: 35 °C (1); 20 °C (2); 10 °C (3). Nach [13].

te Ausscheidungen – und damit die erreichten Endeigenschaften unverändert (s. a. Kap. 1.5.2). Will man eine Kaltaushärtung nach dem Lösungsbehandeln verhindern, zum Beispiel, um den Zustand bestmöglicher Verformbarkeit zu erhalten, ist ein „Einfrieren" des übersättigten Mischkristallzustandes durch Tieftemperaturlagerung möglich. Hiervon wird beispielsweise bei Nieten Gebrauch gemacht, die bis zur Verarbeitung bei −20 °C gelagert werden. Je nach Sorte können auch noch tiefere Temperaturen zum Vermeiden unbeabsichtigten Kaltaushärtens erforderlich sein.

Vom *Warmaushärten* im metallkundlichen Sinn ist dann zu sprechen, wenn sich *teil-bzw. inkohärente* Ausscheidungen zu bilden beginnen. Da die niedrigste Temperatur, bei der dieses Phänomem sich einstellt, schwierig ermittelbar und auch ohne praktische Bedeutung ist, wird in der Praxis immer dann von Warmauslagern gesprochen, wenn dazu eine gewollte Temperaturerhöhung über Umgebungstemperatur (bzw. über 100 °C) vorgesehen wird. In Tabelle 2.8-2 sind Temperaturen und Auslagerungszeiten zur Erzielung *üblicher* Warmaushärtungszustände angegeben. *Mögliche* Temperatur-Zeitfolgen des Warmauslagerns sind naturgemäß wesentlich vielfältiger, ja theoretisch unbegrenzt.

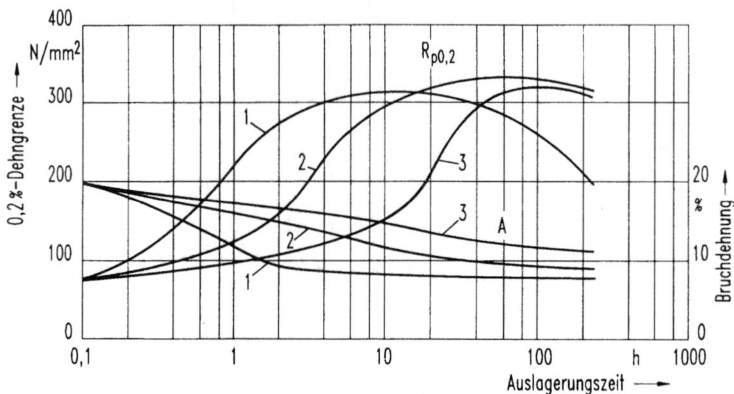

Bild 2.8-7. Zeitlicher Verlauf der Warmaushärtung von AlMgSi1 bei unterschiedlichen Auslagerungstemperaturen: 175 °C (1); 150 °C (2); 125 °C (3). Nach [13].

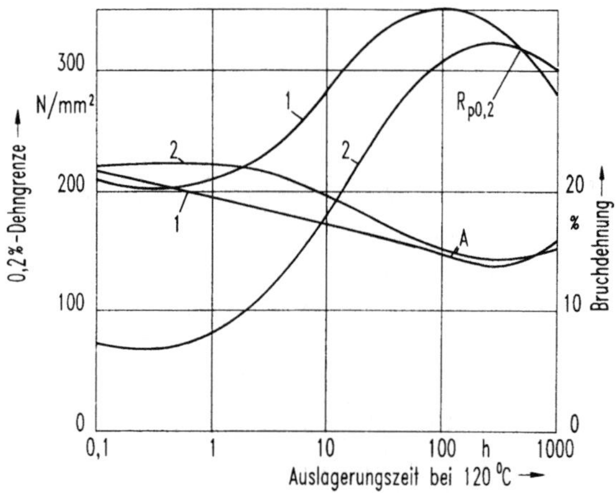

Bild 2.8-8. Zeitlicher Verlauf der Warmaushärtung von AlZn4,5Mg1 nach unterschiedlicher Vorlagerung: 5 Tage bei Raumtemperatur plus 1 Tag bei 90 °C (1); 5 Tage bei Raumtemperatur (2). Nach [13].

Die Bilder 2.8-7 und 2.8-8 zeigen beispielhaft den Einfluß unterschiedlicher Temperatur-Zeit-Folgen auf das Aushärtungsergebnis. Bild 2.8-9 zeigt in einer etwas anderen anschaulichen Darstellungsweise, wie Temperaturen und Zeiten der Behandlung sich auf die Eigenschaften auswirken. Konkrete Zahlenwerte sollten diesem Bild allerdings nicht entnommen werden. Für den Verarbeiter, der das

234

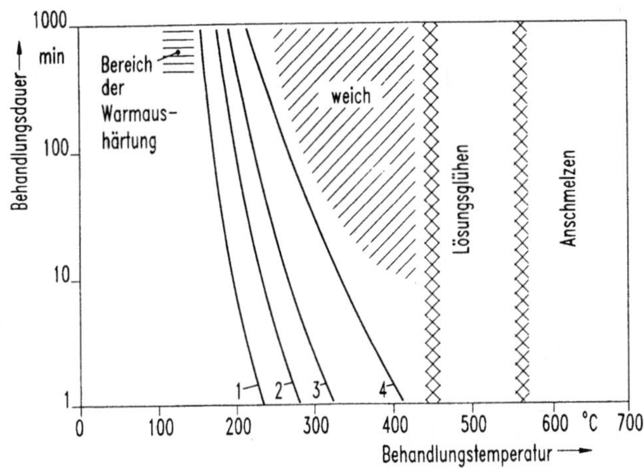

Bild 2.8-9. Einfluß von Behandlungstemperatur und -dauer auf die Eigenschaften von AlZn4,5Mg1: (1) ≈ F35; (2) ≈ F31; (3) ≈ F27; (4) ≈ F23. Nach [52].

Warmaushärten in eigener Regie durchführen möchte, bieten sich zur Erzielung bestimmter Werkstückeigenschaften folgende Wege:

— Anwenden von Temperatur-Zeit-Paarungen, wie sie zum Beispiel Tabelle 2.8-2 entsprechen, um *übliche* Eigenschaften zu erhalten,

— Anwenden von Temperatur-Zeit-Folgen, die beispielsweise Diagrammen wie Bild 2.8-7 entsprechen, sofern sie für den vorliegenden Werkstoff verfügbar sind, wenn *unübliche* Eigenschaften angestrebt werden,

— Beratung durch den Halbzeughersteller, um für *unübliche* Eigenschaften bestmögliche Temperatur-Zeit-Folge vorzusehen.

Empfehlenswert ist meist die Abstimmung der Wärmebehandlung mit dem Halbzeugwerk, da dort die gesammelten Erfahrungen verfügbar sind. Unter Umständen kann es zweckmäßig sein, durch eigene Versuche für die gewünschten Eigenschaften optimale Temperatur-Zeit-Folgen zu ermitteln. Als Test-Eigenschaft bei solchen Versuchen ist die Härte am zweckmäßigsten, weil sie mit geringstem Aufwand prüfbar ist. In jedem Falle empfiehlt es sich, bei den Wärmebehandlungen von Werkstücken Probestücke mitlaufen zu lassen, um an ihnen die erreichten Eigenschaften zu überprüfen.

Einfluß von Umformarbeiten

Obwohl die wesentlichen Umformarbeiten zur Halbzeugformgebung *vor* dem Lösungsbehandeln ausgeführt werden, sind doch auch *danach* häufig Kaltumformvorgänge erforderlich, wie zum Beispiel Biegen, Tiefziehen, Richten oder Reck- bzw. Stauchoperationen zur Verminderung von Eigenspannungen. Dabei muß beachtet werden, daß anschließend an das Lösungsbehandeln durchgeführte Kaltverformungen bei bestimmten Legierungen je nach Zeitpunkt und Umformgrad das Aushärtungsergebnis mehr oder weniger stark beeinflussen können. Grund dafür sind die beim Kaltverformen erzeugten Gitterstörungen, die den Auscheidungsmechanismus beeinflussen. Bild 2.8-10 zeigt beispielhaft den Einfluß unterschiedlicher Umformgrade auf das Warmaushärtungsverhalten von AlMgSi0,7. Wenngleich diese Erscheinungen vor allem den Halbzeughersteller angehen, so gilt auch für den Verarbeiter, daß sich *nach* dem Lösungsbehandeln durchgeführte Umformarbeiten auf die erreichbaren Werte nach dem Aushärten auswirken können.

Bei einigen aushärtbaren Legierungen, vor allem bei den AlZnMg-Legierungen, besteht die Möglichkeit, durch *Rückbildung* (s.a. Kap.1.5.2) den Kaltaushärtungseffekt vorübergehend rückgängig zu

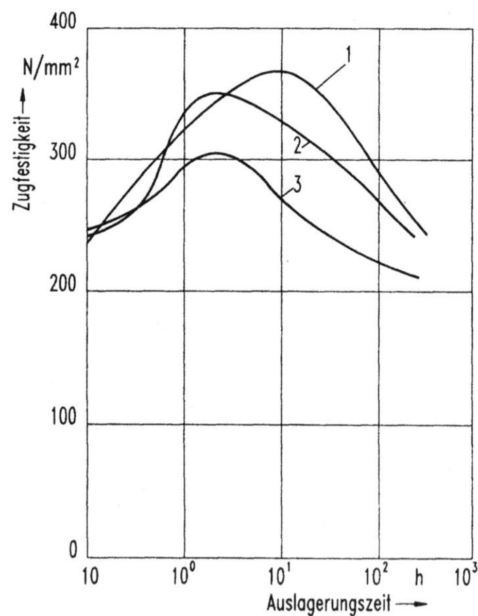

Bild 2.8-10. Zeitlicher Verlauf der Warmaushärtung von AlMgSi0,7 bei 175 °C nach unterschiedlich starker Kaltumformung im lösungsbehandelten Zustand: $\varphi = 0$ (1); $\varphi \approx 10$ (2); $\varphi \approx 15$ (3); Umformgrad $\varphi = \ln(l_1/l_0)$. Nach [13].

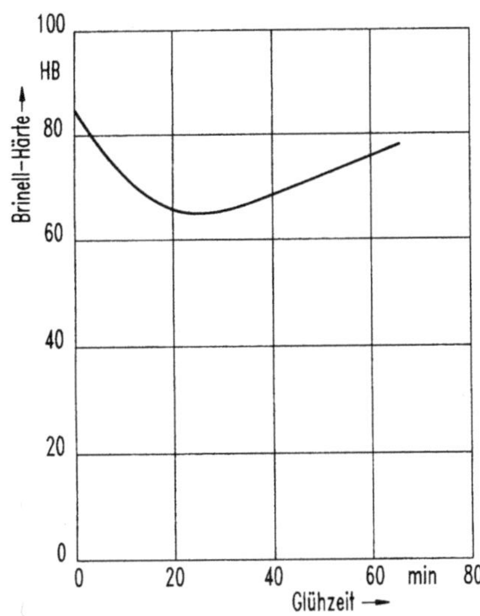

Bild 2.8-11. Zeitlicher Verlauf der Härte von kaltausgehärtetem AlZn4,5Mg1 infolge Rückbildung durch Glühen bei 150 °C. Nach [52].

machen, um einen Zustand verbesserter Umformbarkeit zu erreichen. Temperatur- und Zeitangaben dazu müssen im Einzelfall vom Hersteller erfragt werden. Für die Legierung AlZn4,5Mg1 ergeben sich beispielsweise günstige Verformbarkeitseigenschaften nach einer Rückbildungsbehandlung bei 260 bis 300°C und 5 bis 20 s je nach Blechdicke [54]. Da derart kurze Zeiten sich in der Praxis schwer verwirklichen lassen, werden eher tiefere Temperaturen und längere Zeiten gewählt, Bild 2.8-11, wobei jedoch der Effekt geringer ist. Wird die Rückbildung ausgenutzt, ist darauf zu achten, daß die Werkstücke nach der Rückbildung ohne unser Zutun wieder von selbst kaltaushärten. Die Umformarbeiten sind also möglichst sofort anschließend an die Rückbildungsbehandlung durchzuführen, für AlZn4,5Mg1 zum Beispiel innerhalb von 8 Stunden.

Aushärtbare Aluminium-Gußlegierungen

Wegen der Forderung nach günstigen Gießeigenschaften weichen die Zusammensetzungen der Aluminium-Gußlegierungen zum Teil erheblich von denen der Knetlegierungen ab. Deshalb ist ein eigener Abschnitt für die aushärtbaren Gußlegierungen angebracht, auch wenn die wesentlichen Grundsätze für das Aushärten dieselben sind. Der Hauptunterschied in der Zusammensetzung besteht darin, daß die Gehalte an Legierungselementen vor allem bei den AlSi-Gußlegierungen wesentlich über der Maximallöslichkeit des Aluminium-

Mischkristalls liegen. Dadurch ist bei diesen Legierungen beim Lösungsbehandeln kein völlig homogener Zustand möglich und der Aushärtungseffekt im Vergleich zu entsprechenden Knetlegierungen geringer.

Die genormten aushärtbaren Gußlegierungen nach DIN 1725 lassen sich nach ihrer Zusammensetzung in drei Gruppen einteilen:

Gruppe 1	Gruppe 2	Gruppe 3
G-AlSi10Mg G-AlSi10Mg(Cu) G-AlSi9Mg G-AlSi7Mg G-AlSi5Mg	G-AlCu4Ti G-AlCu4TiMg	G-AlMg3Si

Darüber hinaus ist in DIN 1725 eine Reihe nicht genormter aushärtbarer Legierungen erwähnt, von denen folgende als Beispiele genannt seien [13]:

G-AlZn10Si8Mg,	selbstaushärtend
G-AlSi12CuNiMg,	Kolbenlegierung
G-AlSi17Cu4Mg,	besonders verschleißfest
G-AlCu4Ni2Mg,	besonders warmfest

Die Eigenschaften der aushärtbaren Gußlegierungen werden bestimmt von:

- Legierungszusammensetzung,
- Gießverfahren (Sandguß, Kokillenguß, Druckguß, Feinguß (Modellausschmelzverfahren)),
- Temperatur-Zeitfolge beim Lösungsbehandeln,
- Temperatur-Zeitfolge beim Auslagern.

Für die Gußlegierungen spezifisch ist der Einfluß des Gießverfahrens, der sich besonders durch die Auswirkung der beim Erstarren auftretenden Abkühlgeschwindigkeit auf die Korngröße und die Gleichmäßigkeit des Gefüges bemerkbar macht. So werden bei Kokillen- und Druckguß grundsätzlich höhere Festigkeitswerte als bei Sandguß erreicht, da aufgrund der höheren Abkühlgeschwindigkeit in den Metallformen ein feineres und gleichmäßigeres Gefüge entsteht. Die

238

Tabelle 2.8-5. Mechanische Eigenschaften von Aluminium-Gußlegierungen. Nach DIN 1725, Teil 2 und [13].

Werkstoff-Kurzzeichen[*]	Zust.[**]	$R_{p\,0,2}$ N/mm²	R_m N/mm²	A_5 %	Härte HB 5/250
G-AlSi10Mg	–	80...110	160...210	2...6	50...60
	wa	180...260	220...320	1...4	80...110
GK-AlSi10Mg	–	90...120	180...240	2...6	60...80
	wa	210...280	240...320	1...4	85...115
G-AlSi10Mg(Cu)	wa	180...260	220...320	1...3	80...110
GK-AlSi10Mg(Cu)	wa	210...280	240...320	1...3	85...115
G-AlSi9Mg	wa	190...240	230...300	2...5	75...110
GK-AlSi9Mg	wa	200...280	250...340	4...7	80...115
G-AlSi7Mg	wa	190...240	230...310	2...5	75...110
GF-AlSi7Mg	wa	200...260	230...320	3...6	80...110
GK-AlSi5Mg	–	120...160	160...200	1...4	66...75
	wa	240...290	260...320	1...3	90...110
GK-AlCu4Ti	ta	180...230	320...400	8...18	90...105
	w	220...270	330...400	7...12	95...110
GK-AlCu4TiMg	wa	220...300	320...420	8...18	95...115
GK-AlMg3Si	–	80...100	150...200	4...10	50...65
	wa	120...180	220...300	3...10	65...90
Nicht genormte Legierungen GK-AlZn10Si8Mg	ka	280...320	320...360	–	130...140
GK-AlSi12CuNiMg	wa	190...230	200...250	< 1	90...120
GK-AlSi17Cu4Mg	wa	≈ 315	≈ 315	< 1	≈ 145
G-AlCu4Ni2Mg	wa	180...190	200...220	≈ 1	90...120

[*] G: Sandguß; GK: Kokillenguß; GF: Feinguß.
[**] –: Gußzustand; ta: teilausgehärtet; wa: warmausgehärtet.

Eigenschaften von Gußstücken sind aber auch in erheblichem Maße
von der konstruktiven Gestaltung, wie zum Beispiel von der Wanddicke und ihrer Gleichmäßigkeit im Gußstück abhängig. Deshalb ist in
den Normen ein *Bereich* für erzielbare Eigenschaften angegeben, dessen Höchstwert nur unter günstigen Bedingungen gilt. Auch die Art
der Probennahme, ob getrennt gegossen, angegossen oder dem (dafür
geopferten) Gußstück entnommen, spielt bei der Ermittelung und
Bewertung der Eigenschaften eine Rolle, s.a. DIN 1725, Teil 2.

Die Tabelle 2.8-5 enthält im wesentlichen auszugsweise Angaben aus
DIN 1725, Teil 2 sowie zusätzliche Werte für darin nicht erfaßte
Gußlegierungen nach [13]. Dabei sind nur in einigen Fällen zum Ver-
gleich die Werte für den Gußzustand mit angegeben.

Tabelle 2.8-6. Temperaturen und Zeiten für das Aushärten von Aluminium-
Gußlegierungen. Nach Beiblatt 1 zu DIN 1725, Teil 2 und [13].

Werkstoff-Kurzzeichen	Lösungsbehandeln			Auslagern	
	Temp. °C	Dauer h	Wasser-temp. °C	Temp. °C	Dauer h
G-AlSi10Mg	520...530	3...6	20...50	160...170	6...8
G-AlSi10Mg(Cu)	510...525	3...6	20...50	160...170	6...8
G-AlSi9Mg	525...535	4...8	20...50	160...170	6...8
G-AlSi7Mg	525...535	3...8	20...50	155...165	6...8
G-AlSi5Mg	525...535	3...6	20...50	155...165	6...8
G-AlCu4Ti ta	525...535	4...8	50...80	140...150	6...8
G-AlCu4Ti wa	525...535	4...8	50...80	160...170	6...8
G-AlCu4TiMg ka	520...530	4...8	50...80	≈ 20	120
G-AlMg3Si	545...555	4...8	20...50	160...170	8...10
G-AlSi12CuNiMg	510...520	4...7	20...80	165...185	5...7
G-AlSi17Cu4Mg	≈ 500	≈ 5	100	≈ 230	8
G-AlCu4Ni2Mg	510...520	3...6	20...80	160...180	4...6

Da für Gußstücke die einzige Art der Weiterverarbeitung durch den Besteller im Spanen besteht, wenn man von gelegentlich erforderlichen Richtoperationen absieht, kommt das Durchführen der Aushärtungsbehandlung für den Besteller im allgemeinen nicht in Betracht. Das Aushärten der Gußlegierungen wird demnach in der Regel von der jeweiligen Gießerei durchgeführt. Temperatur- und Zeitangaben für das Aushärten enthält Tabelle 2.8-6.

Die in der Tabelle angebenen Bereiche zeigen, daß die Werte Anhaltswerte sind. Im Schrifttum sind zum Teil abweichende Angaben zu finden, insbesondere bis zu 50% längere Auslagerungszeiten. Im Zweifel sind deshalb eigene Versuche unerläßlich.

Grundsätzlich gilt für Temperaturen und Haltezeiten des *Lösungsbehandelns* dasselbe, was schon weiter vorn für die Knetlegierungen ausgeführt ist und deshalb hier nicht wiederholt werden soll. Auch bei den Gußlegierungen ist der einzuhaltende Temperaturbereich sehr gering. Vorteilhaft kann sein, durch ein Vorglühen bei etwa 20 bis 30 °C unterhalb der vorgesehenen Lösungsglühtemperatur die gewünschten Endeigenschaften beim Minimum der Lösungsglühtemperatur zu erreichen, wodurch die Gefahr, die Solidustemperatur zu erreichen und damit das Werkstück anzuschmelzen, deutlich gemindert wird (Stufenglühen).

Die in Tabelle 2.8-6 angegebenen Bereiche für die Haltedauer sind ohne Anwärmen zu verstehen; kürzere Zeiten gelten für feinkörniges Gefüge, also für Kokillenguß und dünnwandige Gußstücke, längere Zeiten für dickwandige Stücke und Sandguß. Die Bilder 2.8-12 und

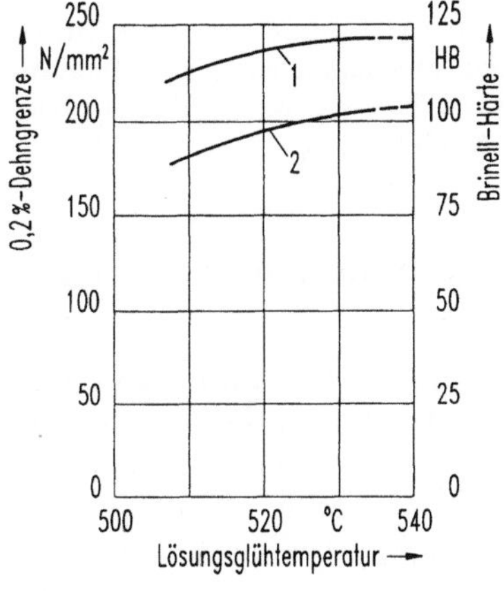

Bild 2.8-12. Einfluß der Lösungsglühtemperatur auf 0,2%-Dehngrenze (1) und Brinell-Härte (2) von G-AlSi10Mg nach Warmaushärtung. Nach [13].

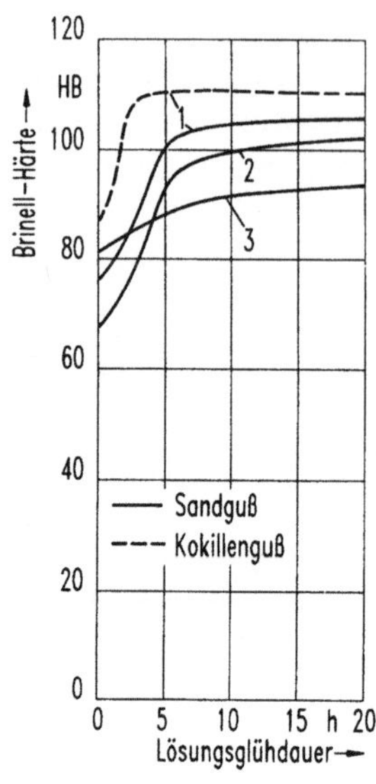

Bild 2.8-13. Einfluß der Lösungsglühdauer auf die Härte von G-AlSi10Mg bei unterschiedlichen Wanddicken: 10 mm (1); 50 mm (2); 100 mm (3). Nach [13].

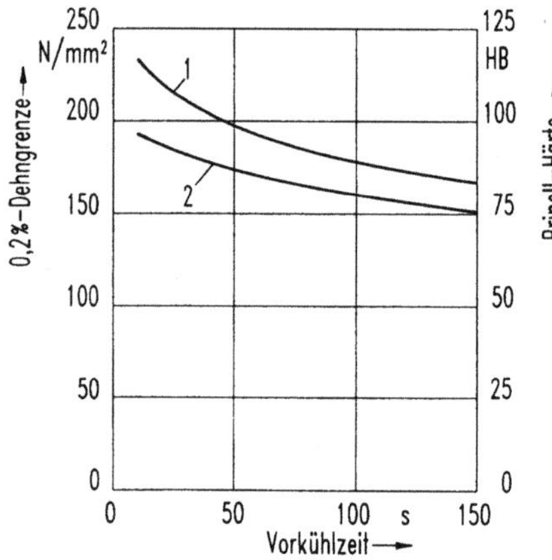

Bild 2.8-14. Einfluß der Vorkühlzeit auf die mechanischen Eigenschaften von G-AlSi10Mg nach Warmaushärtung. Nach [13].

2.8-13 zeigen beispielhaft, wie Lösungsglühtemperatur bzw. Haltedauer die Eigenschaften beeinflussen.

Beim *Abschrecken* ist auch bei den meisten Gußlegierungen auf schnelles Überführen der Teile vom Ofen in das Abschreckmedium zu achten, da sich durch ein unkontrolliertes Vorkühlen der Aushärtungseffekt erheblich vermindern kann, Bild 2.8-14. Dies gilt besonders für dünnwandige Teile, die nur einen geringen Wärmeinhalt haben.

Beim Eintauchen in das Abkühlmedium muß dafür gesorgt werden, daß alle Bereiche des Gußstückes auch wirklich mit dem Kühlmedium in Berührung kommen; das gilt in besonderem Maße für Hohlräume. Bei verzugsgefährdeten Teilen muß gegebenenfalls die Kühlmitteltemperatur auf 70 bis 100 °C erhöht werden, wodurch allerdings der Aushärtungseffekt vermindert wird. Nach dem Erreichen der Kühlmitteltemperatur müssen die Teile in kaltes Wasser überführt werden, um unkontrolliertes Aushärten zu vermeiden.

Zum *Kaltauslagern* ist nichts Besonderes zu sagen. Es gilt das für die Knetlegierungen Ausgeführte. Festigkeitsprüfungen sind natürlich erst nach der Aushärtung, frühestens nach 8 Tagen Auslagerungszeit vorzunehmen. Kaltauslagern wird bei Gußstücken relativ wenig angewendet.

Warmauslagern ist bei Gußlegierungen die bevorzugte Methode des Aushärtens. Für Temperatur-Zeitverläufe gilt grundsätzlich das für Knetlegierungen Gesagte. Bild 2.8-15 zeigt beispielhaft den Einfluß von Auslagerungstemperatur und -Zeit auf die erreichbaren Eigenschaften.

Eine *Teilaushärtung* ergibt sich, wenn ein Warmauslagern vor Erreichen des Höchstwertes abgebrochen wird, oder durch Wählen einer Auslagerungstemperatur, die nicht zum Höchstwert der Festigkeit führt, s.a. Bild 2.8-15. Dieser Zustand ist nach DIN 1725 nur bei der LegierungG-AlCu4Ti üblich, Kurzzeichen „ta".

Bei einigen Gußlegierungen tritt ein Kaltaushärtungseffekt ohne eigens dafür durchgeführte Wärmebehandlung auf. So kühlen zum Beispiel die Legierungen G-AlSi6Cu4 bzw. G-AlSi9Cu3 beim Kokillengießen hinreichend schnell ab, um einen übersättigten Mischkristallzustand zu ergeben. Die endgültigen Festigkeitseigenschaften ergeben sich durch Kaltauslagern. In DIN 1725 wird das als Gußzustand bezeichnet, allerdings mit dem Hinweis, daß Festigkeitsprüfungen frühestens 8 Tage nach dem Gießen ausgeführt werden. Bei den nicht genormten Legierungen G-AlZn5Mg, G-AlZn10Si8Mg und G-AlSi12Cu3 ist dieser als „Selbstaushärtung" bezeichnete Effekt noch ausgeprägter. Da die Aushärtungszeit dieser Legierungen zum Teil recht lang ist, werden sie gelegentlich auch warmausgehärtet.

Ein Warmaushärten ohne Lösungsglühen ist auch bei den Legierungen G-AlSi5Mg und G-AlSi10Mg nach Kokillengießen möglich, da sie beim Abkühlen in der Metallform übersättigte Mischkristalle bilden. Voraussetzung für gleichmäßige Eigenschaften ist dabei allerdings

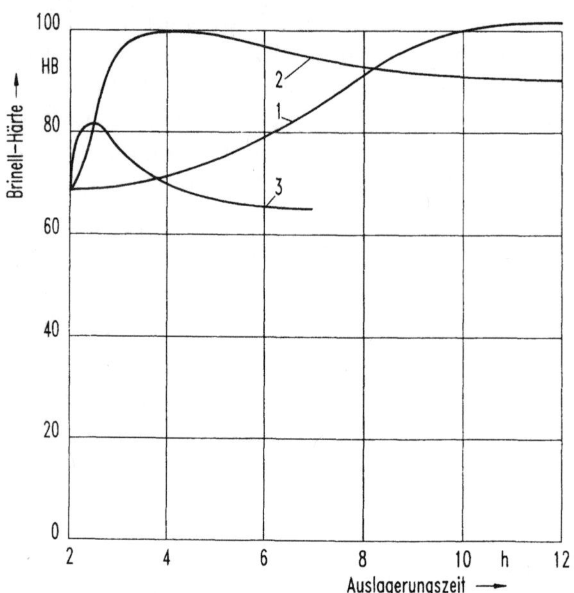

Bild 2.8-15. Zeitlicher Verlauf der Warmaushärtung von G-AlSi10Mg bei unterschiedlichen Auslagerungstemperaturen: 150 °C (1); 180 °C (2);
225 °C (3). Nach [13].

gleichmäßige Wanddicke der Teile. Abschrecken der Teile sofort nach
dem Entnehmen aus der Form verstärkt den Aushärtungseffekt. Auch
für die Druckgußlegierungen wird dieses Vorgehen gelegentlich angewendet.

Spezielle Anforderungen an die Einrichtungen zur Wärmebehandlung der Aluminium-Legierungen

Das Aushärten der Aluminium-Legierungen stellt an die zu verwen-
denden Einrichtungen folgende Forderungen:

- Größe und Form muß den zu behandelnden Werkstücken bzw. Halbzeugen entsprechen,
- die erforderlichen Temperaturen müssen überall am Behandlungs-
gut vorliegen und auf ± 3 bis ± 5 °C genau geregelt werden,
- Überführen vom Lösungsglüh-Ofen zum Abschreckbad darf zu
keinem nennenswerten Vorkühlen führen,
- gegebenenfalls muß die Möglichkeit zur Temperaturmessung an der
Werkstückoberfläche bestehen.

244

Tabelle 2.8-7. Zusammenstellung von möglichen Fehlern beim Aushärten, ihren Folgen und Maßnahmen zur Abhilfe.

Fehler beim:	Folgen für:		Abhilfe[1]
	Gefüge	Eigenschaften	
Lösungsbehandeln Temperatur			
zu hoch	Anschmelzung	Ausschuß	keine
zu niedrig	nur Teilauflösung	niedrige Härte	LB
Haltedauer			
zu kurz	nur Teilauflösung	niedrige Härte	LB
zu lang	u.U. Grobkorn	u.U. A_5 niedrig	keine
Abkühlung			
zu schnell		Verzug, Eigenspannung	LB
zu langsam	Vorausscheidung	niedrige Härte	LB
Auslagern Kaltauslagern	keine Fehler möglich		
Warmauslagern Temperatur			
zu hoch	Grobausscheidung	niedrige Härte	LB
zu niedrig	Teilausscheidung	niedrige Härte	WA
Haltedauer			
zu kurz	Teilausscheidung	niedrige Härte	WA
zu lang	Grobausscheidung	niedrige Härte	LB
fehlende erste Stufe (AlZnMg)	Grobausscheidung d. fehlende Keime	niedrige Härte	LB

[1] LB: Erneute Lösungsbehandlung erforderlich,
  WA: Wiederholung des Warmauslagerns mit angepaßten Daten.

Für das Lösungsglühen und Warmauslagern werden deshalb vorwiegend widerstandsbeheizte oder indirekt gasbeheizte *Luftumwälzöfen* eingesetzt, die mit ausreichend genauen Temperaturregeleinrichtungen versehen sind. Das Beschicken der Öfen muß so erfolgen, daß alle Teile von der durchströmenden Luft erfaßt werden. Salzbäder werden trotz ihrer technischen Vorteile (gute Temperaturkontrolle und rasche Wärmeannahme) wegen der mit ihrem Betrieb verbundenen Risiken (Explosions-, Brand- und Vergiftungsgefahr) praktisch nur selten verwendet. Ihr Betrieb erfordert zudem eine sichere Temperaturbegrenzung sowie ständige Überwachung der Zusammensetzung. Für das Warmauslagern werden gelegentlich auch widerstandsbeheizte Öl-bäder verwendet, wenn kleinere Teile in nicht zu großen Mengen zu behandeln sind. Anhaftende Rückstände erfordern danach aber eine gründliche Reinigung der Werkstücke.

Sofern Temperaturkontrollen an der Werkstückoberfläche erforderlich sind, werden dafür Setz-Thermoelemente bzw. Widerstandsthermo-meter benutzt. Farbindikatoren, die auf bestimmte Temperaturen mit einem Farbumschlag reagieren, sind meist nicht praktikabel bzw. nicht genau genug.

Das am häufigsten benutzte Abschreckmedium Wasser muß sich gegebenenfalls bis etwa 80 °C temperieren lassen. Durch Zusätze was-serlöslicher Polymere (Quenchants) läßt sich die Abschreckwirkung des Wassers in gewissem Umfang beeinflussen. Ist zum Abschrecken bewegte Luft erforderlich, müssen entsprechend leistungsfähige Gebläse verfügbar sein.

Sehr wichtig für das hinreichend schnelle Überführen der Teile vom Lösungsglüh-Ofen zum Abschreckmedium sind entsprechende Ent-nahme- und Transporteinrichtungen. Ihr Fehlen kann den Erfolg des Aushärtens völlig in Frage stellen.

In Tabelle 2.8-7 sind typische Fehlermöglichkeiten zusammengestellt.

2.8.3 Aushärten von Kupferlegierungen

Kupfer und seine Legierungen werden vornehmlich wegen folgender Eigenschaften angewendet:

- elektrische Leitfähigkeit,

- Paramagnetismus (nicht magnetisierbar),

- Wärmeleitfähigkeit,

- Korrosionsbeständigkeit.

Daraus resultiert eine große Zahl technisch verwendeter Werkstoffsor-ten mit einem beachtlichen Eigenschaftsspektrum. Bei den meisten Kupferlegierungen werden allerdings die elektrische und die thermi-sche Leitfähigkeit durch die festigkeitssteigernden Legierungsele-mente sehr stark vermindert, so daß wesentliche Eigenschaften des reinen Kupfers verloren gehen. Der relativ geringe Anteil aushärtbarer Legierungen zeichnet sich wegen des verfahrensspezifisch niedrigen

246

Gehalts an Legierungselementen gegenüber den nicht aushärtbaren Legierungen durch folgende Merkmale aus:

– geringere Verminderung der elektrischen Leitfähigkeit durch Legierungselemente,
– hohe Festigkeit und Verschleißbeständigkeit,
– Warmfestigkeit,
– gute Verformbarkeit vor dem Aushärten (bei Knetlegierungen).

Der Schwerpunkt ihrer Anwendung liegt demnach im Bereich von Bauteilen, bei denen entweder bestimmte Anforderungen an die elektrische Leitfähigkeit bzw. an den Paramagnetismus oder an die Korrosionsbeständigkeit gemeinsam mit hohen Anforderungen an die Festigkeit bzw. Verschleißbeständigkeit auftreten. Beispiele dafür sind jede Art von Federn, Membranen und Faltenbälgen, die entweder stromführend oder korrosionsbeansprucht sind, ferner Getriebeteile, Bolzen, Schrauben, Elektroden für das Widerstandsschweißen, Freileitungsarmaturen, Kontakte und ähnliche. Erwähnenswert ist die Anwendung besonders hochfester Legierungen für funkenfreie Werkzeuge.

Die im Kapitel 1.5 behandelten metallkundlichen Voraussetzungen für das Aushärten treffen bei den meisten genormten Kupferlegierungen nicht zu. Aushärtbar ist lediglich ein Teil der genormten *niedriglegierten* Kupferlegierungen, also solche, deren Gehalt an Legierungselementen in der Summe 5% nicht überschreitet. Bezüglich weiterer, auch höher legierter aushärtbarer Kupferlegierungen sei auf das Schrifttum verwiesen, z.B. [55]. Die Verfahrensvoraussetzungen sowie die zum Aushärten führenden Vorgänge sind im Kapitel 1.5 beschrieben. Die aushärtbaren Kupferlegierungen können *nur warmausgehärtet* werden. Ein Auslagern bei Raumtemperatur führt zu keinerlei Veränderungen der Eigenschaften, da die absolute Raumtemperatur gegenüber der Schmelztemperatur der Kupferlegierungen relativ niedrig ist und deshalb keine Diffusion möglich ist.

Aushärtbare Kupfer-Knetlegierungen

In DIN 17666 sind die Zusammensetzungen der niedriglegierten Kupfer-Knetlegierungen genormt. Ferner enthält die Norm Anwendungsbeispiele sowie Angaben über die üblichen Halbzeugformen. Etwa die Hälfte der in der Norm enthaltenen Legierungen ist aushärtbar.

Folgende drei Gruppen lassen sich bilden:

Gruppe 1	Gruppe 2	Gruppe 3
CuBe1,7	CuNi1,5Si	CuCrZr
CuBe2	CuNi2Si	CuZr
CuBe2Pb	CuNi3Si	
CuCo2Be		
CuNi2Be		

Die genauen Zusammensetzungen mit den Toleranzbereichen und den zulässigen Beimengungen sind DIN 17666 zu entnehmen.

Die Gruppe 1 umfaßt berylliumhaltige Legierungen, bei denen das Bestreben zur Bildung der intermediären Kristallarten CuBe bzw. CoBe oder NiBe für den Aushärtungsmechanismus entscheidend ist. Das Zustandsschaubild Cu-Be läßt die Eignung zur Aushärtung anhand der maximalen Löslichkeit von 2,7 % Be im α-Mischkristall erkennen, Bild 2.8.-16. Die Be-Gehalte der beiden letzten Legierungen der Gruppe liegen mit etwa 0,5 % deutlich unter dem der drei ersten. Entsprechend geringer sind die möglichen Aushärtungseffekte. CuBe1,7 ist nur für Band üblich, CuBe2Pb nur für Stangen und CuBe2, CuCo2Be und CuNi2Be für Bänder, Stangen und Drähte.

In den Legierungen der zweiten Gruppe ist das Streben nach der Bildung der intermediären Kristallart Ni_2Si die Triebkraft für die Aus-

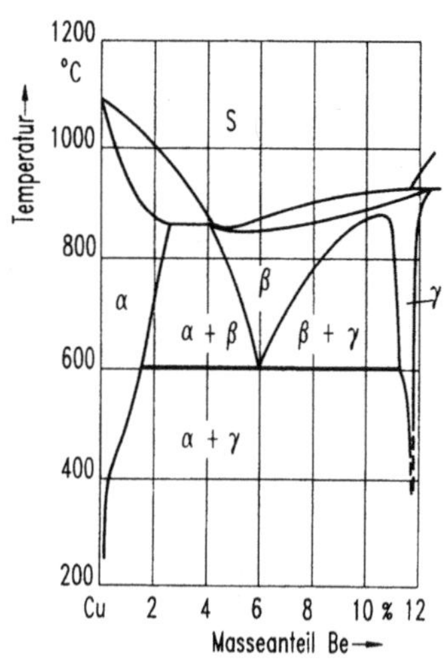

Bild 2.8-16. Kupferseite des Zustandsschaubildes Kupfer-Beryllium. Nach [56].

248

härtung. Sie sind vorwiegend als Stangen üblich, die Legierung CuNi2Si auch für Schmiedestücke und in geringem Umfang für Bänder, Bleche und Rohre. CuNi1,5Si kann auch als Band und Blech hergestellt werden.

Der Aushärtungseffekt der zirkonhaltigen Kupferlegierungen in der dritten Gruppe beruht auf dem Streben nach Bildung der intermediären Phase Cu_3Zr. Zwar sind auch zirkonfreie Kupfer-Chrom-Legierungen aushärtbar, jedoch ist der Effekt deutlich schwächer, da im Zweistoffsystem Cu-Cr keine intermediäre Phase existiert. Die Legierung CuCrZr ist für alle weiter unten angegebenen Halbzeugarten mit Ausnahme von Draht üblich, CuZr nur für Bleche und Stangen.

Da die aushärtbaren Kupferlegierungen nicht kaltaushärten, ist der lösungsbehandelte Zustand unbegrenzt haltbar, sofern die üblichen Umgebungstemperaturen nicht überschritten werden. Das Lösungsbehandeln wird demnach in der Regel beim Halbzeughersteller durchgeführt. Somit ergeben sich die nachfolgend aufgeführten möglichen Lieferzustände für die vorher warm- bzw. kaltgeformten Halbzeuge:

– lösungsbehandelt, Zustand geringster Festigkeit und bester Verformbarkeit,
– lösungsbehandelt und danach je nach Halbzeugart durch Walzen, Ziehen oder Strangpressen kaltgeformt und -verfestigt,
– lösungsbehandelt und ausgehärtet,
– lösungsbehandelt, kaltverfestigt und ausgehärtet.

Welcher dieser möglichen Zustände verwirklicht wird, hängt zum einen von der Halbzeugart, zum anderen von den Wünschen des Bestellers ab. Das Aushärten wird sehr häufig vom Anwender durchgeführt, da es im Gegensatz zum Lösungsbehandeln nur mäßige Temperaturen und im allgemeinen kein definiertes Abschrecken erfordert. Der nicht ausgehärtete Zustand ist im übrigen für die meisten Bearbeitungsoperationen des Anwenders günstiger als der ausgehärtete Zustand.

Beispielhaft sind übliche Lieferzustände sowie die dafür gewährleisteten Eigenschaften für Stangen aus aushärtbaren Kupferknetlegierungen nach DIN 17672, Teil 1 in Tabelle 2.8-8 zusammengestellt.

In der Tabelle 2.8.-8 ist die Zuordnung von ausgehärtetem zu nicht ausgehärtetem Zustand wie in DIN 17672 dadurch hervorgehoben, daß die Werte des ausgehärteten Zustandes unterhalb derer des

Tabelle 2.8-8. Mechanische Eigenschaften von Stangen aus aushärtbaren Kupferlegierungen. Nach DIN 17672, Teil 1.

Werkstoff-Kurz-zeichen	Zustand[1]		Dmr.[2] mm	$R_{p0,2}$ N/mm²	R_m N/mm²	A[3] %	Härte[4]
	na	wa					
CuBe2 CuBe2Pb (12)[5]	F 42		2 bis 60	140... 210	420... 600	≥ 35	90... 125
		F 115		1000... 1250	1150... 1350	–	360... 390
	F 65		2 bis 25	500... 750	650... 800	–	200... 250
		F 130		1150... 1400	1300... 1500	–	390... 450
CuCo2Be CuNi2Be (25)[5]	F 25		2 bis 60	140... 210	250... 370	≥ 20	70... 100
		F 65		500... 650	650... 800	≥ 8	195... 235
	F 50		2 bis 25	430... 530	500... 600	–	140... 180
		F 80		730... 880	800... 950	–	220... 260

[1]) na = nicht ausgehärtet; wa = warmausgehärtet.

[2]) In DIN 17672 sind außer Rundstangen noch andere Stangenquerschnitte enthalten, für die die angegebenen Werte bei vergleichbaren Querschnitten gelten.
Für die berylliumhaltigen Legierungen sind auch (etwas niedrigere) Werte für
größere Durchmesser bzw. entsprechende Querschnitte enthalten.

[3]) Bei den berylliumhaltigen Legierungen gilt für die Ermittelung der Bruchdehnung: A_{L-100}; bei den übrigen Legierungen: A_5. Keine Angabe in der Spalte
bedeutet, daß die Bruchdehnung ≤5% ist, und deshalb aus Gründen der
Meßunsicherheit nicht angegeben wird.

[4]) Härte*bereiche* sind Vickers-Härtewerte, die übrigen Daten sind Brinellhärte-
werte.

[5]) Mindestwerte der elektrischen Leitfähigkeit in m/Ωmm² im warmausgehärte-
ten Zustand.

Tabelle 2.8-8 (Fortsetzung)

Werkstoff-Kurzzeichen	Zustand[1]		Dmr.[2] mm	$R_{p0,2}$ N/mm²	R_m N/mm²	A[3] %	Härte[4]
	na	wa					
CuCrZr (43)[5]	p			ohne vorgeschriebene Werte			
		F 37	≤ 120	≥ 270	≥ 370	≥ 18	≈ 125
		F 44	≤ 50	≥ 350	≥ 440	≥ 10	≈ 145
		F 47	≤ 25	≥ 440	≥ 470	≥ 8	≈ 155
CuNi1,5Si (18)[5]		F 44	≤ 90	≥ 290	≥ 440	≥ 17	≈ 140
	F 41		≤ 30	≥ 290	≥ 410	≥ 9	≈ 125
		F 59		≥ 540	≥ 590	≥ 12	≈ 180
CuNi2Si (17)[5]	p			ohne vorgeschriebene Werte			
	F 26		≤ 90	≥ 60	≥ 260	≥ 35	≈ 70
		F 49		≥ 340	≥ 490	≥ 15	≈ 160
	F 41		≤ 30	≥ 340	≥ 410	≥ 8	≈ 140
		F 64		≥ 590	≥ 640	≥ 10	≈ 190
CuNi3Si (15)[5]	p			ohne vorgeschriebene Werte			
		F 69	≤ 90	≥ 540	≥ 690	≥ 8	≈ 200
	F 61		≤ 20	≥ 550	≥ 610	≥ 8	≈ 180
		F 83		≥ 780	≥ 830	≥ 10	≈ 220

zugehörigen Ausgangszustandes angeordnet sind. So ist also bei CuBe2 der Zustand F130 durch Aushärten der Legierung im Zustand F65 erreicht worden, der seinerseits das Ergebnis einer Kaltverfestigung nach dem Lösungsbehandeln ist. Die Daten der Tabelle zeigen exemplarisch, daß die Kupferlegierungen mit dem höchsten Berylliumgehalt den stärksten Aushärtungseffekt aufweisen. Bemerkenswert ist ferner, daß bei den CuNiSi-Legierungen, die vor dem Aushärten kaltverfestigt wurden, nach dem Aushärten trotz beachtlicher Festigkeitssteigerung auch die Bruchdehnung erhöht wird. Zur elektrischen Leitfähigkeit ist zu bemerken, daß sie im lösungsbehandelten Zustand am geringsten ist und beim Warmauslagern mit zunehmender Annäherung an den Gleichgewichtszustand zunimmt. Höchstmögliche Leitfähigkeit ist demnach niemals mit höchster Festigkeit verbunden.

In den folgenden Halbzeugnormen sind weitere Daten für aushärtbare Kupfer-Knetlegierungen enthalten:

- DIN 1780 für Band für Blattfedern,
- DIN 17670 für Bänder und Bleche,
- DIN 17671 für Rohre (nur CuCrZr),
- DIN 17673 für Gesenkschmiedestücke,
- DIN 17674 für Strangpreßprofile (nur CuCrZr),
- DIN 17678 für Freiformschmiedestücke,
- DIN 17682 für runde Federdrähte.

Die durch Aushärten erzielbaren Eigenschaften hängen nicht nur von der Sorte, sondern auch von der Halbzeugart ab. So ist zum Beispiel für CuBe2 die höchste Festigkeitsstufe F140 als Draht bis 3 mm Durchmesser in DIN 17682 festgelegt. Die größte Vielfalt verschiedener Lieferzustände gilt für Bleche und Bänder bis zu 3 mm Dicke. So sind in DIN 17670 für CuBe2 vier nichtausgehärtete Zustände unterschiedlicher Kaltverfestigung (F41 bis F69), sowie vier zugehörige ausgehärtete Zustände (F114 bis F 131) enthalten. Als Abnahmekriterium kann bei der Bestellung von Blechen wahlweise die Festigkeit oder die Härte herangezogen werden.

Lösungsbehandeln

Der erste Schritt des Aushärtens, das Lösungsbehandeln, wird normalerweise beim Hersteller durchgeführt. Daten für das Lösungsbehandeln sind in Tabelle 2.8.-9 aufgeführt. Nur in Ausnahmefällen kann der Verarbeiter gezwungen sein, auch die Lösungsbehandlung durchführen, zum Beispiel nach einem mißlungenen Warmauslagern, oder wenn Tiefziehteile vor einem Weiterzug rekristallisationsgeglüht werden müssen.

Die Daten der Tabelle 2.8-9 stellen nur Anhaltswerte dar. Die Bereiche der angegebenen Lösungsglühtemperaturen berücksichtigen die Zusammensetzungstoleranzen. Haltezeiten, die einzuhalten sind, nachdem die Werkstücke an ihrer Oberfläche die Lösungsglühtemperatur erreicht haben, richten sich nach der durchzuwärmenden Dicke. Jedoch spielt auch der Grad einer vorangegangenen Kaltverformung eine Rolle. Wichtig ist, die Bildung von Grobkorn durch zu langes

Tabelle 2.8-9. Temperaturen und Zeiten für das Aushärten von Kupferlegierungen. Nach [20], [55] u. [57].

| Werkstoff-Kurzzeichen | Lösungsbehandeln | | Warmauslagern | | |
	Temperatur °C	Abk.	Temperatur. °C	Dauer h	Abk.
CuBe1,7	750...800	W	315	3	L
CuBe2	770...810	W	315	3	L
CuCo2Be CuNi2Be	910...950	W	480	3	L
CuCrZr CuZr	950...1000	W	450	4	L
CuNi1,5Si CuNi2Si CuNi3Si	750...850	W	400...500	5...1	L

W: Wasser; L: Luft.

Verweilen bei den relativ hohen Temperaturen zu vermeiden. Nach Herstellerangaben [57] ist zum Beispiel für CuBe-Legierungen bei 1 mm Werkstückdicke eine Haltedauer von etwa 15 min sowie eine dickenabhängige Durchwärmzeit von etwa 2,5 min/mm vorzusehen. Um auch die Eigenschaften des jeweiligen Ofens zu berücksichtigen, sind Vorversuche ratsam.

Das Abkühlmedium Wasser kann von Fall zu Fall kalt oder temperiert sein, Zusätze löslicher Polymere enthalten oder auch durch Öl ersetzt werden. Bei sehr dünnen Teilen kann auch Luftabkühlung ausreichen. Wesentlich für das Abschrecken ist, daß unmittelbar nach der Entnahme aus dem Ofen die Abkühlung definiert einsetzt und der Temperaturbereich bis etwa 400 °C in sehr kurzer Zeit durchlaufen wird. Ist das nicht der Fall, kommt es bei höheren Temperaturen bereits zu Ausscheidungen und der Aushärtungseffekt wird entsprechend vermindert.

Warmaushärten

Für den Verarbeiter sind vor allem Angaben zum Warmaushärten wichtig, da diese Behandlung bei den aushärtbaren Kupfer-Knetlegierungen im Gegensatz zu den Aluminiumlegierungen relativ häufig in eigener Regie durchgeführt wird. Sofern die erforderlichen Einrichtungen für das Warmauslagern zur Verfügung stehen, sollten jedoch im konkreten Fall immer Datenblätter des Herstellers angefordert bzw. für das gelieferte Halbzeug eine gezielte Beratung erbeten werden. Die in Tabelle 2.8-9 zum Auslagern gemachten Angaben können nur als grober Anhalt gewertet werden und beziehen sich auf das Erreichen der maximalen Härte- bzw. Festigkeitswerte, die ja nicht immer Ziel der Behandlung sind. Zu beachten ist, daß die Temperatur-Zeitverläufe für das Warmauslagern neben der Sorte auch vom Grad der nach dem Lösungsbehandeln erfolgten Kaltumformung abhängen. Die Tendenz dieser Abhängigkeit geht dahin, daß vorangegangene Kaltverformung den Prozeß der Ausscheidung beschleunigt, da Gitterstörstellen als Keime für die Ausscheidung wirken.

Die nach Herstellerangaben gezeichneten Bilder 2.8-17 und 2.8-18 zeigen beispielhaft Temperatur-Zeitverläufe für das Warmauslagern von CuBe2 nach unterschiedlich starker Kaltverformung. Der Vergleich von Kurven gleicher Auslagerungstemperatur zeigt, daß für den stärker vorverformten Zustand nicht nur höhere Härtewerte erreicht werden, sondern daß für gleiche Härte kürzere Zeiten erforderlich sind. Derartige Diagramme werden aber von den Herstellern grundsätzlich mit dem Warnvermerk versehen, daß es sich nur um Richtwerte handelt und mit Streuungen gerechnet werden muß. Die Streuungen sind sowohl auf die Toleranzen der Zusammensetzung als auch auf unterschiedliche Einflüsse der Vorverformung zurückzuführen. Für den Be-Gehalt von CuBe2 ist nach DIN 17666 ein Bereich von 1,8 bis 2,1 % zulässig, das bedeutet eine relative Abweichung vom mittleren Wert von ±7,7 %! Nach den Normen gewährleistete oder vom Hersteller nach Durchführung einer bestimmten Behandlung zugesagte Eigenschaften berücksichtigen diese möglichen Streuungen derart, daß sie selbst bei ungünstigen Annahmen noch erfüllt werden. Das Mitbehandeln von Probestücken oder Durchführen von Vorversuchen zum Ermitteln eines günstigen Temperatur-Zeitverlaufes ist grundsätzlich immer zu empfehlen.

Die Bilder 2.8-17 und 2.8-18 zeigen auch den starken Einfluß der Auslagerungstemperatur. Deshalb ist für deren möglichst genaue Einhaltung zu sorgen. Abweichungen vom Sollwert sollten nicht größer als ±5 °C betragen. Den Maximalwerten von Härte und Festigkeit sind Minimalwerte der Bruchdehnung zugeordnet, was nicht in allen Anwendungsfällen erwünscht ist. Gerade aus diesem Grunde ist eine ausführliche Kenntnis des Einflusses unterschiedlicher Temperatur-

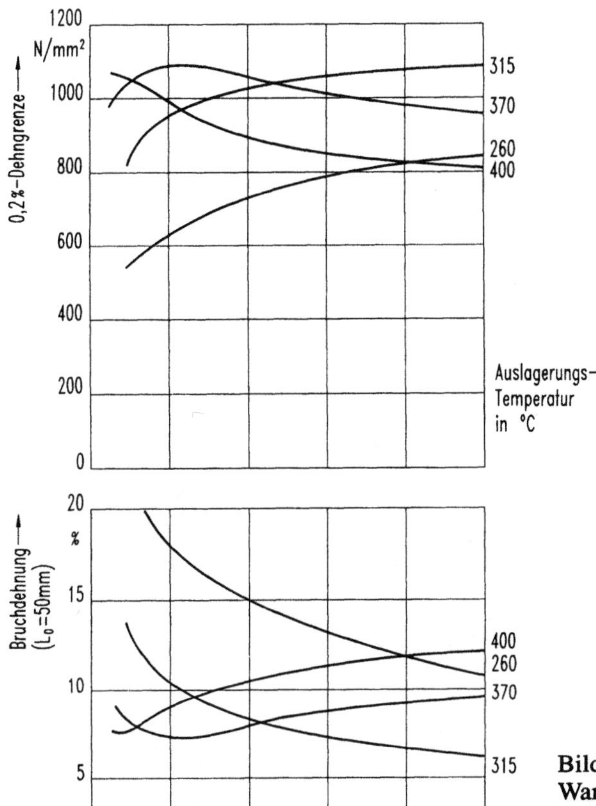

Bild 2.8-17. Einfluß von Warmauslagerungszeit und -Temperatur auf 0,2%-Dehngrenze und Bruchdehnung von CuBe2 F41. Anhaltswerte nach [57].

Zeitfolgen auf die Eigenschaften von wesentlicher Bedeutung. Für bestimmte geforderte Eigenschaften bzw. Eigenschaftskombinationen kann es günstig sein, die Maximalwerte der Härte nicht zu erreichen, zum Beispiel, um eine höhere Dauerfestigkeit zu erhalten, die immer ein bestimmtes Maß an Zähigkeit erfordert. Härtewerte unterhalb des Maximalwertes lassen sich jedoch auf zweierlei Weise erzielen:

- Abbrechen des Warmauslagerns *vor* Erreichen des Maximalwertes (Unterhärten),

- Verlängern der Auslagerungsdauer *nach* Überschreiten des Maximalwertes (Überhärten bzw. Überaltern).

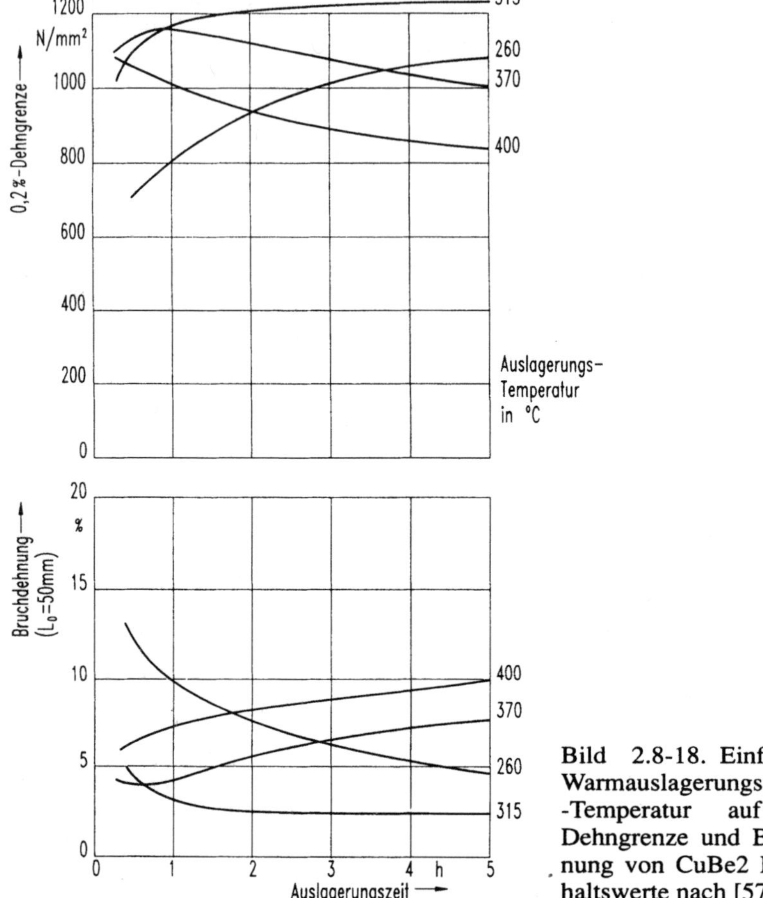

Bild 2.8-18. Einfluß von Warmauslagerungszeit und -Temperatur auf 0,2%-Dehngrenze und Bruchdehnung von CuBe2 F 59. Anhaltswerte nach [57].

Welche der beiden Vorgehensweisen im Einzelfall vorzuziehen ist, kann nicht allgemeingültig beantwortet werden. Diagramme wie Bilder 2.8-17 und 2.8-18 geben zwar bedingt Auskunft, können aber nicht über *alle* für die Gebrauchseignung eines Bauteils entscheidenden Eigenschaften informieren. Beispielsweise empfiehlt ein Hersteller für im wesentlichen statisch beanspruchte Kontaktfedern aus CuBe2 eine Behandlung zur Erzielung von maximaler Härte (bei minimaler Bruchdehnung); für biegewechselbeanspruchte Federn aus demselben Werkstoff dagegen wird ein Über- bzw. Unterhärten auf etwa 90% des Maximalwertes empfohlen. Überhärten hat dabei den Vorteil, daß die

Leitfähigkeit höher wird und eventuelle Eigenspannungen stärker herabgesetzt werden. Nachteilig ist der größere Zeitaufwand für das Überhärten.

Aushärtbare Kupfer-Gußlegierungen

Als einzige aushärtbare Kupfer-Gußlegierung ist in DIN 17655 G-CuCr F35 bzw. GK-CuCr F35 mit Eigenschaften nach Tabelle 2.8-10 genormt.

Tabelle 2.8-10. Mechanische Eigenschaften von G-CuCr. Nach DIN 17655.

Werkstoff-Kurzzeichen	Zustand	Leitfähigkeit $m/\Omega mm^2$	$R_{p0,2}$ N/mm^2	R_m N/mm^2	A_5 %	Härte HB
G-CuCr F 35 GK-CuCr F 35	wa wa	≥ 45	≥ 250	≥ 350	10	≥ 110

Richtwerte für das Aushärten:

Lösungsbehandeln: $\approx 1000\,°C/Wasser$;

Warmauslagern: 400 bis 500 °C, 1 bis 4 h.

Die Wärmebehandlung wird in der Regel vom Gußstückhersteller durchgeführt.

2.8.4 Aushärten von Nickel-Legierungen

Die Anwendung von Nickel-Legierungen konzentriert sich im wesentlichen auf drei Gruppen von Werkstoffen, wenn man hier einmal von Anwendungen wegen bestimmter magnetischer, elektrischer sowie Ausdehnungseigenschaften absieht:

- Korrosionsbeständige Werkstoffe, die gegenüber den verschiedensten Arten der *Naßkorrosion* beständig sind;
- hitzebeständige Werkstoffe, die beständig gegenüber *Heißgaskorrosion* sind;
- hochwarmfeste Werkstoffe, die bei *hohen Temperaturen mechanisch* beständig sind.

In vielen Anwendungsfällen werden sowohl Korrosionsbeständigkeit als auch Warmfestigkeit gefordert; Anforderungen an Warmfestigkeit sind fast immer gleichzeitig mit bestimmten Mindestforderungen an die Hitzebeständigkeit verbunden.

Haupteinsatzgebiete der Nickel-legierungen sind demnach zum einen der große Bereich der Chemieanlagen aber zum anderen auch maschinentechnische Einrichtungen wie Wärmekraftwerke, Komponenten der Umwelttechnik (z. B. Müllverbrennung und Rauchgasentschwefelung), Industrie-Öfen sowie thermisch und mechanisch hochbeanspruchte Maschinenteile von Motoren, Gasturbinen und Flugtriebwerken.

Von ihrem Gefügezustand weisen die Nickel-Legierungen mit den hochlegierten austenitischen Stählen als gemeinsames Merkmal das kubisch-flächenzentrierte Kristallsystem des Nickels auf, das eine relativ große Löslichkeit für die Hauptlegierungspartner Chrom, Molybdän, Eisen und Cobalt besitzt. Der vorliegende Mischkristall heißt, wie bei den Stählen auch, γ-Mischkristall. Der Kohlenstoffgehalt der Nickel-Legierungen liegt im allgemeinen unter 0,1 %. Die besonderen Eigenschaften der Nickel-Legierungen werden so wie bei den austenitischen Stählen durch das Vorliegen des γ-Mischkristalls mit seiner dichten Packung und seiner geringen Diffusionskonstanten bestimmt.

Der Verwendungszustand der weitaus meisten Nickel-Legierungen ist der lösungsbehandelte Zustand, das heißt, alle Legierungselemente werden durch Lösungsglühen bei hoher Temperatur in Lösung gebracht und durch anschließendes Abschrecken in diesem Zustand gehalten. Als Ausnahme von diesem üblichen Zustand gelten die *aushärtbaren Nickel-Legierungen*, die in diesem Kapitel besprochen werden. Da deren mechanische Eigenschaften durch das Aushärten teilweise noch über das Maß der übrigen Legierungen gesteigert werden können, werden sie vielfach auch als *Superlegierungen* bezeichnet. Diese Benennung darf jedoch nicht dazu verleiten, die aushärtbaren Legierungen in jeder Beziehung den übrigen als überlegen anzusehen. Ihre Überlegenheit bezieht sich im wesentlichen auf ihre *Warmfestigkeit* in einem bestimmten Temperaturbereich, der durch die Höhe der Warmauslagerungstemperatur sehr klar abgegrenzt ist.

Die für die Werkstoffauswahl wichtigste Eigenschaft der aushärtbaren Nickel-Legierungen ist ihr Zeitstandverhalten, das heißt, ihre Formbeständigkeit bei statischer Beanspruchung und erhöhter Temperatur. Sie wird durch folgende Kenngrößen nach DIN 50118 beschrieben:

– Zeitstandfestigkeit $R_{mt/T}$ ist die konstante Spannung, die nach der Zeit t bei der Temperatur T zum Bruch führt (t in h, T in °C).

– Zeitdehngrenze z.B. $R_{p0,2\,t/T}$ ist die konstante Spannung, die nach der Zeit t bei der Temperatur T zu einer bleibenden Dehnung von 0,2% führt (t in h, T in °C).

Nach [58] gelten als hochwarmfest solche Werkstoffe, deren Zeitstandfestigkeit über den Werten der Tabelle 2.8-11 liegt, wobei es sich allerdings nicht um verbindliche Festlegungen handelt.

Tabelle 2.8-11. Untere Grenzwerte der Zeitstandfestigkeit für hochwarmfeste Werkstoffe.

Temperatur °C	$R_{m\,10^4}$ N/mm²	$R_{m\,10^5}$ N/mm²
600	140	90
700	70	30
800	35	10
900	18	3,5
1000	10	

Für das Aushärtungsverhalten der Nickel-Legierungen ist neben den auch der Carbid- bzw. Nitridbildung dienenden Elementen Titan und Niob vor allem *Aluminium* verantwortlich. Diese Elemente gehen in Legierungen geeigneter Zusammensetzung bei hoher Temperatur im γ-Mischkristall in Lösung. Bei Abkühlung im thermodynamischen Gleichgewicht entsteht durch Ausscheidung die mit γ' bezeichnete intermetallische Phase vom Typ Ni_3Al, die ebenfalls kubisch-flächenzentriert ist, jedoch eine geordnete Atomverteilung aufweist. In der γ'-Phase können Nickelatome zum Teil durch Chrom, Eisen und Cobalt ersetzt sein, wodurch die Löslichkeit für Aluminium, Titan bzw. Niob verringert wird. Anstelle von Aluminiumatomen können zusätzlich auch Titan, Niob und Vanadin treten, ohne daß sich der Gittertyp ändert. Eine Darstellung der Gleichgewichtszustände ist einfach nur am Zustandsschaubild Nickel-Aluminium möglich, Bild 2.8-19. Der zusätzliche Einfluß von Chrom geht aus dem isothermen Schnitt im Dreistoffsystem Nickel-Chrom-Aluminium hervor, Bild 2.8-20. Eine grapische Darstellung der wahren Zustände ist wegen der Vielzahl der in diesen Legierungen immer vorhandenen Stoffe unmöglich.

Die Aushärtungsbehandlung geht, wie üblich, vom Lösungsglühen aus, bei dem alle Legierungselemente im γ-Mischkristall in Lösung gehen. Der Erhöhung des Kriechwiderstandes bei hohen Temperatu-

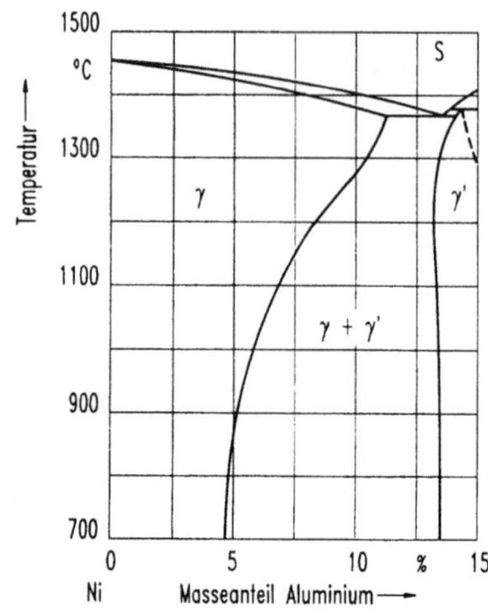

Bild 2.8-19. Teil-Zustandsschaubild Nickel-Aluminium. Nach [34].

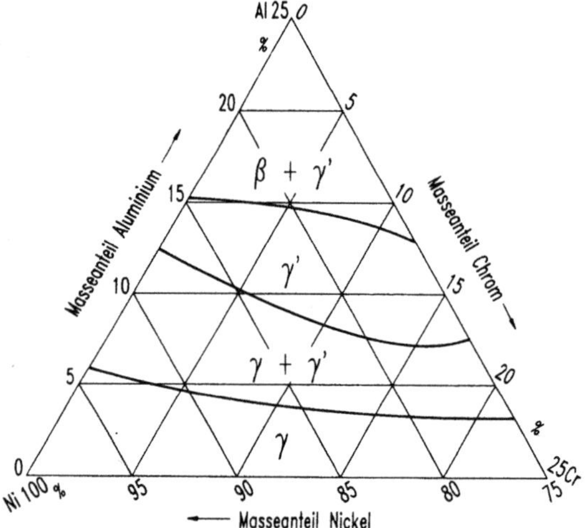

Bild 2.8-20. Nickel-Ecke des Dreistoffsystems Nickel-Chrom-Aluminium, isothermer Schnitt bei 750 °C. Nach [34].

ren kann es dienlich sein, wenn wahlweise vor dem Abschrecken eine kontrollierte Ausscheidung von Carbiden vom Typ $M_{23}C_6$ an den Korngrenzen erfolgt. Carbidbildende Metalle M sind darin Chrom, Molybdän sowie die oben bereits erwähnten Elemente Titan und Niob. Dieser Teilschritt der Wärmebehandlung wird als *Stabilisieren* bezeichnet, da er einer unkontrollierten Carbidbildung bei Betriebstemperatur zuvorkommt. Nach dem Lösungsglühen mit eventueller Stabilisierung wird an Luft oder in Wasser hinreichend schnell abgekühlt, um die zur vorzeitigen Ausscheidung der γ'-Phase erforderliche Diffusion zu unterdrücken. Beim anschließenden Warmauslagern kommt es zu kohärenten Ausscheidungen der γ'-Phase, die nun allerdings wegen ihres möglichen Gehaltes an Titan und Niob als metastabil zu bezeichnen ist, da die nicht kubisch-flächenzentrierten stabilen Phasen Ni_3Ti bzw. Ni_3Nb nicht gebildet werden. Das Bemerkenswerte am Aushärtungsmechanismus der Nickel-Legierungen ist, daß die Ausscheidungen dasselbe Kristallsystem haben wie die Matrix und sich ihr bei nur geringer Verzerrung anpassen. Deshalb bilden sich sehr viele, gleichmäßig verteilte kohärente Ausscheidungen optimaler Teilchengröße (vgl. Kapitel 1.5.2). Aus diesem Grund besitzen die Nickel-Legierungen auch nach dem Aushärten relativ gute Zähigkeitseigenschaften. Der Volumenanteil der Ausscheidungen kann bis zu 80 % betragen.

Beispiele aushärtbarer Nickel-Legierungen

Die im Folgenden aufgeführten Angaben über aushärtbare Nickel-Legierungen sind etwas uneinheitlich, da nur wenige der Legierungen in DIN-Normen erscheinen, und weil Herstellerangaben nicht immer einem gleichen Schema entsprechen. Obwohl die Werkstoff-Kurzzeichen die genaue Zusammensetzung der Werkstoffe nur unzureichend beschreiben, wird aus Umfangsgründen auf ausführliche Zusammensetzungsangaben verzichtet. Für die genormten Legierungen sind Zusammensetzungen in den Normen DIN 17740 bis 17745 enthalten. In den benutzten Herstellerunterlagen sind ebenfalls ausführliche Angaben über die Zusammensetzung gemacht. Zur eindeutigen Identifizierung sind im folgenden die Werkstoffnummern mit angegeben. In Tabelle 2.8-12 sind für einige aushärtbare Nickel-Legierungen mechanische Eigenschaften bei Raumtemperatur in verschiedenen Behandlungszuständen aufgeführt. Zeitstandfestigkeiten einiger Legierungen enthält Tabelle 2.8-13.

Außer den in der Tabelle enthaltenen Daten sind noch andere Zeit-Temperatur-Folgen möglich und zum Teil in bestimmten Regelwerken vorgeschrieben. Die Auswahl richtet sich nach dem angestrebten Ziel der Wärmebehandlung. So wird zum Beispiel für den Werkstoff NiCr15Fe7TiAl durch eine Zeit-Temperatur-Folge nach Bild 2.8-21 die für hohen Kriechwiderstand günstige Ausscheidung von Korngrenzencarbiden durch das Stabilisieren bei 845 °C erreicht.

Tabelle 2.8-12. Mechanische Eigenschaften aushärtbarer Nickel-Legierungen bei Raumtemperatur. Nach DIN 17754 und [59].

Werkstoff-Kurzzeichen und -nummer	Erzeugnis Abmessung mm	Zustand[1]	$R_{p0,2}$ N/mm^2	R_m N/mm^2	A_5 %	Z %	Härte HB
NiCr20TiAl F100 2.4952.60	SchmSt.[2]) ≤ 8000 mm^2	wa	≥ 600	≥ 1000	≥ 20	–	≥ 260
NiCr19NbMo 2.4668	Blech ≤ 4,75	lb wa	≥ 520 ≥ 1035	≥ 965 ≥ 1240	≥ 30 ≥ 15		≤ 260 ≥ 368
NiCr15Fe7TiAl 2.4669	Blech 3,2…6,3 Stangen ≤ 60	lb wa wa	≥ 515 ≥ 795 ≥ 795	≥ 930 ≥ 1170 ≥ 1170	≥ 35 ≥ 18 ≥ 18	≥ 18	– ≥ 315 300… 400
NiCr25FeAlY 2.4633	Blech ≤ 20	lb wa	344 621	686 919	35 24		
NiCo20Cr20MoTi 2.4650		lb wa[3])	– ≥ 400	– ≥ 540	– ≥ 15	– –	≤ 250 –

[1]) lb = lösungsbehandelt, wa = warm ausgehärtet.
[2]) Schmiedestücke.
[3]) Werte für Prüftemperatur 780 °C.

Tabelle 2.8-13. Zeitstandfestigkeitswerte $R_{m\,10^4}$ einiger ausgehärteter Nickel-Legierungen. Nach [59].

Werkstoff:	NiCr20TiAl	NiCr19NbMo	NiCr15Fe7TiAl	NiCo20Cr20MoTi
Temperatur °C	N/mm²	N/mm²	N/mm²	N/mm² [1]
600	460	650	500	–
700	220	220	270	≈ 210
800	70	–	60	≈ 80
900	20	–	–	≈ 20

[1] $R_{m\,5\cdot 10^3}$.

Tabelle 2.8-14. Anhaltswerte für das Aushärten der Nickel-Legierungen aus Tabelle 2.8-12. Nach [59] und DIN 17240.

Werkstoff-Kurzzeichen und -nummer	Lösungsglüh-		Abkühlmedium[1]	Auslagern	
	Temperatur °C	Dauer h	°C	Temperatur °C	Zeit h
NiCr20TiAl 2.4952	1050...1080	8	L	840 bis 860/ 690 bis 710	24 16
NiCr19NbMo 2.4668	1065	0,5...2	L/W	760/ 760 bis 650/ 650	10 2 8
NiCr15Fe7TiAl 2.4669	980	≈1	L	730/ 730 bis 620/ 620	8 2 8
NiCr25FeAlY 2.4633	1150...1200		W,(L)	800	16
NiCo20Cr20MoTi 2.4650	1150	0,1...2,5	W,(L)	800	8

[1] L = Luft, W = Wasser; sind beide Angaben vorhanden, ist Luft bei geringen Dicken bzw. Querschnitten gültig.

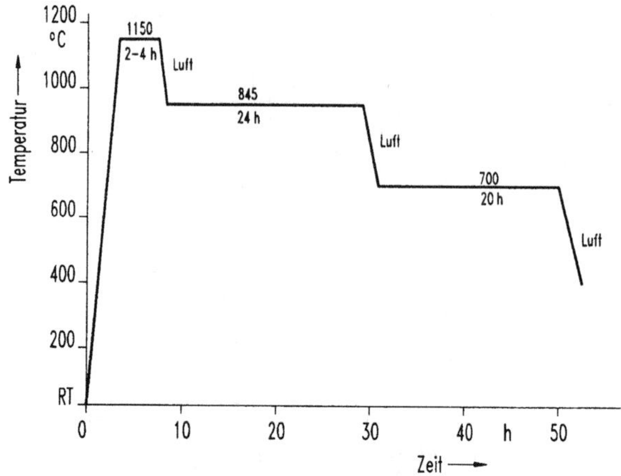

Bild 2.8-21. Zeit-Temperatur-Folge für das Stabilisieren und Aushärten der Legierung NiCr15Fe7TiAl. Nach [59].

Nickel-Legierungen sind empfindlich gegenüber Schwefel, Phophor, Blei sowie anderen niedrig schmelzenden Metallen. Deshalb ist bei der Wärmebehandlung für besondere Sauberkeit zu sorgen. Schädliche Verunreinigungen können in Markier- und Temperaturanzeigefarben, in Schmiermitteln und Brennstoffen enthalten sein. Bei gasförmigen oder flüssigen Brennstoffen ist besonders auf niedrigen Schwefelgehalt zu achten. Ofenatmosphären sollten neutral bis leicht oxidierend sein und dürfen nicht zwischen oxidierend und reduzierend wechseln. Flammen dürfen die Werkstücke nie unmittelbar erreichen. Nach Möglichkeit sollten elektrisch beheizte Öfen benutzt werden.

2.8.5 Aushärten von Titan-Legierungen

Titan-Legierungen verbinden eine relativ niedrige Dichte ($\delta \approx 4{,}5$ g/cm^3) mit Festigkeitswerten um 1000 N/mm^2 bei befriedigender Zähigkeit, sind paramagnetisch und gegenüber vielen Medien korrosionsbeständig. Die hohe Schmelztemperatur des Titans von 1660 °C führt gegenüber den Aluminiumlegierungen zu einer erheblichen Verbesserung der Warmfestigkeit, die je nach Legierungstyp und Behandlungszustand Betriebstemperaturen bis etwa 590 °C erlaubt. Bevorzugte Anwendungsbereiche sind Luft- und Raumfahrt (z.B. Triebwerksteile und hochbeanspruchte Teile von Fahrwerk, Rumpf und Tragflächen) sowie medizinische Implantate.

Im Gegensatz zu den aushärtbaren Aluminiumlegierungen, die überwiegend im ausgehärteten Zustand eingesetzt werden, ist das Aushärten bei den dafür geeigneten Titanlegierungen nicht unbedingt die Regel. Dafür sind im wesentlichen zwei Gründe maßgebend:

– Der relative Anstieg der Festigkeit durch Aushärten ist bei den Ti-Legierungen geringer als bei den Al-Legierungen.
– Es stehen Ti-Legierungen zur Verfügung, die auch nichtausgehärtet ausreichend hohe Festigkeit besitzen.

Wirtschaftlich ist das Aushärten nur dann von Nutzen, wenn die dadurch erzielten Eigenschafts*kombinationen* für den vorgesehenen Verwendungszweck ein Optimum ergeben. Der Hauptgrund für das Aushärten ist das Erzielen günstiger Eigenschaften bei *erhöhten Temperaturen*, da die bei der Wärmebehandlung im Gefüge ablaufenden Veränderungen sich vor allem auf den Kriechwiderstand positiv auswirken.

Ähnlich der γ-α-Umwandlung von Eisen erfährt Titan eine Gitterumwandlung vom kubisch-raumzentrierten (krz) ß-Titan in das hexagonal dichtest gepackte (hdp) α-Titan bei ca. 885 °C, die sowohl durch Beimengungen als auch durch Legierungselemente stark beeinflußt wird. β-stabilisierende Elemente, wie Vanadium, Kupfer, Chrom, Molybdän, Niob und Zirkon erweitern den Beständigkeitsbereich der β-Phase zu tieferen Temperaturen; α-stabilisierende Elemente, wie Aluminium, Zinn erweitern den Beständigkeitsbereich der α-Phase zu höheren Temperaturen. Bilder 2.8.22 bis 2.8-24 zeigen die Titan-Seiten der Zustandsschaubilder Ti-Cu, Ti-Al und Ti-V, die nach [22] ohne Anspruch auf quantitative Korrektheit gezeichnet sind. Daraus ergibt sich ein Hinweis auf Aushärtbarkeit im Sinne der in Kap. 1.5 gegebenen Definition nur aus dem Zustandsschaubild Ti-Cu, da ein α-MK mit abnehmender Löslichkeit für Kupfer gebildet wird. Für die nicht genormte Legierung TiCu 2 ist demnach die Möglichkeit zum Aushärten entsprechend den im Kap. 1.5 beschriebenen Mechanismen gegeben. Die Festigkeitserhöhung nach Lösungsbehandeln und Warmauslagern beruht auf feinen Ausscheidungen der intermetallischen Phase Ti_2Cu. Daten zu den erreichbaren Eigenschaften bzw. zur Wärmebehandlung sind in Tabellen 2.8.14 und 2.8.15 zu finden.

Titanlegierungen mit erweitertem Beständigkeitsbereich der α-Phase, wie beispielsweise *reine* Ti-Al-Legierungen (Bild 2.8-23) bieten keine Möglichkeit zu einer festigkeitssteigernden Wärmebehandlung, da

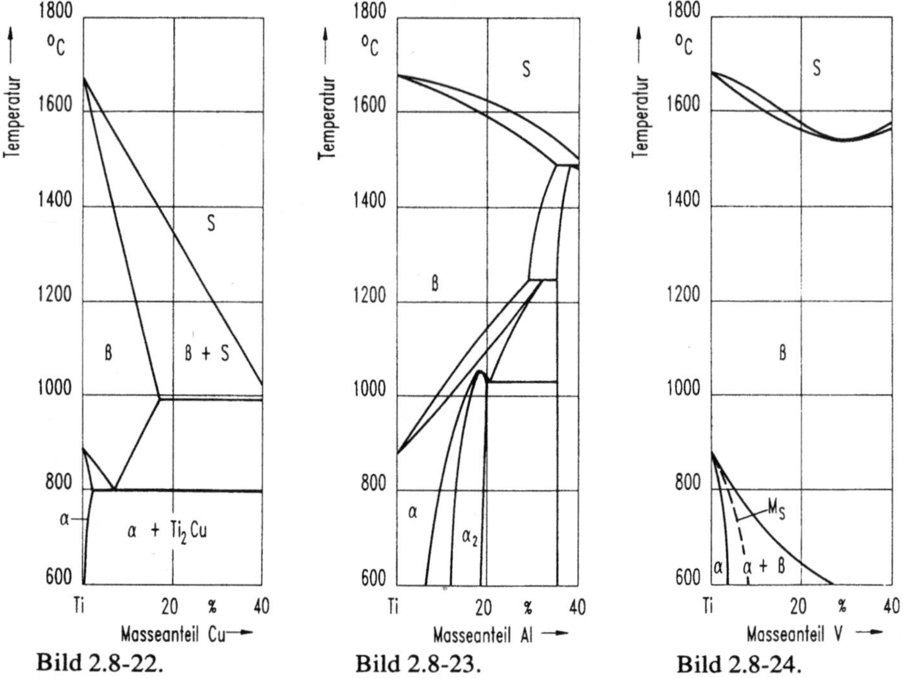

Bild 2.8-22.   Bild 2.8-23.   Bild 2.8-24.

Bild 2.8-22. Titanseite des Zustandsschaubildes Titan-Kupfer. Nach [22].

Bild 2.8-23. Titanseite des Zustandsschaubildes Titan-Aluminium. Nach [22].

Bild 2.8-24. Titanseite des Zustandsschaubildes Titan-Vanadium. M_S = Martensitbildungs-Starttemperatur. Nach [22].

sie bei Raumtemperatur stabil einphasig sind. Zwar läßt sich durch beschleunigtes Abkühlen aus dem ß-Bereich eine diffusionslose *martensitische* Umwandlung erzwingen, die jedoch keine festigkeitssteigernde, sondern nur eine versprödende Wirkung hat. Der so entstandene Martensit wird auch als α'-Phase bezeichnet.

Für eine wirkungsvolle Aushärtungsbehandlung sind neben der oben beschriebenen Titan-Kupfer-Legierung die Titan-Legierungen mit erweitertem Beständigkeitsbereich der β-Phase geeignet, die im thermodynamischen Gleichgewicht vom einphasigen β-Zustand in einen zweiphasigen Zustand bei Raumtemperatur übergehen.

Wegen der Bedeutung der Gefügeausbildung sowohl für die Eigenschaften als auch für die Möglichkeiten zur Wärmebehandlung hat es sich eingeführt, die Titan-Legierungen nach dem Gefügezustand in drei Gruppen einzuteilen:

- α-Legierungen,
- $(\alpha + \beta)$-Legierungen,
- β-Legierungen.

Diese Einteilung geht – praxisnah, aber etwas willkürlich – von dem nach Luftabkühlung von Temperaturen oberhalb der β-Umwandlungstemperatur vorliegenden Zustand aus, wie er meist nach dem Warmumformen vorliegt. Dabei ist allerdings zu berücksichtigen, daß diese Abkühlart mit zunehmendem Gehalt an β-stabilisierenden Elementen nicht zu einem gleichgewichtsnahen sondern zu einem Zustand unterkühlter, metastabiler β-Mischkristalle führt. Da die Chance zur Bildung eines durch diffusionslose Umwandlung entstehenden Martensits mit abnehmenden Gehalten an β-stabilisierenden Elementen zunimmt, nimmt ein amerikanischer Definitionsvorschlag [60] die Martensitbildung zum Einteilungskriterium: Danach sind diejenigen Titan-Legierungen als β-Legierungen zu bezeichnen, bei denen die β-α-Umwandlung selbst bei Abkühlung eines sehr kleinen Volumens vom β-Zustand in Eiswasser *nicht* zur Martensitbildung führt. Dieser Definition zufolge wären allerdings die meisten üblicherweise als $(\alpha + \beta)$-Legierungen bezeichneten Sorten als β-Legierungen einzustufen.

Da mit Ausnahme der oben genannten Titan-Kupfer-Legierung alle höherlegierten Titan-Legierungen Mehrstofflegierungen sind, ist die Erörterung ihres Umwandlungsverhaltens anhand von Zustandsschaubildern praktisch unmöglich. Einen prinzipiellen Überblick über das Umwandlungsverhalten ermöglicht die rein schematische Darstellung der Umwandlungstemperaturen in Abhängigkeit vom Gehalt an β-stabilisierenden Elementen, Bild 2.8-25. Die für das Aushärten wichtigste Linie darin ist neben der β-α-Umwandlungstemperatur die mit zunehmendem Gehalt an β-stabilisierenden Elementen sinkende Temperatur der Martensitbildung, die natürlich nur bei entsprechend schneller Abkühlung Bedeutung hat. Sicher ist jedoch, daß eine Legierung, deren Martensitbildungstemperatur M_s unter Raumtemperatur liegt, selbst bei extremer Abkühlung aus dem ß-Bereich bis dorthin nicht martensitisch umwandeln, sondern allenfalls als unterkühlter metastabiler β-Mischkristall vorliegen kann. Entsprechende konkrete Daten für einzelne Legierungstypen liegen leider nicht vor. Die einzigen für die Wärmebehandlung wichtigen konkreten Daten sind

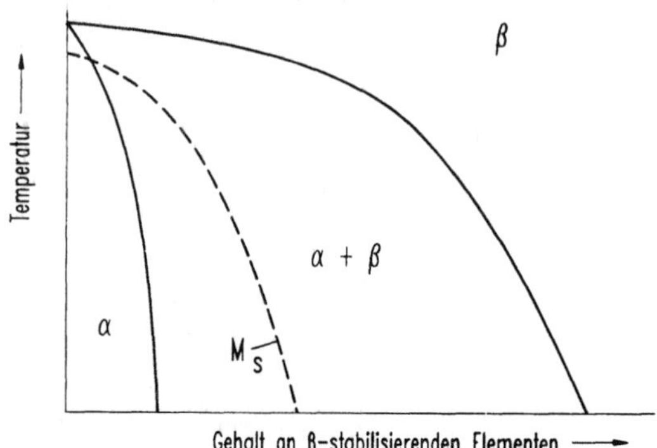

Bild 2.8-25. Schematisches Teilzustandsschaubild für das prinzipielle Umwandlungsverhalten der Titanlegierungen in Abhängigkeit vom Gehalt an β-stabilisierenden Elementen. M_s = Martensitbildungstemperatur. Nach [60].

die Umwandlungstemperaturen, oberhalb derer sich die jeweilige Legierung im Gleichgewicht im β-Zustand befindet (Tab. 2.8-15).

Wesentlich für die Aushärtbarkeit ist, daß sich durch beschleunigtes Abkühlen aus dem β-Bereich die diffusionsgesteuerte β-α-Umwandlung unterdrücken und dadurch die ß-Phase *metastabil* erhalten läßt, deren Zusammensetzung dann *nicht dem thermodynamischen Gleichgewicht* entspricht. Dadurch entsteht das Bestreben nach Bildung einer zweiten Phase. Unerheblich ist dabei, ob Legierungselemente *zu viel* oder *zu wenig* in der jeweiligen metastabilen Kristallart enthalten sind. Die nach dem Abschrecken vorliegenden β-MK weisen gegenüber dem Gleichgewichtszustand zu *niedrige* Gehalte an Legierungeselementen auf, wofür der übliche Ausdruck „übersättigt" zunächst etwas verwirrend wirkt. Sieht man den β-MK jedoch als mit *Titan* übersättigt an, wird die Verwirrung beseitigt.

Die für das Aushärten verwendeten Legierungen sind so zusammengesetzt, daß sie beim hinreichend schnellen Abkühlen aus dem β-Bereich keinen oder nur sehr wenig Martensit (α'-Phase) bilden, sondern überwiegend nur aus metastabilen β-MK bestehen. Die Temperaturen für das Lösungsbehandeln werden allerdings meist unterhalb der Umwandlungstemperatur gewählt, da bei völliger Umwandlung ein unerwünschtes Kornwachstum eintreten kann, das sich ungünstig auf die Zähigkeit auswirkt. Lediglich bei besonderen Anforderungen an die Korrosionsbeständigkeit kann ein Lösungsbehandeln oberhalb der Umwandlungstemperatur zweckmäßig sein. Der nach dem

268

Tabelle 2.8-15. Mechanische Eigenschaften aushärtbarer Titanlegierungen, gültig für Stangen nach DIN 17862, [22] und [60].

Werkstoff-Kurzzeichen	Zust.[1]	Max. Dmr. mm	$R_{p0,2}$ N/mm²	R_m N/mm²	A_5 %	Z %	HB
TiCu2	w	80	≥ 400	≥ 540	≥ 15	≥ 35	–
	wa	80	≥ 540	≥ 650	≥ 10	≥ 30	–
TiAl6Sn2Zr 4Mo2Si	wa	100	≥ 860	≥ 920	≥ 8	≥ 20	–
TiAl6V6Sn2	w	100	≥ 930	≥ 1000	≥ 8	≥ 20	≈ 320
	wa	25	≥ 1100	≥ 1200	≥ 6	≥ 15	–
TiAl6V4	w	50	≥ 830	≥ 900	≥ 10	≥ 25	≈ 310
	w	80	≥ 830	≥ 900	≥ 8	≥ 20	≈ 310
	wa	25	≥ 1000	≥ 1070	≥ 8	≥ 15	–
TiAl5Fe2,5	w	50	≥ 780	≥ 860	≥ 8	≥ 30	≈ 310
TiAl4Mo4Sn2	wa	25	≥ 960	≥ 1100	≥ 9	≥ 20	–
		100	≥ 920	≥ 1050	≥ 9	≥ 20	–
		150	≥ 870	≥ 1000	≥ 9	≥ 20	–
TiV10Fe2Al3	wa	75	≥ 1170	≥ 1240	≥ 10	≥ 19	–
	wa	100	≥ 1100	≥ 1170	≥ 10	≥ 19	–
TiV15Al3 Cr3Sn3	w	–	≈ 770	≈ 785	≥ 22	–	–
	wa	–	980...1240	1095...1330	12...6	–	–

[1] w: weichgeglüht; wa: warmausgehärtet.

Abschrecken von Lösungsglühtemperatur vorliegende Zustand ist demnach im allgemeinen gekennzeichnet durch einen geringen Anteil nicht umgewandelter α-MK, einen großen Anteil metastabiler β-MK sowie eventuell einen geringen Anteil Martensit. Der Aushärtungseffekt geht im wesentlichen nur von dem Anteil metastabiler β-MK aus, der mit zunehmender Annäherung der Lösungsglühtemperatur an die Umwandlungstemperatur zunimmt. Das Aushärtungsergebnis ist deshalb deutlich von der gewählten Temperatur abhängig: Mit zunehmender Lösungsglühtemperatur wird sowohl der Anteil als auch der Übersättigungsgrad der β-MK größer, damit nimmt aber auch ihr

Tabelle 2.8-16. Daten zum Aushärten der Titanlegierungen, nach DIN 17869 und [22].

Werkstoff-Kurzzeichen	T_β	Lösungsbehandeln			Warmauslagern	
	°C	Temp. °C	Dauer min	Abk.[1])	Temp. °C	Dauer h
TiCu2	880	790...820	15...60	W	400/L + 475	8 8
TiAl6Sn2Zr4Mo2Si	990	900...950	15...60	L	550...600	2...4
TiAl6V6Sn2	945	820...910	30...60	W	480...600	2...8
TiAl6V4	995	820...950	15...60	W	480...600	2
TiAl5Fe2,5	950	800...920	15...60	W	480...600	2...4
TiAl4Mo4Sn2	990	900	60	L	500	24
TiV10Fe2Al3	805					
TiV15Al3Cr3Sn3	770					

[1]) L: Luft; W: Wasser.

Alle Daten der Tabelle sind lediglich Richtwerte, die entweder durch Herstellerangaben oder durch eigene Versuche konkretisiert werden müssen.

Umwandlungsbestreben zu, so daß sich Vorabumwandlungen vor bzw. während des Abschreckens nur schwer unterdrücken lassen. In Tabelle 2.8-15 sind die mechanischen Eigenschaften aushärtbarer Titanlegierungen aufgelistet. Empfohlene Werte für Lösungsglühtemperaturen enthält Tabelle 2.8-16, in der auch die Umwandlungstemperaturen T_β mit angegeben sind.

Weitere Normen über Titan und seine Legierungen sind:

DIN 17850: Titan, chemische Zusammensetzung

DIN 17851: Titanlegierungen, chemische Zusammensetzung

DIN 17860: Bänder und Bleche aus Titan und Titanlegierungen

DIN 17861: Nahtlose Rohre aus Titan und Titanlegierungen

DIN 17863: Drähte aus Titan

DIN 17864: Schmiedestücke aus Titan und Titanlegierungen

DIN 17866: Geschweißte Rohre aus Titan und Titanlegierungen
DIN 17869: Werkstoffeigenschaften von Titan und Titanlegierungen.

Entscheidend für den Aushärteeffekt ist auch die Zeitspanne vom Ende des Lösungsglühens bis zum Beginn des Abschreckens. Sie soll für die in Wasser abzuschreckenden Sorten je nach Werkstückdicke nur etwa 4 bis 12 Sekunden betragen. Bei längeren Zwischenkühlzeiten nimmt der Anteil an α-MK bereits wieder zu, entsprechend verringert sich der Anteil an aushärtbaren β-MK.

Das nach dem Lösungsbehandeln durchzuführende Warmauslagern führt zu feinstverteilten Ausscheidungen der (titanreichen) α-Phase, wobei die Zusammensetzung der β-MK sich mehr dem Gleichgewicht nähert, also reicher an Legierungselementen wird. Größe und Verteilungsgrad der Ausscheidungen hängen von Temperatur und Zeitdauer des Warmauslagern ab. Die Neigung einiger Legierungen zur Bildung der spröden ω-Phase bei niedrigen Auslagerungstemperaturen kann durch schnelles Erwärmen bis über 425 °C unterdrückt werden. Die in Tabelle 2.8.15 angebebenen Temperaturen und Zeiten sind Richtwerte, die etwa Höchstwerte der Streckgrenze bzw. der Zugfestigkeit ergeben. Stehen andere Eigenschaften, wie etwa Kriechwiderstand oder Bruchzähigkeit im Vordergrund, können andere Behandlungsfolgen günstiger sein. So wird beispielsweise für die Legierung TiAl6V4 ein Warmauslagern bei 700 °C empfohlen, um eine Verbesserung der Bruchzähigkeit und des Kriechwiderstandes zu erzielen, wobei jedoch die Streckrenze nicht erhöht wird. Diese Behandlung entspricht einem Überhärten, meist auch als Überaltern bezeichnet, und zeigt, daß nicht immer der Höchstwert der Streckgrenze das einzig erstrebenswerte Ziel des Aushärtens darstellt. Zum Erzielen optimaler Eigenschaftskombinationen für einen bestimmten Verwendungszweck empfiehlt sich grundsätzlich die Absprache der Wärmebehandlung mit dem Werkstoffhersteller.

Für die beiden letzten Legierungen der Tabelle 2.8-15, die nicht nach DIN genormt sind, fanden sich im benutzten Schrifttum keine konkreten Angaben zum Aushärten. Allgemeine Richtlinie für die Temperatur des Lösungsbehandelns ist: 30 bis 80°C unterhalb T_β und für die Auslagerungstemperatur: 425 bis 650°C. Da die beiden Legierungen hohe Gehalte an β-stabilisierenden Elementen enthalten, müßte Luftabkühlung für das Lösungsbehandeln genügen. Auslagerungstemperaturen müßten am unteren Ende des angegebenen Bereichs liegen.

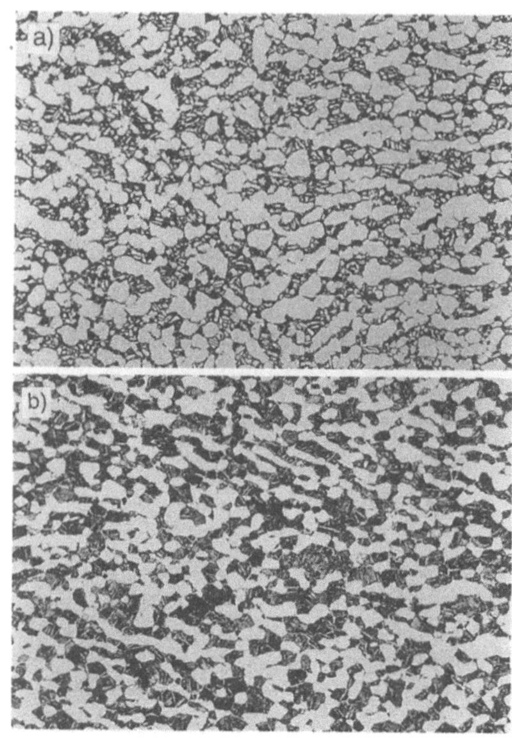

Bild 2.8-26. Gefüge der Ti-
tanlegierung TiAl6Sn2Zr4Mo
aus einem gewalzten Ring von
40 mm Dicke.
Geglüht: 700 °C/1h/Luftab-
kühlung a),
Ausgehärtet: 980 °C/1h/Luft +
590 °C/8h/Luft b),
Vergrößerung: 200:1. Werkbild Deutsche Titan GmbH,
Essen.

Bei den Titanlegierungen ist die Härteprüfung nicht zur Kontrolle der
Wirkung des Aushärtens geeignet; vielmehr geben Zugversuche und
metallografische Gefügeuntersuchungen besseren Aufschluß über die
erzielten Eigenschaften. Ein nützliches Hilfsmittel zur Gefügebeur-
teilung stellen Gefüge-Richtreihen für Stäbe aus $(\alpha + \beta)$-Titanlegie-
rungen dar [61], die zulässige und unzulässige Gefügeausbildungen
einander gegenüberstellen. Dabei sind die wesentlichen Bewertungs-
kriterien:

– Korngröße,

– Gleichmäßigkeit des Gefüges,

– Texturen.

Die Bilder 2.8-26 a und b zeigen beispielhaft das Gefüge einer Ti-
tanlegierung im geglühten und im ausgehärteten Zustand. Dazu ist
anzumerken, daß der Aushärtungsvorgang, der sich ja nur auf die im
Bild hell erscheinende β-Phase des Gefüges bezieht, mit der in der
Metallographie üblichen Methode der Lichtmikroskopie nicht nach-

272

weisbar ist, da die sehr feinen Ausscheidungen bei den praktisch meist verwendeten Vergrößerungen nicht erkennbar sind. Deutlich zeigt sich auf den Bildern jedoch die durch die relativ hohe Lösungsglühtemperatur bewirkte Vergrößerung des Anteils der für den Aushärtungseffekt maßgeblichen β-Mischkristalle.

Anforderungen an die Behandlungsatmosphäre

Bei der Wärmebehandlung der Titanlegierungen ist darauf zu achten, daß Wasserstoff, Sauerstoff und Stickstoff nicht in unzulässigen Mengen aufgenommen werden.

Besondere Aufmerksamkeit ist dem Wasserstoff zu widmen, da er schon in sehr geringen Mengen durch Bildung von Titanhydrid zu Versprödungserscheinungen führt. Deshalb sind *reduzierende* Ofenatmosphären grundsätzlich zu *vermeiden*.

In Gegenwart von Sauerstoff erfolgt eine oberflächliche Oxidation, die jedoch bis zu Temperaturen von etwa 500 °C lediglich zur Bildung einer dünnen, aber dichten Schicht führt, die sich erforderlichenfalls durch Beizen beseitigen läßt. Bei höheren Behandlungstemperaturen kann sich eine lockere Zunderschicht bilden; außerdem kann aber Sauerstoff, der ein α-stabilisierendes Legierungselement ist, gelöst werden, und in der Randschicht sauerstoffreiche, spröde α-MK bilden. Deshalb muß bei Behandlungstemperaturen oberhalb 800 °C für eine *neutrale* Ofenatmosphäre gesorgt werden, gegebenenfalls durch Verwendung von inertem Schutzgas. Läßt sich eine übermäßige Sauerstoffaufnahme in der Randzone nicht vermeiden, muß sie durch Beizen oder mechanisches Bearbeiten entfernt werden.

Stickstoff spielt keine wesentliche Rolle, wenn die Ofenatmosphäre leicht oxidierend ist (Luft), da die Reaktion mit Sauerstoff erheblich schneller geschieht. Als Schutzgas bei höheren Temperaturen ist reiner Stickstoff jedoch nicht geeignet.

2.8.6 Martensitaushärtende Stähle

Unter den aushärtbaren Werkstoffen nehmen die martensitaushärtbaren Stähle aus zwei Gründen eine besondere Stellung ein:

- Mit Zugfestigkeiten bis zu 2400 N/mm^2 gehören sie zu den *höchstfesten* metallischen Werkstoffen,
- der vor dem Auslagern vorliegende homogene Zustand ist das Ergebnis einer *Austenit-Martensit-Umwandlung,* die ohne beschleunigte Abkühlung erfolgt.

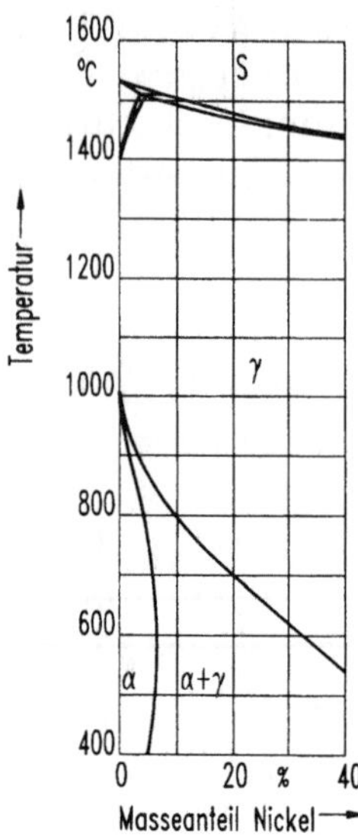

Bild 2.8-27. Teil-Zustandsschaubild Eisen-Nickel. Nach [11], S. 401.

Das Anwendungsgebiet so hochfester Werkstoffe ist naturgemäß da, wo hohe Beanspruchungen kombiniert mit der Forderung nach geringen Bauteilmassen auftreten, wie zum Beispiel Triebwerks- und Fahrwerkskomponenten in Luft- und Raumfahrt. Einer breiten Verwendung in allen Bereichen der Technik steht ihr relativ hoher Preis entgegen, der sowohl durch die sorgfältig abzustimmende Legierungs-zusammensetzung als auch durch besonders hohe Anforderungen an Reinheit und Seigerungsfreiheit bedingt ist.

Wesentliches Merkmal der martensitaushärtenden Stähle ist ein Nickelgehalt von etwa 18 % bei sehr geringem Kohlenstoffgehalt von maximal 0,02 %. Die in diesen Legierungen nach Bild 2.8-27 im thermodynamischen Gleichgewicht stattfindende γ-α-Umwandlung verläuft äußerst träge und läßt sich durch Luftabkühlung bereits unterkühlen und in den Bereich um 200 °C verschieben. Bei bzw. unterhalb dieser Temperatur erfolgt die Umwandlung jedoch martensitisch, d. h. nicht mehr diffusionsgesteuert, sondern begleitet von einem inneren Scherprozeß, der zu einer hohen Versetzungsdichte führt (vgl. Kapitel 1.4.1). Der so gebildete kubisch-raumzentrierte Kristall, der auch als *Nickelmartensit* bezeichnet wird, ist aber wegen der nahezu gleichen Atomdurchmesser von Eisen und Nickel nicht nennenswert verzerrt und deshalb nicht hart und gut plastisch formbar. Die Rückumwandlung beim Wiedererwärmen erfolgt nun allerdings erst bei erheblich

274

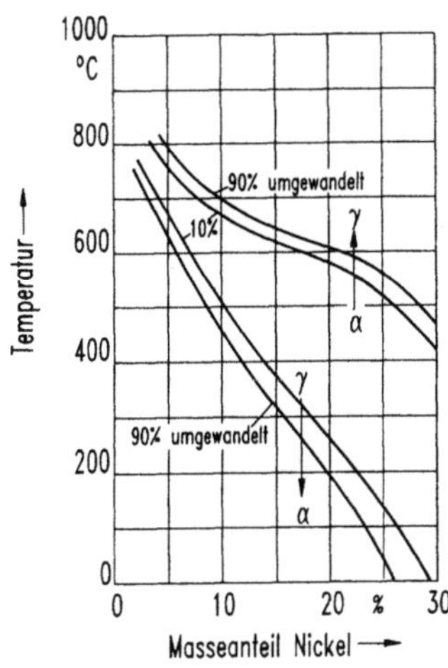

Bild 2.8-28. Umwandlungsverhalten der Eisen-Nickel-Legierungen beim Abkühlen und beim Erwärmen. Nach [11], S. 215.

Tabelle 2.8-17. Zusammensetzungen gebräuchlicher martensit-aushärtbarer Stähle. Nach [11]. (Die Tabelle enthält nur die *nicht* aus dem Kurznamen ablesbaren Legierungsgehalte.)

Stahlsorte Kurzzeichen	Masseanteile in %					
	C	Si	Mn	Mo	Ti	Al
X 2 NiCoMo 18 8 5	0,02	0,05	0,05	4,8	0,45	0,1
X 2 NiCoMo 18 9 5	0,02	0,05	0,05	5,0	0,70	0,1
X 2 NiCoMoTi 18 12 4	0,02	0,05	0,05	3,8	1,60	0,1
X 1 NiCrCoMo 10 9 3	0,01	0,05	0,05	2,0	0,80	

höherer Temperatur von etwa 600 °C, Bild 2.8-28. Aufgrund dieser beachtlichen Umwandlungs-Hysterese ist Nickelmartensit, der zusätzlich durch weitere Legierungselemente wie Ti, Mo, Co, Al angereichert ist, zum Aushärten geeignet. Die angestrebten intermetallischen Phasen sind z.B. Fe_2Mo, Ni_3Mo und Ni_3Ti [4].

Wegen ihrer mengenmäßig geringen Verbreitung sind die martensitaushärtbaren Stähle lediglich für den Anwendungsbereich Luftfahrt genormt. Verwendete Sorten mit Richtwerten für ihre Zusammensetzungen enthält Tabelle 2.8-17.

Daten für die Wärmebehandlung der martensitaushärtenden Stähle sind in Tabelle 2.8-18 angegeben.

Tabelle 2.8-18. Angaben zur Wärmebehandlung der martensitaushärtbaren Stähle. Nach [11].

Stahlsorte Kurzzeichen	Lösungsbehandeln		Auslagern	
	Temperatur °C	Abkühlung	Temperatur °C	Dauer h[1])
X 2 NiCoMo 18 8 5	800...840	Luft	470...490	3...10
X 2 NiCoMo 18 9 5	800...840	Luft	480...500	3...10
X 2 NiCoMoTi 18 12 4	800...840	Luft	490...510	3...10
X 1 NiCrCoMo 10 9 3	820...850	Luft	470....490	3...10

[1]) Zweckentsprechende optimale Auslagerungszeiten sind in Abstimmung mit dem Hersteller zu klären.

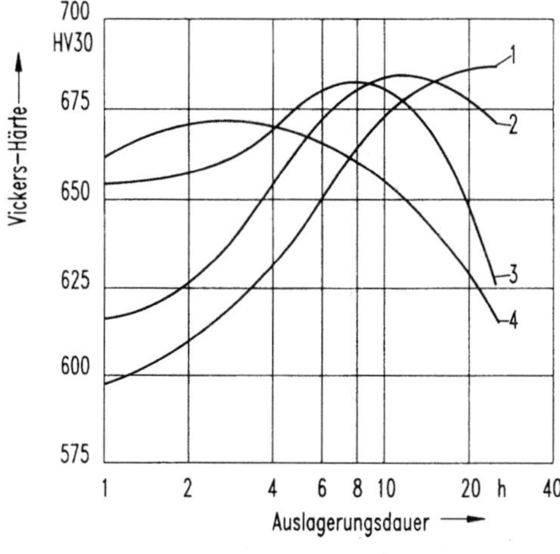

Bild 2.8-29. Härte des Stahles X2NiCoMoTi 18 12 4 in Abhängigkeit von der Auslagerungstemperatur und -dauer nach Lösungsbehandeln 820 °C 1h/ Luft. Kurve 1: 450 °C, Kurve 2: 475 °C, Kurve 3: 500 °C, Kurve 4: 525 °C. Nach [11], S. 220.

Der grundsätzliche Zusammenhang zwischen Auslagerungstemperatur und -dauer entspricht dem für das Aushärten typischen. Beispielhaft ist für den Stahl X 2 NiCoMoTi 18 12 4 der Einfluß von Auslagerungstemperatur und -dauer auf die Härte in Bild 2.8-29 dargestellt. Zu beachten ist, daß Temperatur-Zeit-Verläufe, die beim Auslagern zum maximalen Härtewert führen, nicht unbedingt die optimale Kombination von Streckgrenze und Zähigkeit ergeben müssen. Im Zweifelsfall ist der Hersteller zu befragen oder es sind eigene Versuche erforderlich.

Kennzeichnende mechanische Eigenschaften bei Raumtemperatur sind in Tabelle 2.8-19 aufgeführt.

Tabelle 2.8-19. Kennzeichnende Werte der mechanischen Eigenschaften bei Raumtemperatur für die Stähle nach Tabelle 2.8-16, gültig für Längsproben aus Stäben von ca. 50 mm Dmr. Nach [11].

Stahlsorte Kurzname	$R_{p0,2}$ N/mm^2	R_m N/mm^2	A_5 %	Z %	KV[1] J	K_{Ic} $N/mm^{3/2}$
X 2 NiCoMo 18 8 5	1750	1850	8	50	35	2800…3500
X 2 NiCoMo 18 9 5	2000	2100	7	45	25	1800…3000
X 2 NiCoMoTi 18 12 4	2300	2400	6	30	15	1000…1500
X 1 NiCrCoMo 10 9 3	1500	1550	10	55	45	≈ 3800

[1]) DVM-Probe.

Tabelle 2.8-20. Warmstreckgrenzen martensitaushärtbarer Stähle.

Stahlsorte Kurzzeichen	$R_{p0,2}$ in N/mm^2 bei				
	200 °C	250 °C	300 °C	350 °C	400 °C
X 2 NiCoMo 18 8 5	1600	1500	1450	1400	1330
X 1 NiCrCoMo 10 9 3	1320	1270	1220	1180	1140

Durch Kaltumformen nach dem Lösungsbehandeln lassen sich die beim Auslagern erreichbaren Festigkeitswerte noch weiter steigern, was jedoch auf Kosten der plastischen Verformbarkeit geht.

In Tabelle 2.8-20 sind für zwei der angegebenen Sorten Werte für die 0,2%-Dehngrenze bei erhöhten Temperaturen angegeben.

Da die martensitaushärtbaren Stähle in ihren Eigenschaften etwa mit den höchstfesten Vergütungsstählen (vgl. Kap. 2.3) vergleichbar sind, liegt es nahe, auch die erforderlichen Wärmebehandlungen miteinander zu vergleichen. Dabei zeigt sich, daß die martensitaushärtbaren Stähle deutliche Vorteile haben:

— Das Martensitaushärten erfordert für das Lösungsbehandeln kein Abschrecken, dadurch besteht dabei weder Riß- noch Verzugsgefahr durch Eigenspannungen,

— da das Auslagern außer einer geringen gleichmäßigen Maßverringerung keine nennenswerten Formabweichungen bewirkt, können die Werkstücke vor dem Auslagern im vergleichsweise niedrigfesten Zustand ($R_m \approx 1000$ N/mm^2) spanend fertigbearbeitet werden.

Ein weiterer Vorzug der martensitaushärtbaren Stähle gegenüber den Vergütungsstählen ist ihre Eignung zum Schweißen, sowohl im lösungsbehandelten als auch im ausgehärteten Zustand. Das Schweißen erfordert allerdings das Einhalten werkstoffspezifischer Verfahrensparameter sowie die Verwendung angepaßter Schweißzusatzwerkstoffe. Vor allem muß die Empfindlichkeit dieser Werkstoffe gegenüber der Aufnahme von Wasserstoff berücksichtigt werden [62].

2.9 Thermomechanisches Behandeln

2.9.1 Übersicht

Nach DIN 17014 stellt thermomechanisches Behandeln ein Warmumformverfahren dar, bei dem sowohl Temperatur als auch Umformung in ihrem zeitlichen Ablauf gesteuert werden. Ziel der Steuerung von Temperatur und Umformung ist das Erreichen eines gewünschten Gefügezustandes und daraus resultierend bestimmter Werkstoffeigenschaften. Es handelt sich also um eine Kombination aus Wärmebehandlung und Umformverfahren. Insofern wird mit diesen Verfahren das Gebiet der reinen Wärmebehandlung verlassen.

Thermomechanisches Behandeln darf nicht mit konventionellen Warmumformverfahren gleichgesetzt werden, bei denen nur die *wirtschaftliche Formgebung* im Vordergrund steht, wenngleich auch immer bestmögliche Werkstoffeigenschaften angestrebt werden. Etwas vereinfachend ausgedrückt, ist das Ziel einer konventionellen Warumformung das Erreichen der gewünschten Endabmessungen mit geringstem Energie- bzw. Kostenaufwand. Eine koordinierte Steuerung des zeitlichen Verlaufs von Temperatur und Umformgrad steht diesem Ziel entgegen. Durch die Kombination von Wärmebehandlung und Umformung lassen sich im allgemeinen günstigere Relationen von Festigkeit und Zähigkeit erzielen als durch Wärmebehandlung allein bzw. durch Umformung allein.

Thermomechanische Behandlungem sind praktisch nur im Verlauf des Walzprozesses, also beim Halbzeughersteller durchführbar, da die zeitlich kontrollierte Temperaturführung und Umformung mit erheblichem investiven Aufwand verbunden ist, der sich wirtschaftlich nur bei der Halbzeugherstellung lohnt. Die Aufnahme eines entsprechenden Kapitels in diesem Buch entspringt dem Wunsch nach einer gewissen Vollständigkeit und trägt der beachtlichen Bedeutung dieser

278

Verfahren Rechnung. Trotz dieses Wunsches wird das Thema nur auf Beispiele aus dem Bereich Stahlherstellung beschränkt.

2.9.2 Normalisierendes Umformen

Bekanntlich läßt sich bei allen Stählen mit γ-α-Umwandlung durch Normalglühen (s. Kap. 2.2.1) nach dem Warmwalzen ein feinkörniges gleichmäßiges Gefüge erzielen. Für viele Walzerzeugnisse war und ist diese Behandlungsart vorgeschrieben, da sich durch das feine Korn insbesondere die Sprödbruchneigung verringert. In Normen wie z.B. DIN 17100 wurde für den normalgeglühten Zustand (Kennbuchstabe N) eine tiefere Übergangstemperatur für eine Kerbschlagarbeit von 27 J (ISO-V-Probe) gewährleistet als für den warmgeformten, aber unbehandelten Zustand (Kennbuchstabe U). Ein Normalglühen nach der Warmformgebung stellt natürlich einen zusätzlichen, mit erheblichem Energieaufwand verbundenen Arbeitsgang dar, und deshalb lag es nahe, Warmformgebung und Normalglühen zu vereinigen, da für beides Temperaturen im Austenitgebiet erforderlich sind.

Für die sich beim Warmumformen einstellende Korngröße ist der Ablauf der Rekristallisation maßgebend, der seinerseits abhängig ist von:

- Verformungsgrad,

- Temperatur und Zeit,

- Gefügezustand (ein- oder mehrphasig).

Eine konventionelle Warmumformung von Stahl im einphasigen Austenitzustand ist dadurch gekennzeichnet, daß die Rekristallisation gleichzeitig mit der Verformung stattfindet (dynamische Rekristallisation) oder in den Verformungspausen zwischen den einzelnen Walzstichen (statische Rekristallisation). Die sich infolge einer Rekristallisation einstellende Korngröße ist um so feiner, je höher der Verformungsgrad und je niedriger die Temperatur ist. Das Vorhandensein weiterer Phasen, z.B. ungelöste Nitride oder Carbide, verhindert ein Kornwachstum bei höheren Walztemperaturen.

In diesem Sinne stellt das normalisierende Umformen ein konventionelles Warmumformen dar, dessen Effekt darauf beruht, daß die Temperatur des Walzgutes so gesteuert wird, daß sie in der Endwalzphase nahe der für das Normalglühen erforderlichen Temperatur von etwa 850 bis 900 °C liegt. Bei gleichzeitig ausreichend großen Umformgraden liegt dann ein feines Austenitkorn vor, das dem durch Normal glühen erzielbaren entspricht. Bei der anschließenden Abkühlung an ruhender oder bewegter Luft wandelt dann der Austenit in ein entsprechend feinkörniges Ferrit-Perlit-Gefüge um. Wird der Gefügezustand durch Umformen oder Wärmebehandlung (Schweißen, Richten) verändert, läßt er sich durch erneutes Normalglühen wiederherstellen.

Stahlsorten, die ihre Endeigenschaften durch ein normalisierendes Umformen erhalten haben, werden nach SEW 082 durch den Kennbuchstaben N gekennzeichnet, unterscheiden sich also diesbezüglich nicht von konventionell warmgeformten und anschließend normalgeglühten Sorten.

2.9.3 Thermomechanisches Umformen

Das thermomechanische Umformen unterscheidet sich vom normalisierenden Umformen grundsätzlich durch folgende Faktoren:

- Die dafür geeigneten Stahlsorten weisen eine bestimmte Zusammensetzung auf,
- in der Endphase der Warmumformung findet keine oder keine nennenswerte Rekristallisation des Austenits statt,
- der durch das Verfahren erzielte Gefügezustand und die damit verbundenen Eigenschaften sind durch eine *Wärmebehandlung allein nicht erreichbar und nicht wiederholbar.*

Ziel des thermomechanischen Umformens ist die Erzeugung von Stahlsorten hoher Streckgrenze bei gleichzeitig guten Zähigkeitseigenschaften und insbesondere ausreichender Schweißeignung. Typisch für die Zusammensetzung dieser Stähle ist ein Kohlenstoffgehalt unter 0,16 % sowie geringe Gehalte an den carbid- bzw. nitridbildenden Legierungselementen wie Niob, Titan und Vanadium. Der relativ niedrige Kohlenstoffgehalt ist wesentlich für die Schweißeignung, die Wirkung der Legierungselemente Niob, Titan und Vanadium ist recht komplex, aber außerordentlich wirkungsvoll.

So wie Eisen bilden auch diese drei Elemente sowohl mit Kohlenstoff als auch mit Stickstoff Carbide bzw. Nitride, die jedoch im Gegensatz zu denen des Eisens die gleiche *kubische* Kristallstruktur aufweisen, in der Kohlenstoff- und Stickstoffatome begrenzt gegeneinander austauschbar sind, so daß man allgemein von Carbonitriden sprechen kann. Wie Kohlenstoff und Stickstoff sind die drei Elemente im Austenit löslich, aber ihre Maximallöslichkeit ist erheblich geringer, so

280

Tabelle 2.9-1. Chemische Zusammensetzung der thermomechanisch umgeformten, schweißgeeigneten Feinkornbaustähle, Grundreihe, nach SEW 083.

Stahlsorte Kurzzeichen[1]	Massengehalt in %						
	C $\leq$	Si $\leq$	Mn $\leq$	Nb $\leq$	Ti $\leq$	V $\leq$	Nb + Ti + V $\leq$
BStE 355 TM	0,12		1,60			0,10	0,12
BStE 420 TM	0,14		1,70			0,10	0,14
BStE 460 TM	0,14	0,5	1,70	0,05	0,05	0,12	0,17
BStE 500 TM	0,16		1,70			0,14	0,19
BStE 550 TM	0,16		1,70			0,14	0,19

Außer den in der Tabelle angegebenen Elementen enthalten die Stähle der Grundreihe:

P $\leq$ 0,03%; S $\leq$ 0,025%; N $\leq$ 0,02%; $Al_{ges} \geq$ 0,015%; Mo $\leq$ 0,15%; Ni $\leq$ 0,3%.

[1] Der Buchstabe B steht für Blech. In SEW 084 sind entsprechende Formstahlsorten mit dem Kennbuchstaben F erfaßt.

daß bereits bei hohen Temperaturen im Austenitbereich Ausscheidungen entstehen. Etwas vereinfachend kann ihre Wirkung so beschrieben werden [63]:

– Im Austenit gelöst wirken Niob, Titan und Vanadin diffusionsbehindernd, senken die γ-α-Umwandlungstemperatur und verzögern die Rekristallisation während bzw. nach der Umformung,

– die sich ausscheidenden Carbonitride wirken bei höheren Temperaturen kornwachstumshemmend, behindern bei tieferen Temperaturen die Rekristallisation und wirken schließlich im Sinne einer Aushärtung stark festigkeitserhöhend.

Diese Stähle werden wegen des geringen Legierungsgehaltes auch als *mikrolegiert* bezeichnet, Tab 2.9 -1. Da ihr Kohlenstoffgehalt vorwiegend durch die Elemente Niob und Vanadin gebunden ist, entsteht gar kein oder nur sehr wenig Perlit, weshalb auch der Name *perlitarm* üblich ist.

Außer der Grundreihe wird je eine kaltzähe und eine kaltzähe Sonderreihe mit gleichen Werten der Streckgrenze produziert. Die Sorten der *kaltzähen* Reihe dieser Stähle sind durch das Kurzzeichen BTStE…TM bezeichnet. Sie unterscheiden sich in der Zusammensetzung von den Sorten der Grundreihe lediglich durch einen um jeweils

Tabelle 2.9-2. Mindestwerte der Kerbschlagarbeit an ISO-V-Proben (längs) für thermomechanisch umgeformte Feinkornbaustähle nach SEW 083.

Stahlsorte der Reihe	Mindestkerbschlagarbeit $A_{V(ISO-V)}$ bei Prüftemperaturen in °C								
	-60	-50	-40	-30	-20	-10	0	$+10$	$+20$
Grundreihe	–	–	–	–	39	43	47	51	55
Kaltzähe Reihe	–	27	31	39	47	51	55	59	63
Kaltzähe Sonderreihe	25	30	40	50	65	80	90	95	100

Für Bleche und Band über 600 mm Breite werden auch Werte für Querproben gewährleistet, die etwas geringer sind.

0,02% absolut geringeren maximalen Kohlenstoffgehalt und durch einen Höchstgehalt an Schwefel von 0,015%.

Die *kaltzähe Sonderreihe* mit der Bezeichnung BEStE...TM unterscheidet sich von den Stählen der kaltzähen Reihe in der Zusammensetzung lediglich durch noch geringere Höchstgehalte an Phosphor (0,025%) und Schwefel (0,010%).

Die Mindeststreckgrenze der thermomechanisch umgeformten Feinkornbaustähle entspricht für Erzeugnisdicken bis 16 mm dem Zahlenwert im Kurzzeichen; für Erzeugnisdicken bis 35 mm nimmt sie um bis zu 20 N/mm² ab. Die Werte der Mindestbruchdehnung A_5 liegen je nach Streckgrenze zwischen 22 und 15%.

Tabelle 2.9-2 enthält die gewährleisteten Werte der Kerbschlagarbeit in Abhängigkeit von der Prüftemperatur für Längsproben.

Der Vorgang des thermomechanischen Umformens besteht aus drei Phasen, Bild 2.9-1:

– Vorwalzphase: Bei einer Ziehtemperatur von etwa 1200 °C wird der Block bzw. die Bramme gezogen und anschließend wird das Gußgefüge dynamisch rekristallisierend stark umgeformt, wobei bereits ausgeschiedene Carbonitride der Legierungselemente Nb und Ti einer zu starken Kornvergröberung entgegenwirken.

– Zwischenwalzphase: In dieser bei tieferer Temperatur ablaufenden Phase kommt es zwischen den Walzstichen zur statischen Rekristal-

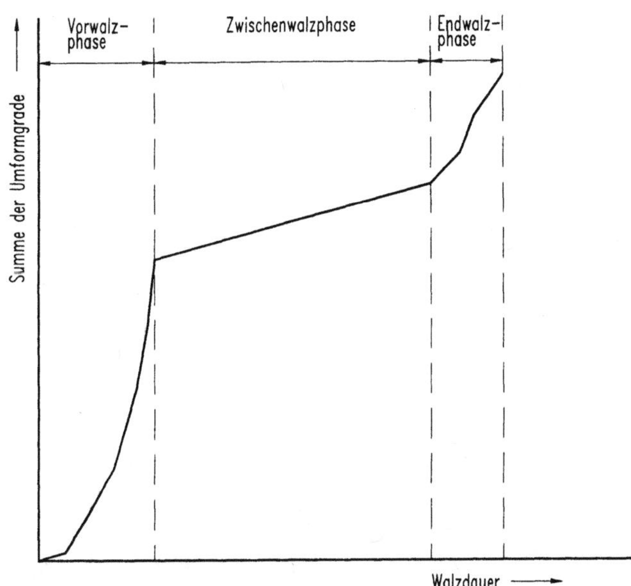

Bild 2.9-1. Verlauf der Summe der Umformgrade über der Walzdauer beim thermomechanischen Umformen. Nach [11].

lisation, die infolge der Verformung zur Kornverfeinerung führt. Außerdem bilden sich sehr fein verteilte Ausscheidungen, vorzugsweise von Nb- und V-Carbonitriden, sowohl durch die Abkühlung als auch durch die Verformung bedingt, die ebenfalls kornverfeinernd wirken.

— Endwalzphase: Für diese entscheidende Phase muß das Walzgut eine Temperatur bei Ar_3 bzw. zwischen Ar_3 und Ar_1 erreicht haben. Beim hinreichend intensiven Umformen in diesem Temperaturbereich wird der Austenit im wesentlichen ohne Rekristallisation umgeformt. Aus den verformten, nicht rekristallisierten Austenitkörnern entsteht bei der Umwandlung ein besonders feiner Ferrit (Nadelferrit). Außerdem bilden sich während der letzten Phase des Umformens und zum Teil noch beim weiteren Abkühlen je nach Temperatur und Zeit weitere feinstverteilte Ausscheidungen.

Der so beschriebene Verfahrensablauf führt zu einem sehr feinkörnigen, im wesentlichen ferritischen Gefüge mit äußerst feinen Ausscheidungen von hauptsächlich Niob- und Vanadin-Carbonitriden. Diese Gefügeausbildung verbindet hohe Werte der Streckgrenze mit beachtlichen Zähigkeitswerten, Tabellen 2.9-1 und 2.9-2. Derartige

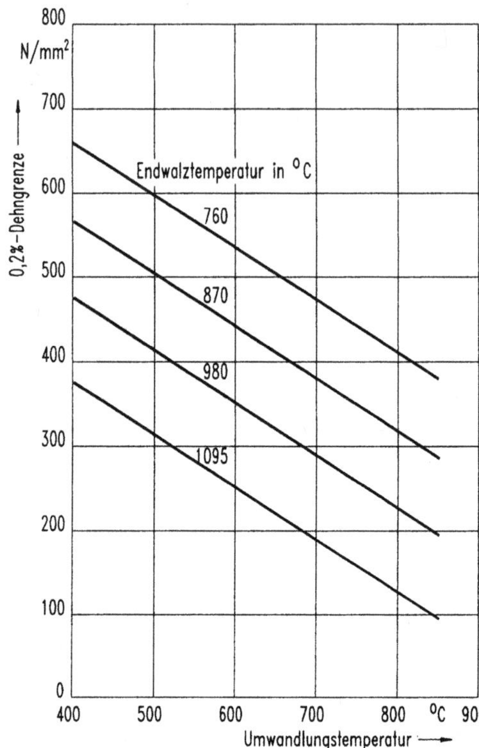

Bild 2.9-2. Einfluß von Umwandlungstemperatur und Endwalztemperatur auf die Höhe der 0,2%-Dehngrenze beim thermomechanischen Umformen für einen mit Niob mikrolegierten Stahl. Nach [63].

Stähle sind allerdings nicht für eine Wärmebehandlung oberhalb 580 °C und nicht für Warmumformen bzw. Warmrichten geeignet, da dabei ihre Eigenschaften unwiederbringlich verloren gehen. Das Schweißen dieser Stähle ist möglich, wenn durch begrenztes Energieeinbringen dafür gesorgt wird, daß die Wärmeeinflußzone möglichst klein bleibt und nicht zu langsam abkühlt.

In Bild 2.9-2 ist der starke Einfluß der Umwandlungstemperatur und der Endwalztemperatur auf die Höhe der durch thermomechanisches Umformen eines mikrolegierten Stahles erzielbaren Streckgrenze dargestellt. Die Umwandlungstemperatur wird dabei sowohl durch die Abkühlgeschwindigkeit als auch durch die Gehalte an Legierungselementen beeinflußt. Findet die Umwandlung oberhalb von etwa 700 °C statt, bildet sich der etwas gröbere polygonale Ferrit, unterhalb von etwa 650 °C entsteht der sehr feine Nadelferrit, auch Umklappferrit genannt. Die Korngrößen der so entstandenen Gefüges reichen herab bis G = 14. Die im Sinne der erzielbaren Eigenschaften positiven nied-

284

rigen Endwalztemperaturen machen allerdings zunehmende Walz-
kräfte erforderlich.

2.9.4 Austenitformhärten

Diese thermomechanische Behandlung setzt legierte Stahlsorten voraus, deren Austenitumwandlung im Temperaturbereich zwischen Per-
lit- und Bainitbildung äußerst träge abläuft. Wird ein derartiger Stahl
nach der ersten Warmumformung im Bereich stabilen Austenits hinreichend schnell bis in den Temperaturbereich des über längere Zeiten
beständigen, metastabilen Austenits abgekühlt und in diesem Bereich
umgeformt, ergibt sich im verformten nicht rekristallisierten Austenit
eine starke Verformungsverfestigung. Die beim anschließenden Abkühlen erfolgende Martensitbildung ist durch eine besondere Feinkör-
nigkeit der entstehenden Martensitpakete gekennzeichnet, für die als
Ursache die beim Umformen erzeugte hohe Versetzungsdichte angenommen werden kann. Sowohl beim nachfolgenden Anlassen als
auch bereits während des Umformens werden äußerst feine und
gleichmäßig verteilte Carbide ausgeschieden. Dieses Gefüge führt im
Vergleich zum Vergütungsgefüge *ohne* Austenitverformung zu deutlich höheren Festigkeitswerten bei etwa gleichen Zähigkeitswerten.

Beispielhaft für diese Behandlung sei der Stahl X 41 CrMoV 5 1
betrachtet, dessen isothermisches ZTU-Schaubild Bild 2.9-3 zeigt.
Die Umwandlungsträgheit des Austenits zwischen 400 und 600 °C ist
so groß, daß eine Umformung des unterkühlten Austenits gut möglich
ist. Dabei ist allerdings zu beachten, daß das Umformen das Umwandlungsbestreben verstärkt. Der festigkeitssteigernde Effekt des Aus-
tenitumformens hängt vom Umformgrad und bei hohen Umformgraden zusätzlich von der Umformtemperatur ab, Bild 2.9-4. In
gewissen Grenzen sind die Eigenschaften außerdem durch die Höhe
der Anlaßtemperatur zu steuern. Neben der sorgfältigen Prozeßkon-
trolle besteht der besondere Aufwand bei diesem Verfahren in den
beachtlichen zur Umformung des nicht rekristallisierenden Austenits
erforderlichen Kräften.

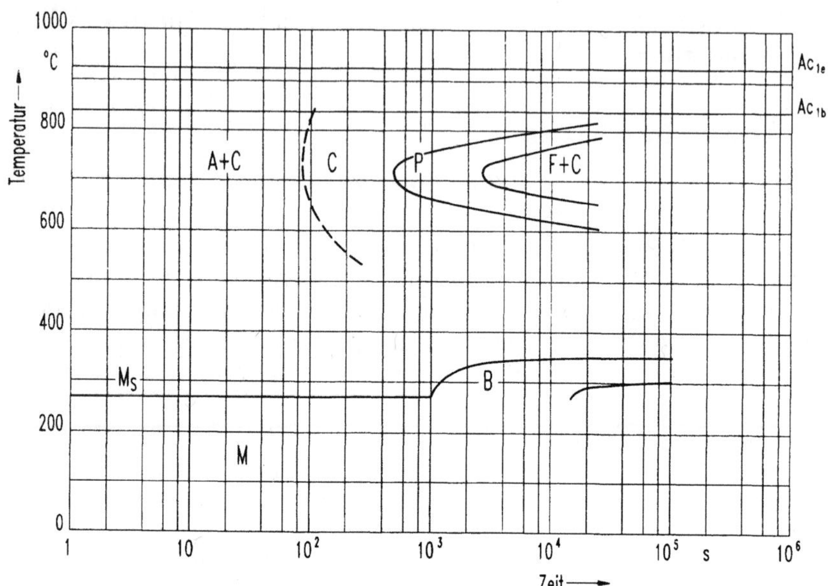

Bild 2.9-3. Zeit-Temperatur-Umwandlungs-Schaubild für isothermische Umwandlung des Stahles X 41 CrMoV 5 1. A + C: Austenit und Carbid; C: Carbidbildung; P: Perlitbildung; F + C: Bildung eines nichtlamellaren Eutektoids; B: Bainitbildung; M_S: Martensit-Starttemperatur; M: Martensitbildung. Nach [9].

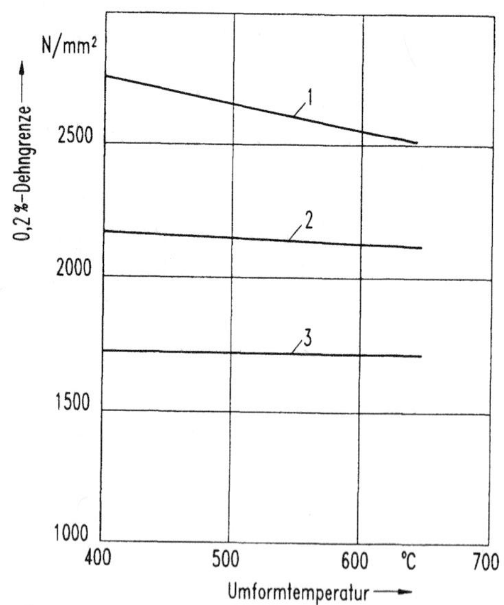

Bild 2.9-4. 0,2%-Dehngrenze des Stahles X 41 CrMoV 5 1 nach Austenitformhärten, abhängig von der Umformtemperatur und vom Verformungsgrad.
Kurve 1: Verformungsgrad 94%;
Kurve 2: Verformungsgrad 30%;
Kurve 3: Unverformt.
Nach [64].

2.10 Berücksichtigung von Wärmebehandlungsverfahren bei der Konstruktion

2.10.1 Wärmebehandlungsgerechtes Gestalten von Bauteilen

Bauteile sind in erster Linie *funktionsgerecht* zu gestalten. Jedoch muß bei jeder Gestaltung auch an die Möglichkeiten der Fertigung gedacht werden, das heißt, an zweiter Stelle steht die *fertigungsgerechte* Gestaltung. Zunächst muß sichergestellt sein, daß die zur Formgebung erforderlichen Verfahren zur Erzielung der Endgestalt anwendbar und wirtschaftlich sind. Bei Bauteilen, die nach ihrer wesentlichen Formgebung eine Wärmebehandlung erfahren, ist zusätzlich zu berücksichtigen, ob die beim Durchführen der Wärmebehandlung auftretenden Eigenspannungen unzulässig deformieren oder gar zerstören können. Wie im Kapitel 1.6 ausgeführt, sind Eigenspannungen zum einen von den im Werkstück auftretenden Temperaturdifferenzen, zum anderen von den im Werkstück ablaufenden Umwandlungsvorgängen und den damit verbundenen Volumenänderungen abhängig. Rißgefahr ergibt sich besonders dann, wenn Zug-Eigenspannungen in Werkstückbereichen auftreten, die keine plastische Verformbarkeit besitzen, wie z. B. Bereiche kohlenstoffreichen Martensits.

Besondere Beachtung ist der Gestaltung vor allem dann zu widmen, wenn Wärmebehandlungen mit schroffem Abkühlen von hoher Temperatur verbunden sind, wie es beim Härten, Vergüten und Aushärten erforderlich ist. Die Art der anzuwendenden Abkühlung hängt dabei ab:

- vom Werkstoff mit der für das Behandlungsergebnis erforderlichen Abkühlgeschwindigkeit, das ist z. B. beim Härten die kritische Abkühlgeschwindigkeit,
- vom Querschnitt (Durchmesser bzw. Dicke) des wärmezubehandelnden Werkstückes, wenn das Behandlungsergebnis durchgreifend sein muß.

Werkstoffe, die nur eine geringe Abkühlgeschwindigkeit erfordern, wie z. B. legierte Stähle, sind in bezug auf Eigenspannungen, Verzugs- und Rißgefahr weniger gefährdet. Je größer der Behandlungsquerschnitt ist, um so intensiver muß das Abkühlmedium wirken, wenn im Werkstückinneren eine ausreichend schnelle Abkühlung erfolgen soll.

Wärmebehandlungsgerechtes Gestalten besteht darin, das Bauteil nicht nur funktionsgerecht auszubilden, sondern darüber hinaus so zu gestalten, daß eigenspannungsbedingte Form- und Maßänderungen

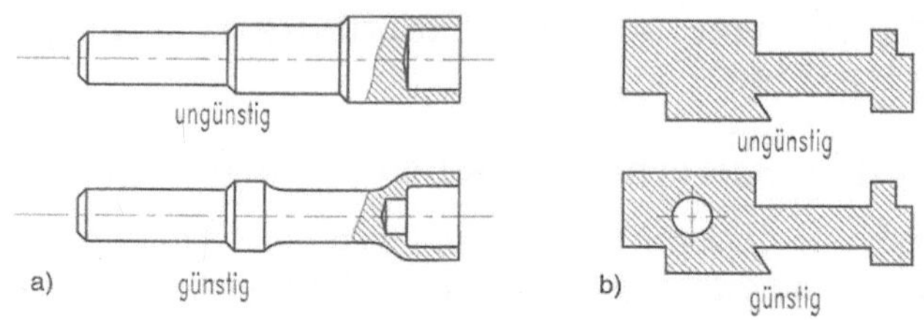

Bild 2.10-1. a) Beispiel für ungünstige und günstigere Massenverteilung sowie Querschnittsübergänge, b) Anbringen einer Zusatzbohrung verbessert die Massenverteilung. Nach DIN 17022, Teil 1 und 2.

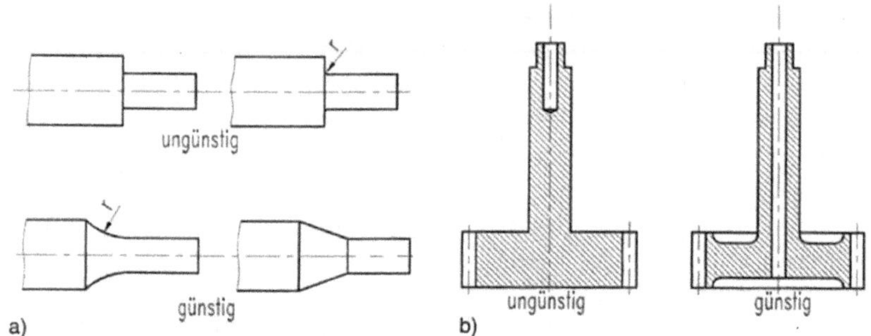

Bild 2.10-2. a) Beispiel für das Verbessern zu schroffer Querschnittsübergänge, b) Beispiel für verringerte Kerbwirkung und verbesserte Massenverteilung. Nach DIN 17022, Teil 1.

sowie die Rißgefahr möglichst gering sind. Die wichtigsten Gestaltungsregeln nach DIN 17022, Teil 1 und 2 sind im folgenden zusammengestellt und an Bildbeispielen erläutert.

- Die Massenverteilung im Bauteil soll möglichst gleichmäßig sein, das heißt örtliche Massenanhäufung ist zu vermeiden oder zu mildern, Bild 2.10-1.

- Unvermeidbare Querschnittsübergänge sind entweder durch Schrägen oder durch ausreichende Abrundungsradien zu mildern, um die dort wirksame Kerbwirkung herabzusetzen. Unter Umständen kann es erforderlich sein, die Endgestalt eines Querschnittsüberganges erst nach der Wärmebehandlung herzustellen, Bilder 2.10-1 a) und 2.10-2.

- Eine möglichst hohe Formsymmetrie des Bauteils ist anzustreben, da sie sich günstig auf unerwünschte Formänderungen durch Eigenspannungen auswirkt, Bild 2.10-3.

288

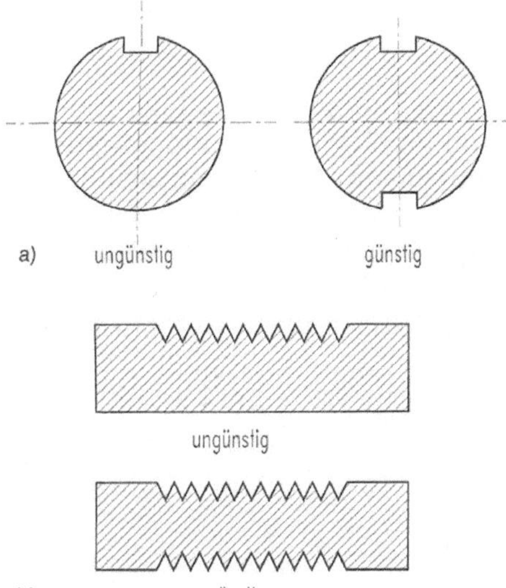

Bild 2.10-3. Beispiele für das Verbessern der Formsymmetrie. Nach DIN 17022, Teil 1.

— Bei Bauteilen, die für eine örtlich begrenzte Wärmebehandlung vorgesehen ist, wie z. B. örtliches Randschichthärten, soll der Übergang zwischen gehärtetem und ungehärtetem Bereich nicht an Stellen hoher Bauteilbeanspruchung liegen.

— Zum Handhaben der Bauteile während der Wärmebehandlung müssen gegebenenfalls Möglichkeiten zum Aufhängen der Teile vorgesehen werden. Das können nicht funktionsbedingte Bohrungen oder Gewindebohrungen zum Einschrauben von Aufhängeösen oder ähnliches sein.

Wesentlich für das Berücksichtigen der Wärmebehandlung bei der Konstruktion ist, daß der Konstrukteur über die Art der Wärmebehandlung hinreichend informiert ist.

2.10.2 Angaben in Zeichnungen

Für die Wärmebehandlung von Eisenwerkstoffen sind in Normen detaillierte Festlegungen darüber enthalten, wie wärmebehandelte Teile darzustellen und welche weiteren Angaben dazu zu machen sind. Die Teile von DIN 6773 behandeln:

Teil 2: Härten, Härten und Anlassen, Vergüten;

Teil 3: Randschichthärten;

Teil 4: Einsatzhärten;

Teil 5: Nitrieren.

Grundsatz der in ihrem Inhalt ähnlichen Normen ist, daß der Endzustand nach der Wärmebehandlung und im allgemeinen die geforderte Härte mit größtmöglicher funktionsgerechter Plustoleranz anzugeben sind. Die Härteprüfverfahren sind zu nennen und gegebenenfalls sind dafür vorgesehene Meßstellen zu kennzeichnen. Für randschicht- und einsatzgehärtete sowie für nitrierte Teile sind zudem die von der Wirktiefe der Wärmebehandlung abhängigen höchsten Prüflasten für die Härteprüfung in den Normen festgelegt.

Beispiele für Härteangaben in Zeichnungen:

> gehärtet und angelassen
> 61 +3 HRC
>
> randschichtgehärtet und angelassen
> 620 +120 HV30
> Rht 500 = 0,8 + 0,8 (vgl. auch Kapitel 2.53).
>
> einsatzgehärtet und angelassen
> 60 + 4 HRC
> Eht = 0,8 +0,4 (vgl. auch Kapitel 2.4.1.3).
> nitriert
> Nht = 0,3 + 0,1 (vgl. auch Kapitel 2.4.2.5).

Bei nur örtlicher Wärmebehandlung muß die Zeichnung den zu behandelnden Bereich eindeutig erkennen lassen. Zur Klarstellung kann ein zusätzliches Wärmebehandlungsbild erforderlich sein. Zum Erreichen der geforderten Eigenschaften kann eine Wärmebehandlungsanweisung (WBA) nach DIN 17023 erstellt werden, auf die dann in der Zeichnung hinzuweisen ist.

3 Literaturverzeichnis

[1] *Eckstein, H.-J. (Hrsg.):* Technologie der Wärmebehandlung von Stahl. 2. Auflage. Leipzig: VEB Deutscher Verlag für Grundstoffindustrie 1977.

[2] *Bargel, H.-J. u. G. Schulze:* Werkstoffkunde. 5. Auflage. Düsseldorf: VDI Verlag 1988.

[3] *Weißbach, W.:* Werkstoffkunde und Werkstoffprüfung. 10. Auflage. Braunschweig/Wiesbaden: Friedr. Vieweg & Sohn 1992.

[4] *Bergmann, W.:* Werkstofftechnik. Teil 1: Grundlagen. München Wien: Carl Hanser Verlag 1984.

[5] *Berns, H.:* Stahlkunde für Ingenieure. Berlin Heidelberg: Springer Verlag 1991.

[6] *Hansen, J. u. F. Beiner:* Heterogene Gleichgewichte. Berlin New York: Verlag Walter de Gruyter 1974.

[7] *Horstmann, D.:* Das Zustandsschaubild Eisen-Kohlenstoff. 5. Auflage. Düsseldorf: Verlag Stahl und Eisen 1985.

[8] *Werkstoffkunde Stahl. Band 1*: Grundlagen. Hrsg. v.Verein Deutscher Eisenhüttenleute. Berlin Heidelberg: Springer-Verlag 1984.

[9] *Rose, A. u.a.:* Atlas zur Wärmebehandlung der Stähle, Bd. 1, Düsseldorf: Verlag Stahleisen 1961.

[10] *Rose, A. u. H.P. Hougardy:* Atlas zur Wärmebehandlung der Stähle, Bd. 2, Düsseldorf: Verlag Stahleisen 1972.

[11] *Werkstoffkunde Stahl. Band 2:* Anwendung. Hrsg. v. Verein Deutscher Eisenhüttenleute. Berlin Heidelberg: Springer-Verlag 1985.

[12] *Guy, A.G.:* Metallkunde für Ingenieure. Frankfurt/M.: Akademische Verlagsges. 1970.

[13] *Aluminium-Taschenbuch. 14. Auflage. Düsseldorf:* Aluminium-Verlag 1984.

[14] *Rose, A.:* Eigenspannungen als Ergebnis von Wärmebehandlung und Umwandlungsverhalten. Härterei-Techn. Mitt. Jg. 21 (1966), H. 1, S. 1/6.

[15] *Müller, H.H.:* Stand und Entwicklungstendenzen des Wärmebehandelns von Schweißverbindungen. Schweißen und Schneiden, Jg. 24 (1972), H. 9, S. 381/383.

[16] *Radaj, D.:* Wärmewirkungen des Schweißens. Berlin Heidelberg: Springer-Verlag 1988.

[17] *Wolters, D.B.:* Wärmebehandlung von Gußeisen mit Lamellen- oder Kugelgraphit. Hrsg. v. Zentrale für Gußvervendung. 2. Auflage 1989.

[18] *Vougioukas, P., K. Forch u. K.-H. Piehl:* Beitrag zur Deutung der Rißempfindlichkeit unterschiedlich legierter Feinkornbaustähle beim Spannungsarmglühen nach dem Schweißen. Stahl und Eisen Jg. 94 (1974) Nr. 17, S. 805/813.

[19] *Drehsen, H.:* Die schweißtechnische Verarbeitung von Chrom-Nickel-Stählen im Behälter- und Apparatebau. DVS-Berichte Bd. 22 (1971) S. 163/169.

[20] *Stüdemann, H.:* Wärmebehandlung von Stahl, Gußeisen und Nichteisenmetallen. 2. Auflage. München: Carl Hanser Verlag 1967.

[21] *Zschötge, S.:* Kleine Werkstoffkunde der Nichteisenmetalle. Düsseldorf: DVS-Verlag 1967.

[22] *Knorr, W. u. K. Hülse:* Wärmebehandlung von Titan und Titanlegierungen in: Grosch. J. (Hrsg): Wärmebehandlung warmfester und hochwarmfester Werkstoffe, S. 131 ff. Karlsruhe: Werkstofftechnische Verlagsgesellschaft 1986.

[23] *Schatt, W. (Hrsg.):* Einführung in die Werkstoffwissenschaft. 6. Auflage. Heidelberg: Hüthig 1987.

[24] *Macherauch, E.:* Praktikum in Werkstoffkunde. 10. Auflage. Braunschweig Wiesbaden: Vieweg-Verlag 1992.

[25] Lehrhilfe „Metallkunde – Herstellungsverfahren". Deutsches Kupfer-Institut (Hrsg.) Berlin 1990.

[26] *Bergmann, W.:* Werkstofftechnik. Teil 2: Anwendung. München Wien: Carl Hanser Verlag 1987.

[27] *Fachreihe Konstruieren und Gießen:* Duktiles Gußeisen: Temperguß. Zentrale für Gußverwendung (Hrsg.) Düsseldorf 1983.

[28] *Orlich, J. u.a.:* Atlas zur Wärmebehandlung der Stähle, Bd. 3. Düsseldorf: Verlag Stahleisen 1973.

[29] *Dengel, D.:* Kurzzeitanlassen von Stahl. Härtereitechn. Mitt. Jg. 39 (1984) H. 5., S. 182/192.

[30] *Röhrig, K.:* Zwischenstufenvergütetes Gußeisen mit Kugelraphit. Z. konstruieren und gießen Jg. 3 (1978), Nr. 2, S. 3/6.

[31] *Sigwart, H.:* Festigkeitsprüfung bei schwingender Beanspruchung. In: Siebel, E.: Handbuch der Werkstoffprüfung. 2. Auflage. Berlin Heidelberg: Springer-Verlag 1955.

[32] *Maenning, W.:* Untersuchung zur Planung und Durchführung von Dauerschwingversuchen an Stählen in den Bereichen der

Zeit- und Dauerfestigkeit. VDI-Fortschrittsbericht Reihe 5, Nr. 5 1967.

[33] *Bungard, K. u.a.:* Aufkohlen von Einsatzhärtestählen bei Temperaturen von 900 bis 1000 °C im Salzbad. Härtereitechn. Mitt. Jg. 19 (1964) H. 3, S: 146/153.

[34] *Schmitt-Thomas, Karlheinz G.:* Metallkunde für das Maschinenwesen. Band II: Gleichgewichts- und Ungleichgewichtszustände. Berlin Heidelberg: Springer-Verlag 1989.

[35] Durferrit-Handbuch. 10. Auflage. Hrsg. v. Degussa, Hanau-Wolfgang 1977.

[36] *Wahl, G.:* Entwicklung und Anwendung von Salzbädern für die Wärmebehandlung von Einsatzstählen. Durferrit-Technische Mitteilungen der Degussa AG Hanau-Wolfgang 1989.

[37] *Schatt, W. (Hrsg.):* Werkstoffe des Maschinen-, Anlagen- und Apparatebaues. 3. Auflage. Heidelberg: Hüthig Verlag 1987.

[38] *Merkblatt Nr. 447:* Nitrieren und Nitrocarburieren. Hrsg. v. Beratungsstelle für Stahlverwendung. 2. Auflage. Düsseldorf 1983.

[39] *Weiler, W. u.a.:* Härteprüfung an Metallen und Kunststoffen. 2. Auflage. Ehningen: Expert-Verlag 1990.

[40] *Grosch, J. (Hrsg.):* Werkstoffauswahl im Maschinenbau. Sindelfingen: Expert-Verlag 1986.

[41] Firmendruckschrift der Hagenuk GmbH, Impulsphysik. Schenefeld/Hamburg 1992.

[42] *Benkowsky, G.:* Induktionserwärmung. 5. Auflage. Berlin: Verlag Technik 1990.

[43] *Merkblatt Nr. 450:* Wärmebehandlung von Stahl – Härten, Anlassen, Vergüten. Hrsg. v. Stahl-Informations-Zentrum. 1. Auflage. 1991.

[44] *Eckstein, H.-J. (Hrsg.):* Korrosionsbeständige Stähle. Leipzig: Deutscher Verlag für Grundstoffindustrie 1990.

[45] *Repenning, D.:* Neue Oberflächenbeschichtungen für Elastomerwerkzeuge. Firmendruckschrift der Fa. o.m.t., Lübeck 1990.

[46] Firmendruckschrift „cerid 4 C 30" der Fa. o.m.t., Lübeck 1992.

[47] *Herden, K.:* CVD-Hartstoffbeschichtung von Umformwerkzeugen. Script der Werkstofftage Neumünster 1993, Veranstalter NUTECH, Neumünster.

[48] *König, U.:* Moderne Entwicklungen auf dem Gebiet der CVD-Beschichtung von Hartmetallen. In: Beschichten mit Hartstoffen. Düsseldorf: VDI-Verlag 1991.

[49] *Knotek, O., F. Löffler u. A. Barimani:* Metastabile PVD-Hartstoffschichten zur Verschleißminderung von Werkzeugen. VDI-Zeitschrift Jg. 131 (1990) H. 6, S. 65/70.

[50] *Löffler, F. u. A. Barimani:* PVD-Schichten für den tribologischen Einsatz. Ingenieur-Werkstoffe Jg. 2 (1990) H. 12, S. 56/59.

[51] *Brenner, P.:* Aushärtbare Aluminium-Legierungen als Werkstoff für Schweißkonstruktionen. VDI-Zeitschrift Jg. 103 (1964) H. 18, S. 781/789.

[52] Merkblatt Unidur-102^R AlZn4,5Mg1 der Fa. Aluminium-Walzwerke Singen GmbH. 1988.

[53] Pers. Mitteilung der Fa. Aluminium-Walzwerke Singen GmbH.

[54] *Kiethe, H.-H.:* Das Festigkeits- und Umformverhalten von AlZnMg1 nach verschiedenen Wärmebehandlungen unter besonderer Berücksichtigung der Rückbildung. Dr.-Ing.-Dissertation TU Berlin 1978.

[55] *Wagner, R. u.a.:* Microstructure, Decomposition Kinetics and Age-Hardening in Some Copper-Based Alloys. In: Copper Tomorrow. Florenz: METALLI-LMI spa, 1989, S.119/127.

[56] *Hansen, M. u.a.:* Constitution of Binary Alloys. New York: Mc Graw-Hill 1958.

[57] Prospekt Nr. 512 „Die Wärmebehandlung von Kupfer-Beryllium-Legierungen" der Fa. Deutsche Beryllium GmbH., Oberursel 1985.

[58] *Heubner, U. u.a.:* Nickelwerkstoffe und hochlegierte Sonderedelstähle. 2. Auflage. Ehningen: Expert-Verlag 1993.

[59] Werkstoffblätter Nr. 4120, 4123, 4127 und 4137 der Krupp VDM GmbH, Werdohl. 1988 und 1992.

[60] *Lampman, S.:* Wrought Titanium and Titanium Alloys, in: Metals Handbook Vol. 2, 10. edition, S. 592/633. Metals Park, Ohio: ASM International 1990.

[61] *Publication ETTC 2:* Mikrogefüge-Richtreihen für Stäbe aus $\alpha + \beta$-Titanlegierungen. Hrsg. v. Technischer Ausschuß Europäischer Titanhersteller. Krefeld Essen Birmingham Ugine 1979.

[62] *Schulze, G.:* Über die martensitaushärtbaren Stähle - Auswertung des Schrifttums. Schweißen und Schneiden Jg. 22 (1970) H. 5, S. 210/215.

[63] *Meyer, L.:* Umwandlung, Ausscheidung und Rekristallisation in mikrolegierten schweißbaren Baustählen. In: Pitsch, W. (Hrsg.): Grundlagen der Wärmebehandlung von Stahl. Düsseldorf: Verlag Stahleisen 1976.

[64] *Hornbogen, E.:* Werkstoffe. 4. Auflage. Berlin Heidelberg: Springer-Verlag 1987.

[65] *Beitz, H.:* Einsatzmöglichkeiten und Einsatzgrenzen synthetischer, wäßriger Abschreckflüssigkeiten in der Härtereitechnik. Härtereitechn. Mitt. Jg. 34 (1979) H. 4.

Sachwortverzeichnis

298